计 算 机 科 学 丛 书

原书第2版

软件测试

[美] 罗恩·佩腾（Ron Patton）著

张小松 王钰 曹跃 等译

Software Testing

Second Edition

Ron Patton

Software Testing

Second Edition

SAMS

机械工业出版社
CHINA MACHINE PRESS

图书在版编目（CIP）数据

软件测试（原书第2版）/（美）罗恩·佩腾（Ron Patton）著；张小松等译 . —北京：机械工业出版社，2019.1（2024.1 重印）
（计算机科学丛书）
书名原文：Software Testing, Second Edition

ISBN 978-7-111-61799-0

I. 软⋯ II. ①罗⋯ ②张⋯ III. 软件 - 测试 IV. TP311.562

中国版本图书馆 CIP 数据核字（2019）第 012707 号

本书涵盖了软件测试的方方面面：软件测试如何适应软件开发过程，基本的和高级的软件测试技术，在常见的测试任务中运用测试技能，使用自动化提高测试的效率，测试工作的计划和文档化，有效地报告发现的问题，衡量测试工作的成效和产品的改进，测试和质量保证的区别，寻求软件测试员的工作。

本书适合软件测试人员及希望未来从事软件测试工作的其他专业人员阅读，也适合高等院校相关专业的学生及教师参考。

出版发行：机械工业出版社（北京市西城区百万庄大街22号　邮政编码：100037）
责任编辑：姚　蕾　　　　　　　　　　　　　责任校对：李秋荣
印　　刷：河北鹏盛贤印刷有限公司　　　　版　　次：2024年1月第1版第9次印刷
开　　本：185mm×260mm　1/16　　　　　印　　张：17.25
书　　号：ISBN 978-7-111-61799-0　　　　定　　价：59.00元

客服电话：（010）88361066　68326294

20 世纪 40 年代，当 Grace Hopper 中尉第一次在"事件记录本"中把引起"MARK II"计算机死机的飞蛾注明为"第一个发现虫子的实例"后，人们便将计算机和软件的错误戏称为虫子（Bug）或臭虫，用此描述再恰当不过。对于软件开发人员和使用者来说，软件的缺陷就像自然界中人类的天敌——臭虫一样，是一场恶梦，轻则给用户带来不便，如软件界面的不一致；重则造成重大生命财产的损失，如 1996 年阿丽亚娜 5 型火箭第一次发射的失败以及第一次海湾战争中爱国者导弹在沙特阿拉伯的多哈误炸 28 名美国士兵的事件。要找出软件中的问题，软件测试是唯一的手段。

1983 年 IEEE 对软件测试进行了准确的定义：软件测试是使用人工或自动手段来运行或测定某个系统的过程，检验它是否满足规定的需求或是弄清预期结果与实际结果之间的差别。

软件测试是软件开发中不可或缺的环节，也是软件工程的重要组成部分，软件测试的效果直接关系到软件产品的质量。在国外一些成熟和大型的软件企业，软件测试人员和开发人员的比例已达到了 3：5 的程度。近年来，我国的软件企业已越来越意识到软件测试的重要性，逐渐加大软件测试在整个软件开发的系统工程中的比重。调查显示，软件产品在成本上的分配比例一般来说是："需求分析"占 6%，"设计"占 5%，"编程"占 7%，"测试"占 15%，"运行维护"占 67%。而测试成本所占的比例还在逐渐上升。因此，如何提高我国软件行业的测试水平，是摆在我国广大软件行业管理人员和从业人员面前的一个紧迫任务。

本书是《软件测试》的第 2 版，作者根据自己在软件行业丰富的经历和测试经验，对软件测试知识体系结构中的测试基本原理和技术、测试的环境和工具、测试管理进行了全面、生动的描述，书中列举了许多例子，特别适合初次接触而又对测试具有浓厚兴趣的读者参考。本书作者还在第 1 版的基础上，根据软件测试技术的发展，新增加了软件安全性测试这个新兴的话题。本书可作为高等院校软件工程专业的本科生或工程硕士研究生的参考教材，也可供有志于将软件测试作为职业的人员全面学习软件测试技术。

本书的翻译力求忠实于原文，但由于译者的知识水平有限，不当之处在所难免，恳请广大读者批评指正。参加本书翻译、审校和其他辅助工作的还有任云涛、王勋、刘洋、唐妍、许黎、钟永松，在此一并表示感谢。

译 者

当今社会似乎每天都有关于计算机软件问题或安全缺陷暴露的新闻报道：银行给出不正确的账目收支报表、火星探测器在太空失踪、食品店收银机扫描器多算了香蕉的钱，或者某位黑客获得了数百万张信用卡号的访问权。

为什么会出现这些问题呢？难道程序员不能想出办法让软件仅仅做简单的工作吗？答案是否定的。随着软件变得越来越复杂，软件的功能越来越多，软件的互联性越来越强，使得编写一个无故障的程序越来越难，事实上已经不可能。不论程序员多有能力，也不论他有多细心，他的程序中都难免会出现问题。

这就是引入软件测试的原因。我们都看到在新衣服的口袋里有"检验员 12 号"的小标记，软件也一样有检验标记。许多大的软件公司里一个程序员配一个或多个测试员，以保证软件质量。从游戏软件，到工厂自动化生产软件，再到商业应用软件，都是如此。

本书将向你介绍软件测试的基础知识，不仅讲述基本的技能，还讲述成为一个成功的软件测试员必需的技能。你将会学到，如何迅速在任一计算机程序中发现问题，如何计划一个有效的测试步骤，如何清楚地报告发现的问题，以及如何告知软件在何时发布。

关于本书第 2 版

在我写《软件测试》第 1 版的时候，软件安全性问题还只是刚开始在新闻标题中出现。虽然黑客和安全问题一直都是一个难题，但是随着互联网的爆炸性发展，业界几乎无人能预计安全漏洞对软件开发者和使用者的影响有多大。

在第 2 版中，我又重新审阅了各章，着重强调了软件安全问题，并指出了如何使用贯穿全书的基本测试技术来预防、查找、修正安全问题。我还增加了一章，专门讲述如何测试软件安全漏洞。

如果你是第 1 版的读者，你会知道一个道理：不管你做多大的努力，你的软件都会带着缺陷发布。在第 2 版中，这也是一个真理——甚至带着安全问题发布。然而，通过对本书所讲述内容的长期应用，能达到确保测试中绝大多数重要的缺陷都不会漏掉的目标，并且使你的团队开发出高质量、高安全性的软件成为可能。

本书的读者对象

本书适用于三类不同的读者：

- 有兴趣将软件测试作为全职工作、实习或合作工作的学生或电脑爱好者。在面试前或第一天工作前阅读这本书以求在新上司眼里留下好印象。

- 改变职业，希望从原来的专业领域转入软件产业领域的人。本书给非软件专业的人员很多将其原专业知识应用到软件测试中的机会。例如，飞行教导员可以测试飞行模拟游戏，会计可以测试税务申报软件，教师可以测试新的儿童教育程序。
- 想对软件测试方面的知识增强了解的程序员、软件项目经理、软件开发团队的其他人员。

本书可以为你带来什么

从本书中可以学到关于软件测试的几乎所有方面的内容：
- 软件测试如何适应软件开发过程
- 基本的和高级的软件测试技术
- 在常见的测试任务中运用测试技能
- 引入自动化提高测试的效率
- 测试工作的计划和文档化
- 有效地报告发现的问题
- 衡量测试工作的成效和产品的改进
- 测试和质量保证的区别
- 寻求软件测试员的工作

本书必须用到的软件

本书讲述的方法是通用的，可以用于测试任何类型的计算机软件。但是，为了使大多数读者熟悉并使用例子，这些例子都是基于一些简单的程序，例如 Windows XP 和 Windows NT/2000 所带的计算器、记事本、写字板。

即使使用的是运行 Linux 或其他操作系统的 PC 或 Mac 电脑，也可以轻易地在系统中找到和本书中类似的程序。发挥创造力吧！创造性是优秀软件测试员应具备的素质。

> 注意 本书中针对不同的应用程序、软件缺陷、软件测试工具所举的例子绝不是有意在对这些软件进行肯定或否定，这些例子仅仅用来演示软件测试的概念。

本书的组织方式

编写本书的目的是引导读者通过基础知识和必要技能的学习而成为一个优秀的软件测试员。软件测试并不是不停地敲击键盘，希望能最终使计算机崩溃这样一回事，在它后面包含了大量的科学和工程、规则和计划，也有很多的乐趣——你很快就会看到。

第一部分　软件测试综述

第一部分是本书的基础，该部分讲述了软件产品是如何开发出来的，软件测试如何应用到整个开发过程中。你将会懂得软件测试的重要性，并对软件测试工作量的巨大产生正确的认识。

- 第1章，"软件测试的背景"，帮助你理解什么是软件缺陷，软件缺陷到底有多严重，为什么软件缺陷会发生。你会了解到作为一个软件测试员最终的目标是什么，以及成为一个优秀的软件测试员应该具有哪些特点。
- 第2章，"软件开发的过程"，介绍团体进行软件产品生产的总体过程。你会了解到软件生产中有哪些典型的过程，哪些人员对此做出了贡献，以及可以应用的不同的过程模型。
- 第3章，"软件测试的实质"，对软件开发的事实进行分析。你会了解到为什么无论你做多大的努力，软件永远都不会完美，还会了解到本书中用到的一些基本的术语和概念。

第二部分　测试基础

第二部分讲述软件测试的基本方法，软件测试工作分为四个方面，每个方面的技术都用一章来描述。

- 第4章，"检查产品说明书"，讲述如何通过详细检查软件文档来发现缺陷。
- 第5章，"带上眼罩测试软件"，讲述在没有代码甚至不懂得编程的情况下的软件测试技术，这是最常用的测试类型。
- 第6章，"检查代码"，讲述如何通过详细的程序代码分析来发现缺陷。你会了解到并非高级程序员才能运用此方法。
- 第7章，"带上X光眼镜测试软件"，讲述如何通过代码评审或观察动态运行测试获得的信息来改进测试。

第三部分　运用测试技术

第三部分把第二部分学到的技术应用到软件测试员今后会遇到的实战环境中。

- 第8章，"配置测试"，讲述如何针对不同的硬件配置和平台来组织和执行软件测试。
- 第9章，"兼容性测试"，讲述如何针对不同的软件应用程序和操作系统交互的问题进行测试。
- 第10章，"外国语言测试"，有很多软件，当其被翻译成其他语言时会引起一些特殊问题，这时测试显得很重要。
- 第11章，"易用性测试"，讲述在检查软件程序的用户界面时，如何应用测试技术，如何确保软件对于残障人士也能适用。
- 第12章，"文档测试"，讲述如何检查软件的文档的缺陷，例如帮助文档、用户手册，甚至是市场宣传资料。
- 第13章，"软件安全性测试"，讲述如何针对想象中安全的计算机系统和数据，发现被黑客突破的安全缺陷。

- 第 14 章，"网站测试"，将目前学到的所有技术应用到实际测试中，你会发现即使简单到一个网站的测试，也涉及了软件测试的各个方面。

第四部分 测试的补充

第四部分讲述如何通过技术和人员的合理调配，提高测试的覆盖率和深入程度，使测试更有效。

- 第 15 章，"自动测试和测试工具"，讲述如何使用计算机软件来测试其他软件。你会了解到使用工具测试和自动化测试的不同方法，还会了解到使用工具测试并不十分简单。

- 第 16 章，"缺陷轰炸和 beta 测试"，讲述如何利用其他人员从不同角度使用软件，发现那些你完全忽略的缺陷。

第五部分 使用测试文档

第五部分涉及如何使软件测试文档化，使软件测试的计划、测试缺陷、测试结果对项目团队中每个成员都可见，且能理解。

- 第 17 章，"计划测试工作"，讲述创建项目测试计划涉及的工作。作为一个软件测试的新手，你可能不会马上就能写测试计划，一切都得从零开始，但是了解测试计划的内容以及写测试计划的原因是很重要的。

- 第 18 章，"编写和跟踪测试用例"，讲述如何正确规范地编写测试用例，使其他测试员也能使用。

- 第 19 章，"报告发现的问题"，讲述如何报告缺陷，如何整理出重现缺陷的必要步骤，如何描述缺陷使其他人可以理解并愿意修改。

- 第 20 章，"成效评价"，描述不同类型的数据、图表，用来标记测试的过程和进展，以及达到软件发布的步骤。

第六部分 软件测试的未来

第六部分讲述软件测试的未来以及软件测试的职业。

- 第 21 章，"软件质量保证"，讲述软件测试和软件质量保证之间的巨大区别，你会了解到不同的软件产业标准，诸如 ISO 9000 和软件能力成熟度模型，以及达到这些标准的要求。

- 第 22 章，"软件测试员的职业"，讲述成为软件测试员遇到的障碍。你可以了解到有哪些类型的工作以及到哪里去找这些工作，其中还有许多的提示和信息。

附录

本书每一章结尾都有一个小测验，用于测试所学到的测试概念。附录 A 给出了答案。

本书所采用的规范

 注意 注意是每一章材料的附属材料，用来澄清概念和程序。

技巧提供常见问题的快捷路径和解决方案。
技巧

提示提到在前面章节讨论的内容，有助于对已讲知识的回忆以及增强对重要概念的
提示 认识。

致谢

非常感谢 Sams 出版社、编辑和其他工作人员，他们为我此书第 2 版的出版做了大量的工作。感谢资深评论人 Danny Faught，他为此书提出了宝贵的意见。

感谢我的父母 Walter 和 Eleanore，在 1977 年时，他们同意我停修手风琴课并给我买了一台 TRS-80 I 型计算机。感谢我的姐姐 Saundra，父母都忙于指挥她的比赛，这才使得我能躲在房间里学习编写程序。感谢我在 Mohawk 中学的计算机老师 Ruth Voland，他带我参加各种计算机展览会并给我额外的时间使用学校的 ASR 33 型打字机。感谢 TI 的 Alan Backus 和 Galen Freemon，他们让我能按照自己的思路开发软件测试工具。感谢我过去的同事，他们在软件测试方面教给了我许多自学无法学到的东西。同时，感谢我优秀的妻子 Valerie，1991 年，当我问她是否把简历投给远在西雅图的名叫微软的小公司时，她坚定地说："投过去，看看会发生什么。"你们当中的每一个人都为这本书做出了贡献，谢谢你们！

目　录 CONTENTS

第一部分

软件测试综述

竞争对手的程序死掉叫"崩溃"，自己的程序死掉叫"不良反应"（idiosyncrasy）。通常，崩溃之后会显示"ID 02"这样的信息。"ID"是 idiosyncrasy 的缩写，后面的数字表示产品应测试的月份数。

——盖伊·川崎（Guy Kawasaki），
《麦金塔风范》(The Macintosh Way)

我喜欢最后期限。我特别喜欢它们飞驰而过时的呼啸声。

——道格拉斯·亚当斯（Douglas Adams），
《银河系漫游指南》
(The Hitch Hiker's Guide to the Galaxy) 作者

第1章

软件测试的背景

1947 年，计算机还是由机械式继电器和真空管驱动的有房间那么大的机器。体现当时技术水平的 Mark Ⅱ，是由哈佛大学制造的一个庞然大物。当技术人员正在进行整机运行时，它突然停止了工作。他们爬上去找原因，发现这台巨大的计算机内部一组继电器的触点之间有一只飞蛾，这显然是由于飞蛾受光和热的吸引，飞到了触点上，然后被高电压击死。

计算机的缺陷发生了。虽然最后该缺陷被消除了，但我们从此认识了它。

欢迎阅读第 1 章，本章讲述软件缺陷和软件测试的历史。

本章重点包括：

- 软件缺陷如何影响我们的生活
- 软件缺陷是什么，为什么会出现
- 软件测试员是谁，他们在做什么

1.1 臭名昭著的软件错误用例研究

人们常常不把软件当回事，没有真正意识到它已经深入渗透到我们的日常生活中。回到 1947 年，Mark Ⅱ 计算机需要大批程序员定期维护，普通人谁会想到有一天在家里能够拥有自己的计算机呢？现在食品包装盒上都带有免费赠送的软件光盘，小孩子视频游戏中的软件比太空船上的还多。那些以前新奇的小玩意，例如寻呼机和手机，都已经变得平平常常了。现在许多人如果一天不上网查看电子邮件，简直就没法过下去。我们已经离不开 24 小时包裹投递服务、长途电话服务和最先进的医疗服务了。

软件无处不在。然而，软件是人写的——所以不完美，下面会用实例来证明。

1.1.1 迪士尼的狮子王（1994 ~ 1995 年）

1994 年秋天，迪士尼公司发布了第一个面向儿童的多媒体光盘游戏——*狮子王动画故事书*（The Lion King Animated Storybook）。尽管已经有许多其他公司在儿童游戏市场上运作多年，但是这次是迪士尼公司首次进军这个市场，所以进行了大量促销宣传。结果，销售额非常可观，该游戏成为孩子们那年节假日的必买游戏。然而后来却飞来横祸。12 月 26 日，圣诞节的后一天，迪士尼公司的客户支持电话开始响个不停。很快，电话支持技术员们就淹没在来自于愤怒的家长并伴随着玩不成游戏的孩子们哭叫的电话之中。报纸和电视新闻进行了大量的报道。

后来证实，迪士尼公司未能对市面上投入使用的许多不同类型的 PC 机型进行广泛的测试。软件在极少数系统中工作正常——例如在迪士尼程序员用来开发游戏的系统中——但在大多数公众使用的系统中却不能运行。

1.1.2 英特尔奔腾浮点除法缺陷（1994 年）

在计算机的"计算器"程序中输入以下算式：

$$(4195835/3145727) \times 3145727 - 4195835$$

如果答案是 0，就说明计算机没问题。如果得出别的结果，就表示计算机使用的是带有浮点除法软件缺陷的老式英特尔奔腾处理器——这个软件缺陷被烧录在一个计算机芯片中，并在制作过程中反复生产。

1994 年 10 月 30 日，弗吉尼亚州 Lynchburg 学院的 Thomas R. Nicely 博士在他的一个实验中用奔腾 PC 解决一个除法问题时，记录了一个想不到的结果，得出了错误的结论。他把发现的问题放到因特网上，随后引发了一场风暴，成千上万的人发现了同样的问题，并且发现在另外一些情形下也会得出错误的结果。万幸的是，这种情况很少见，仅仅在进行精度要求很高的数学、科学和工程计算中才会导致错误。大多数用来进行税务处理和商务应用的用户根本不会遇到此类问题。

这件事情引人关注的并不是这个软件缺陷，而是英特尔公司解决问题的方式：

- 他们的软件测试工程师在芯片发布之前进行内部测试时已经发现了这个问题。英特尔的管理层认为这没有严重到一定要修正甚至公开的程度。
- 当软件缺陷被发现时，英特尔通过新闻发布和公开声明试图弱化这个问题的已知严重性。
- 受到压力时，英特尔承诺更换有问题的芯片，但要求用户必须证明自己受到缺陷的影响。

舆论大哗。互联网新闻组里充斥着愤怒的客户要求英特尔解决问题的呼声。新闻报道把英特尔公司描绘成不关心客户和缺乏诚信者。最后，英特尔为自己处理软件缺陷的行为道歉并拿出 4 亿多美元来支付更换问题芯片的费用。现在英特尔在 Web 站点上报告已发现的问题，并认真查看客户在互联网新闻组里留的反馈意见。

> **注意** 2000 年 8 月 28 日，在本书第 1 版出版的前夕，英特尔针对已投产月余并已开始发货的所有 1.13MHz 奔腾 III 处理器，宣布了一项召回通告，因为发现了在执行某些特定指令时可能导致运行程序被挂起的问题。计算机生产商正在制定召回已经交付客户使用的 PC 计划，并计算更换问题芯片的费用。

1.1.3 美国航天局火星极地登陆者号探测器（1999 年）

1999 年 12 月 3 日，美国航天局的火星极地登陆者号探测器试图在火星表面着陆时失踪。故障评估委员会（Failure Review Board，FRB）调查了故障，认定出现故障的原因极可能是一个数据位被意外置位。最令人警醒的问题是：为什么没有在内部测试时发现呢？

从理论上看，着陆的计划是这样的：当探测器向火星表面降落时，它将打开降落伞减缓探测器的下降速度。降落伞打开几秒后，探测器的三条腿将迅速撑开，并锁定位置，准备着陆。当探测器离地面 1 800 米时，它将丢弃降落伞，点燃着陆推进器，缓缓地降落到地面。

美国航天局为了省钱，简化了确定何时关闭着陆推进器的装置。为了替代在其他太空船上使用的贵重雷达，他们在探测器的脚部装了一个廉价的触点开关，在计算机中设置一个数据位来控制触点开关关闭燃料。很简单，探测器的发动机需要一直点火工作，直到脚"着地"为止。

遗憾的是，故障评估委员会在测试中发现，许多情况下，当探测器的脚迅速撑开准备着陆时，机械震动也会触发着陆触点开关，设置致命的错误数据位。设想探测器开始着陆时，计算机极有可能关闭着陆推进器，这样火星极地登陆者号探测器飞船下坠 1 800 米之后冲向地面，撞成碎片。

结果是灾难性的，但背后的原因却很简单。探测器经过了多个小组测试。其中一个小组测试飞船的脚折叠过程，另一个小组测试此后的着陆过程。前一个小组不去注意着地数据位是否置位——这不是他们负责的范围；后一个小组总是在开始测试之前复位计算机、清除数据位。双方独立工作都做得很好，但合在一起就不是这样了。

1.1.4 爱国者导弹防御系统（1991 年）

美国爱国者导弹防御系统是里根总统提出的战略防御计划（即星球大战计划）（Strategic Defense Initiative, SDI）的缩略版本，它首次应用在海湾战争对抗伊拉克飞毛腿导弹的防御战中。尽管对此系统赞誉的报道不绝于耳，但是它确实在对抗几枚导弹中失利，包括一次在沙特阿拉伯的多哈击毙了 28 名美国士兵。分析发现症结在于一个软件缺陷，系统时钟的一个很小的计时错误积累起来到 14 小时后，跟踪系统不再准确。在多哈的这次袭击中，系统已经运行了 100 多个小时。

1.1.5 千年虫问题（大约 1974 年）

20 世纪 70 年代早期的某个时间，某位程序员（假设他叫 Dave）正在为本公司设计开发工资系统。他使用的计算机存储空间很小，迫使他尽量节省每一个字节。Dave 自豪地将自己的程序压缩得比其他任何人都紧凑。他使用的其中一个方法是把 4 位数年份如 1973 缩减为 2 位数 73。因为工资系统相当依赖于日期的处理，所以 Dave 需要节省大量昂贵的存储空间。他简单地认为只有在到达 2000 年他的程序开始计算 00 或 01 这样的年份时问题才会发生。虽然他知道会出这样的问题，但是他认定在 25 年之内程序肯定会升级或替换，而且眼前的任务比现在计划遥不可及的未来更加重要。然而这一天毕竟是要到来的。1995年，Dave的程序仍然在使用，而Dave退休了，谁也不会想到深入到程序中检查2000年兼容问题，更不用说去修改了。

估计全球各地更换或升级类似的Dave程序以解决潜在的2000年问题的费用已经达数千亿美元。

1.1.6　危险的预见（2004年）

1994年4月1日，在一些互联网用户组上贴出了一条消息，是关于在互联网上发现了一封将病毒嵌入在几张JPEG格式图片中的邮件的，而且很快就传播开了。消息警告说只要简单地打开或查看受病毒感染的图片，病毒就会感染你的PC，甚至还有警告说该病毒会破坏你的显示器，其中又数索尼的Trinitron显示器最易被破坏。

警告受到了广泛的关注，并且很多人把自己机器上的JPEG文件都清除掉了。有些系统管理员甚至阻止系统通过E-mail接收JPEG图片。

后来人们终于知道这个最初的消息发布在"愚人节"，整个事情就是一个玩笑。专家们这时发表意见说，不可能在查看一幅JPEG图片时，病毒会感染你的PC。不管怎样，图片只是一些数据，它不是可执行的程序代码。

10年后，2004年的秋天，一个原形（proof-of-concept）病毒被制造出来，证明了JPEG图片可以带病毒并且在查看时感染系统。软件更新补丁也很快发布以防止病毒的扩散。不管怎样，像这种原本正常的图片通过某种传播手段造成互联网的灾难性破坏，可能只是时间问题。

1.2　软件缺陷是什么

刚才我们看到了软件失败所发生的事件的一些实例。其后果也许是带来不便，比如电脑游戏玩不成了，也可能是灾难性的，会导致人员的伤亡。改正软件缺陷也许花费很小，但解决方案的实施却可能需要花费数百万美元。在这些事件中，显然软件未按预期目标运行。作为软件测试员，可能会发现大多数缺陷不如上面那些明显，只是一些简单而细微的错误，以致难以区分哪些是真正的错误，哪些不是。

1.2.1　软件失败的术语

作为软件测试员，在不同环境下要用不同的术语描述软件失败时的现象。这里给出一些例子：

缺点（defect）	偏差（variance）
故障（fault）	失败（failure）
问题（problem）	不一致（inconsistency）

错误（error）　　　　事件（incident）

缺陷（bug）　　　　　异常（anomaly）

（还有许多没有提到的术语，但上面提到的是程序员们常用的术语。）

读者也许会奇怪，描述软件缺陷的术语为什么这么多呢？这完全取决于公司的文化和开发软件的过程。如果从字典中查这些词，就会发现它们的含义几乎相同。在日常的会话中，它们还具有其他的含义。

例如，故障、失败和缺点都指的是确实严重的情况，甚至是危险的情况。图标的颜色设置不正确称为故障听起来就不对。这些词汇同时也意味着责备："这是他的过错造成软件失败的。"

异常、事件和偏差不是那么尖锐，主要指未按预料的运行，而不是说全部失败。"总统声称是软件异常导致导弹未按规定飞行。"

问题、错误和缺陷也许是最常用的术语。

该怎么称呼就怎么称呼

有趣的是，某些公司和产品开发小组浪费了许多宝贵的开发时间去争论用什么词汇来描述软件问题。有一个著名的计算机公司花费数周时间与工程师讨论，最终把产品异常报告（Product Anomaly Report，PAR）改为产品事件报告（Product Incident Report，PIR）。大量的资金浪费在决定用哪个术语更好的过程上。决议形成后，所有书面材料、软件、表格等都要根据新的术语调整。谁知道这对程序员和测试员的工作成效会有什么作用？

那么，为什么还要谈论这个话题？因为对软件测试员来说，了解与自己合作的产品开发小组的特点是很重要的。他们提及软件问题的方式反映出他们处理整个开发过程的方式。他们是谨慎、小心、直接，还是简单生硬呢？

虽然你所在的开发小组会选择不同的名称，但在本书中，所有软件问题都被称为缺陷（bug）。并不在乎缺陷多大多小，是有意的还是无意的，或者是否让一些人感到不适。在用词上过多地计较是没有意义的。

1.2.2　软件缺陷的官方定义

把所有的软件问题都称为缺陷听起来也许非常简单，但是这样做并不能真正解决问题。现在，问题（problem）这个词需要加以定义。为了避免循环定义，就需要给出缺陷的明确定义。

首先需要了解一个辅助术语：产品说明书（product specification）。产品说明书有时又简称为说明（spec）或产品说明（product spec），是软件开发小组的一个协定。它对开发的产品进行定义，给出产品的细节、如何做、做什么、不能做什么。这种协定从简单的口头说明到正式的书面文档有多种形式。第 2 章"软件开发的过程"会讲述产品说明书和开发过程的更多内容，但是现在，这样的定义就足够了。

出于本书和软件行业的原因，只有至少满足下列 5 个规则之一才称发生了一个软件缺陷（software bug）：

1）软件未实现产品说明书要求的功能。

2）软件出现了产品说明书指明不应该出现的错误。

3）软件实现了产品说明书未提到的功能。

4）软件未实现产品说明书虽未明确提及但应该实现的目标。

5）软件难以理解、不易使用、运行缓慢或者——从测试员的角度看——最终用户会认为不好。

为了更好地理解每一条规则，下面我们来看看计算器的例子。

计算器的产品说明书可能声称它能够准确无误地进行加、减、乘、除运算。假如你作为软件测试员，拿到计算器后，按下加（+）键，结果什么反应也没有，根据第1条规则，这是一个缺陷。假如得到错误答案，根据第1条规则，这同样是个缺陷。

产品说明书可能声称计算器永远不会崩溃、锁死或者停止反应。假如你狂敲键盘使计算器停止接受输入，根据第2条规则，这是一个缺陷。

假如你拿计算器进行测试，发现除了加、减、乘、除之外它还可以求平方根，说明书中从没提到这一功能，雄心勃勃的程序员只因为觉得这是一项了不起的功能而把它加入。这不是功能，根据第3条规则，这是软件缺陷。软件实现了产品说明书未提到的功能。这些预料不到的操作，虽然有了更好，但会增加测试的工作，甚至可能带来更多的缺陷。

第4条规则中的双重否定让人感觉有些奇怪，但其目的是捕获那些产品说明书上的遗漏之处。在测试计算器时，会发现电池没电会导致计算不正确。没有人会考虑到这种情况下计算器会如何反应，而是想当然地假定电池一直都是充足了电的。测试要考虑到让计算器持续工作直到电池完全没电，或者至少用到出现电力不足的提醒。电力不足时无法正确计算，但产品说明书未指出这个问题。根据第4条规则，这是个缺陷。

第5条规则是全面的。软件测试员是第一个真正使用软件的人，否则，客户就是第一个使用软件产品的人。如果软件测试员发现某些地方不对劲，无论什么原因，都要认定为缺陷。在计算器例子中，也许测试员觉得按键太小，也许"="键布置的位置使其极其不好按，也许在明亮光下显示屏难以看清。根据第5条规则，这些都是缺陷。

> 📝
> 注意　每一个使用过一些软件的人都会对软件的工作方式有自己的意见和想法，要编写令所有用户都满意的软件是不可能的。作为软件测试员，在运用第5条测试规则时应记住下面这一点：要全面，最重要的是要客观评价，并非所有测试发现的缺陷都要修改。这些后面章节中还会提及。

这些都是极简单的例子，所以请考虑如何将这些规则应用到日常使用的软件中。哪些功能是需要的？哪些功能是不需要的？哪些已经说明，哪些被遗忘了？还有，是什么原因造成你不喜欢某个软件？

虽然这个软件缺陷的定义涉及面甚广，但是使用上面5条规则有助于在软件测试中区分不同类型的问题。

1.3   为什么会出现软件缺陷

现在我们知道了软件缺陷是什么，但它们为什么会出现呢？令人感到惊奇的是我们发现大多数软件缺陷并非源自编程错误。对众多从小到大的项目进行研究而得出的结论往往是一致的，导致软件缺陷最大的原因是产品说明书（见图 1-1）。

产品说明书成为造成软件缺陷的罪魁祸首有不少原因。在许多情况下，说明书没有写；其他原因可能是说明书不够全面、经常更改，或者整个开发小组没有很好地沟通。为软件做计划是极其重要的，如果没做好，软件缺陷就会出现。

软件缺陷的第二大来源是设计。这是程序员规划软件的过程，好比是建筑师为建筑物绘制蓝图。这里产生软件缺陷的原因与产品说明书是一样的——随意、易变、沟通不足。

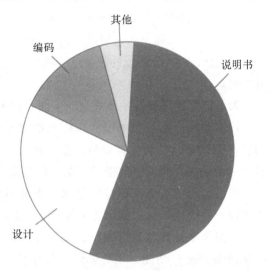

图 1-1   软件缺陷产生的原因有很多，但就这个例子项目的分析看，主要的原因应归咎于产品说明书

> 📷 **注意**   古人云："说不出来就做不到。"此话用在软件开发和测试身上再合适不过了。

程序员对编码错误太熟悉了。通常，代码错误可以归咎于软件的复杂性、文档不足（特别是升级或修订过的代码的文档）、进度压力或者普通的低级错误。一定要注意，许多看上去是编程错误的软件缺陷实际上是由产品说明书和设计方案造成的。经常听到程序员说："这是按要求做的。如果有人早告诉我，我就不会这样编写程序了。"

剩下的原因可归为一类。某些缺陷产生的原因是把误解（即把本来正确的）当成缺陷。还有可能缺陷多处反复出现，实际上是由一个原因引起的。一些缺陷可以归咎于测试错误。不过说到底，此类软件缺陷只占极小的比例，不必担心。

1.4   软件缺陷的修复费用

看了第 2 章你就会明白，软件不仅仅是表面上的那些东西——通常要靠有计划、有条理的开发过程来实现。从开始到计划、编程、测试，再到公开使用的过程中，都有可能发现软件缺陷。图 1-2 显示了修复软件缺陷的费用是如何随着时间推移而增加的。

费用指数级地增长，也就是说，随着时间的推移，费用以十倍增长。在我们的例子中，当早期编写产品说明书时发现并修复缺陷，费用只要 1 美元甚至更少。同样的缺陷如果直到软件编写完成开始测试时才发现，费用可能要 10~100 美元。如果是客户发现的，费用可能达到数千甚至数百万美元。

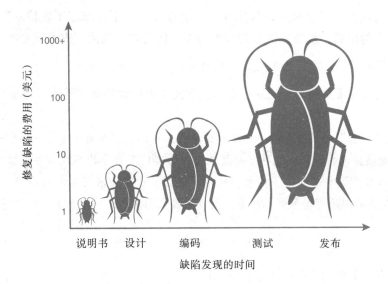

图 1-2 随着时间的推移，修复软件缺陷的费用惊人地增长

举一个例子来说明，比如前面的迪士尼狮子王实例。问题的根本原因是软件无法在流行的 PC 平台上运行。假如早在编写产品说明书时有人已经研究过什么 PC 流行，并且明确指出软件需要在这种配置上设计和测试，付出的代价就会小得几乎可以忽略不计。如果没有这样做，还有一个补救措施是，软件测试员去搜集流行 PC 样机并在其上验证。他们可能会发现软件缺陷，但是修复费用要高得多，因为软件必须调试、修改、再测试。开发小组还应把软件的初期版本分发给一小部分客户进行试用，这叫 beta 测试。那些被挑选出来代表庞大市场的客户可能会发现问题。然而实际的情况是，缺陷被完全忽视，直到成千上万的光盘被压制和销售出去。而迪士尼公司最终支付了客户投诉电话、产品召回、更换光盘，以及又一轮调试、修改和测试的费用。如果严重的软件缺陷到了客户那里，就足以耗尽整个产品的利润。

1.5 软件测试员究竟做些什么

我们已经看到了令人厌恶的软件缺陷实例，知道了软件缺陷的定义，还了解了其修复费用的情况。因此，软件测试员的目标很显然就是：

软件测试员的目标是发现软件缺陷。

经常遇到有产品开发小组要测试员仅仅证实软件可以运行，而不是找出缺陷。重新看一下火星极地登陆者号探测器的用例，就会明白这种方法为什么是错的。如果只是为了测试应当达到的功能，建立测试使其通过，就会遗漏功能不足之处。这样会漏掉缺陷。

如果漏掉缺陷，就是在浪费项目本身和公司的钱财。作为软件测试员，不能满足于仅仅找到软件缺陷——而应该考虑如何在开发过程中尽快地找出软件缺陷，以便降低修复成本。

> 软件测试员的目标是尽可能早地找出软件缺陷。

然而，找出缺陷，甚至早一点找出缺陷，仍嫌不足。不要忘记了软件缺陷的定义，软件测试员是客户的眼睛，是第一次看到软件的人，代表客户说话，应力求完美。

> 软件测试员的目标是尽可能早地找出软件缺陷，并确保其得以修复。

这个最终定义非常重要。牢记这一点，在学完本书后面的测试技术后再来重温这句话。

> **注意**　要记住，"修复"缺陷并非指一定要改正软件。可以是指在用户手册中增加一段注释或为用户提供特殊的培训。这可能需要改变市场部门广告宣传的数据甚至推迟缺陷部分功能的发布。从本书中将了解到，软件测试员虽然在追求完美，确保缺陷都被修复，但软件测试的实质则是另外一回事。千万不要在无法达到的完美上纠缠和兜圈子。

1.6　优秀的软件测试员应具备的素质

在电影《星际迷航记Ⅱ：可汗的愤怒》（Star Trek Ⅱ：The Wrath of Khan）中，Spock说过："在宇宙的历史中，毁灭总是比创建容易。"表面看起来，软件测试员的工作似乎比程序员要容易一些，分析代码并寻找软件缺陷显然比从头编写代码容易。令人惊奇的是，事实并非如此。要从本书中学到井井有条的软件测试所付出的努力和投入不亚于编写程序，两者所需的技术极为相似。尽管软件测试员不必成为一个经验丰富的程序员，但是拥有编程知识会很有好处。

现在，大多数成熟的公司都把软件测试视为高级技术工程职位。他们意识到在项目组中配备经过培训的软件测试员，并在开发过程早期投入工作可以生产出质量更优的软件。遗憾的是，目前还是有一些公司对软件测试带来的挑战以及杰出测试工作的价值不以为然。在自由市场的时代，这些公司是不会长久的，因为用户是不会购买他们那些有缺陷的软件产品的。一个好的测试组织（或者缺少测试的组织）可以成就（或搞垮）一个公司。

下面是大多数软件测试员应具备的素质：
- 他们是群探索者。软件测试员不会害怕进入陌生环境。他们喜欢拿到新软件，安装在自己的机器上，观看结果。
- 他们是故障排除员。软件测试员善于发现问题的症结。他们喜欢解谜。
- 他们不放过任何蛛丝马迹。软件测试员总在不停地尝试。他们可能会碰到转瞬即逝或者难以重现的软件缺陷。他们不会当作是偶然而轻易放过，而会想尽一切可能去发现它们。
- 他们具有创造性。测试显而易见的事实，对软件测试员来说还不够。他们的工作是要设想出富有创意甚至超常的手段来寻找缺陷。
- 他们是群追求完美者。他们力求完美，但是当知道某些无法企及时，不去苛求，而是尽力接近目标。

- **他们判断准确。** 软件测试员要决定测试内容、测试时间，以及看到的问题是否是真正的缺陷。
- **他们注重策略和外交。** 软件测试员常常带来的是坏消息。他们必须告诉程序员，你的"孩子"（程序）很丑。优秀的软件测试员知道怎样有策略和职业地处理这些问题，也知道如何和不够冷静的程序员合作。
- **他们善于说服。** 软件测试员找出的缺陷有时被认为不重要，不用修复。测试员要善于清晰地表达观点，说明软件缺陷为何必须修复，并推进缺陷的修复。

软件测试很有趣！

　　软件测试员的一个基本素质是打破砂锅问到底。他们喜欢找出那些难以捉摸的系统崩溃。他们乐于处理最复杂的问题。经常看到他们高高兴兴地来回奔忙，相互间击掌庆贺，拿到系统时手舞足蹈的样子。这就是平凡生活中的乐趣。

　　除了这些素质外，在软件编程方面受过教育也很重要。从第6章"检查代码"中可知，了解软件是怎样编写的，可以从不同角度找出软件缺陷，从而使测试更加高效。这还有助于开发第15章"自动测试和测试工具"中讨论的测试工具。

　　最后要说的是，对于非计算机领域的专家来说，其专业知识对开发新产品的软件小组的价值可能无法衡量。编写软件的目的是解决现实中的问题。因此，教学、烹饪、航空、木工、医疗等知识对查找该领域软件的缺陷都有莫大的帮助。

小结

　　软件测试是一项批判性的工作。随着当今软件的规模和复杂性日益增加，进行专业化、高效的软件测试的要求越来越迫切。太多的事情处于危机中，我们不需要更多的计算机缺陷芯片，更多崩溃的系统，更多被盗的信用卡账户。

　　第一部分的第2章将讲述软件开发以及软件测试如何融入开发中。这些知识对于运用本书其他章节所述的测试技术极有帮助。

小测验

以下是帮助读者加深理解的小测验。答案参见附录A——但是不要偷看！

1. 在千年虫例子中，Dave有错误吗？
2. 判断是非：公司或者开发小组用来称呼软件问题的术语很重要。
3. 仅仅测试程序是否按预期方式运行有何问题？
4. 产品发行后修复软件缺陷比项目开发早期这样做的费用要高出多少？
5. 软件测试员的目标是什么？
6. 判断是非：好的测试员坚持不懈地追求完美。
7. 给出几个理由说明产品说明书为什么通常是软件产品中制造缺陷的最大来源。

第 2 章

软件开发的过程

要想成为好的软件测试员,至少要对软件开发的全过程有个总体了解。作为学生或爱好者编写小程序的方法与作为大公司开发软件的方法大相径庭。一个新软件产品的建立可能需要数十个、数百个甚至上千个小组成员在严密的进度计划下各司其职、相互协作。软件开发的过程描述了这些人做什么、如何交互、如何决策的细节。

本章的目的不是讲述软件开发过程的每一个细节——这需要一整本书来讲,本章的目的是综观构成软件产品的各个部分,了解目前常用的一些方法。这些知识有助于更好地理解如何恰当运用本书后面各章节所讲述的软件测试技术。

本章重点包括:

- 软件产品构成的主要部分
- 软件产品中包含哪些人员和技术
- 软件从构想到最终产品的过程

2.1 产品的组成部分

软件产品到底是什么?大多数人认为,软件产品仅仅是从互联网上下载或者从 DVD 光盘安装到计算机上的程序。这样描述并没有错误,但实际上制作软件还包括许多隐含的内容。还有许多"藏在背后"的东西通常被认为理所当然或者被忽视。尽管这些部分容易被遗忘,但是软件测试员要铭记在心,因为这些全是可测试的对象并且可能包含缺陷。

2.1.1 软件产品需要多少投入

首先,让我们看一下软件产品需要多少投入。图 2-1 显示了一些我们可能考虑不到的抽象内容。

那么,除了实际的代码外,这些构成软件的部分是什么呢?初看它们远不如程序员所列的程序清单那么实在。的确不能从产品光盘中直接看到它们,然而,至少像一个食品广告所说的那样："它们就在里面。"

在软件行业中，用于描述制造出来并交付他人的软件产品组件的术语是可交付的部分（deliverable）。解释所有可交付部分内容的最简便方法是分门别类。

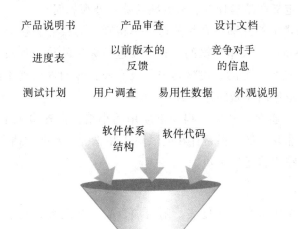

图 2-1 软件产品中包括大量看不见的投入

1. 客户需求

编写软件的目的是满足一些人的需求，这些人称为客户。为了准确地满足需求，产品开发小组必须摸清客户所想的。有些小组只是凭猜测，但大多数小组搜集详细信息时采取问卷调查、收集软件以前版本反馈信息、收集竞争产品信息、收集期刊评论、收集焦点人群的意见以及其他诸多方式，一些是正规的，一些是非正规的。接下来，所有这些信息都将被研究、提炼、分析，以便确定软件产品应该具备哪些功能。

利用焦点人群审视软件功能

从软件产品的潜在客户中获得直接反馈的流行做法是借助焦点人群。焦点人群通常由办公室设在商业场所的独立问卷调查公司来组织。问卷调查人员通常穿行于商场中，手持笔记本询问过路人是否愿意参加调查。他们问一些诸如"家里有PC吗？使用某某软件吗？用了多长时间？"之类的小问题来确定对象。如果遇到符合条件的对象，他们会邀请你花一些时间到公司加入焦点人群。在公司里调查问卷人员会询问你计算机软件方面更详细的问题，并可能向你展示各种软件包装让你挑选最喜欢的，或者，与你探讨新产品中你喜欢的功能。最妙的是，你花了时间，得到了相应的报酬。

多数情况下，焦点人群是不知道软件公司的名字的。但是，通常又很容易猜到是谁。

2. 产品说明书

对客户需求的研究结果其实只是原始资料，并没有描述要做的产品，只是确定是否需要做（或不需要做）以及客户要求的功能。产品说明书综合上述信息以及没有提出但必须要实现的需求，真正地定义产品是什么、有哪些功能、外观如何。

产品说明书的格式千差万别。有些公司——特别是为政府、航天部门、金融机构和医药企业开发产品的公司——采用严格的过程，要进行大量的检查和对比。结果是产品说明书极其详细完整，而且是锁定的，也就是说，没有极特殊的理由绝不能变。开发小组的每一个成员都清楚地知道他们在做的是什么。

有一些开发小组，通常是开发不很关键应用的小组，在餐巾纸上就写出产品说明书。这样做的明显好处是非常灵活，但是存在的风险是并非所有人都"站在一起"。此外，最终产品是什么样子在发布之前无从得知。

3. 进度表

软件产品的一个关键部分是进度表。随着项目的不断庞大和复杂，制造产品需要投入很多人力和物力，因而必须要有某种机制来跟踪进度。从简单地在 Gantt 图表（见图 2-2）上列出任务，到使用项目管理软件详细跟踪每一分钟的任务，各种机制不一而足。

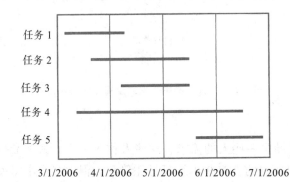

图 2-2　Gantt 图表是显示项目任务水平时间线的条形图表

制定进度的目的是了解哪项工作完成了，还有多少工作要做，何时全部完成。

4. 软件设计文档

一个常见的错误观念是，当程序员编写程序时，他坐下来就开始编写代码。这种现象在一些小的、不正规的软件作坊中可能发生，但是对于稍大一些的程序而言，就必须要有一个设计过程来规划软件如何编写。以本书为例，在落笔之前需要有一个大纲。再比如，一幢建筑在施工之前要绘制蓝图。软件也应该有同样的计划。

根据公司和项目合作小组的不同，程序员的文档千差万别，但其目的都是规划、组织即将编写的代码。

下面是一些常用软件设计文档的清单：

- 结构文档。描述软件整体设计的文档，包括软件所有主要部分的描述以及相互之间的交互方式。

- **数据流图**。表示数据在程序中如何流动的正规示意图。有时被称为泡泡图（bubble chart），因为它是用圆圈和线画的。
- **状态转换图**。把软件分解为基本状态或者条件的另一种正规示意图，表示不同状态间转换的方式。
- **流程图**。用图形描述程序逻辑的传统方式。流程图现在不流行了，但是一旦投入使用，根据详细的流程图编写程序代码是很简单的。
- **代码注释**。有一个老的说法，你写一次代码，至少被别人看 10 次。在软件代码中嵌入有用的注释是极为重要的，这样便于维护代码的程序员轻松掌握代码的内容和执行方式。

5. 测试文档

测试文档将在第 17 ~ 20 章详细讨论，在此提出是因为它是完整的软件产品的一部分。和程序员必须对工作进行计划和进行文档记录的原因一样，测试员也必须写测试文档。软件测试小组提交的文档比程序员提交的还多的情况并不少见。

下面是比较重要的测试提交清单：

- 测试计划（test plan）。描述用于验证软件是否符合产品说明书和客户需求的整体方案。包括质量目标、资源需求、进度表、任务分配、方法等。
- 测试用例（test case）。列举测试的项目，描述验证软件的详细步骤。
- 缺陷报告（bug report）。描述执行测试用例找出的问题。可以记录在纸上，但通常记录在数据库中。
- 测试工具和自动测试（test tool and automation）。第 15 章"自动测试和测试工具"将详细讨论。如果测试小组使用自动化测试工具测试软件，不管是购买的还是自己编写的工具，都必须有文档记录。
- 度量、统计和总结（metric，statistic，summary）。测试过程的汇总。采用图形、表格和报告等形式。

2.1.2 软件产品由哪些部分组成

到目前为止，我们知道了制作软件产品所需的投入。同样重要的是，要认识到当产品打包分发时，分发的不仅仅是代码，许多支持也包含在内（见图 2-3）。由于所有这些部分客户都要查看或使用，所以也需要测试。

遗憾的是，这些部分常常在测试过程中被忽略。你一定试图使用过产品本身的帮助文件，发现其不实用或者——糟糕——甚至错误，或者你检查购买的软件产品包装盒上的系统要求，却发现按它所述无法在自己的机器上运行。这些虽然看上去很容易测试，在产品制作完成并发布之前甚至可能没有人愿意看它们第二眼，但是软件测试员要检查这些。

本章后面将讲述这些非软件部分，以及如何正确测试。在此之前，请牢记下面的清单，从而对软件产品不仅限于代码这点有个初步印象：

帮助文件	用户手册
样本和示例	标签和不干胶
产品支持信息	图标和标志
错误信息	广告和宣传材料
安装	说明文件

安装　　样本和示例　　说明文件

帮助文件

广告和宣传材料　　　　　标签和不干胶

错误信息　　最终产品　　用户手册

产品支持
信息

图标和标志

图 2-3　软件光盘只是组成软件产品的一部分

别忘了测试错误提示信息

　　错误提示信息是软件产品最容易忽视的部分，通常由程序员而不是训练有素的高手来写。他们很少计划这些信息，在修复软件缺陷时常常造成麻烦。软件测试员也难以找到并显示全部信息。千万不要让以下错误提示信息出现在软件中：

```
Error: Keyboard not found. Press F1 to continue.
Can't instantiate the video thing.
Windows has found an unknown device and is installing a driver for it.
A Fatal Exception 006 has occurred at 0000:0000007.
```

2.2　软件项目成员

　　知道了软件产品由什么组成、附带了什么之后，现在该搞清楚制作软件的人员了。当然，公司和项目不同，人员也就大不相同。但是对于大多数情况，分工是一样的，只是叫法不同而已。

　　下面的清单不按次序地列出了主要人员及其职责。给出了最常用的名称，但是不包括变动和增加等情况：

- 项目经理、程序经理或者监制人员自始至终驱动整个项目。他们通常负责编写产品说明书，管理进度，进行重大决策。

- 架构师或者系统工程师是产品小组中的技术专家。他们一般经验丰富，可以胜任整个系统的体系结构或软件设计工作。他们的工作与程序员关系紧密。
- 程序员、开发人员或者代码制作者设计、编写软件并修复软件中的缺陷。他们与项目经理和设计师密切合作制作软件，然后与项目经理和测试员密切合作修复缺陷。
- 测试员或质量保证（Quality Assurance，QA）员负责找出并报告软件产品的问题。他们与开发小组全部成员在开发过程中密切合作，进行测试并报告发现的问题。第21章"软件质量保证"完整地讲述了软件测试和软件质量保证任务的差别。
- 技术作者、用户协助专员、用户培训专员、手册编写员或者文案专员编制软件产品附带的文件和联机文档。
- 配置管理员或构建员负责把程序员编写的代码及技术作者写的全部文档资料组合在一起，合成为一个软件包。

可见，一个软件产品需要多个小组协作。大型的小组可能有数十甚至上百人共同协作。为了更好地交流和组织管理，就需要制定计划，即从一点过渡到另外一点的方法。这正是下一节讨论的话题。

2.3　软件开发生命周期模式

计算机行业流行一个笑话：有三样东西在制造过程中是永远看不见的——法律、香肠和软件。它们的制造过程混乱复杂、令人生厌，以致最好只看最后的结果。这种说法不一定全对，但是俗话说无风不起浪。有些软件开发严格有序、精工细作，有些软件控制混乱不堪，还有的软件则是一堆杂乱无章的垃圾。一般来说，客户最终可以清楚地看出开发过程如何。软件产品从最初构思到公开发行的过程称为软件开发生命周期模式。

如前所述，在开发软件过程中有各种不同的方法。对特定项目而言，没有哪个模式一定是最好的。以下是4种最常用的模式，其他模式只是这些模式的变形：

- 大爆炸模式
- 边写边改模式
- 瀑布模式
- 螺旋模式

每个模式都有它自己的优点和缺点。作为测试员，可能会遇到以上所有模式，你需要根据当前项目采取的模式来定制测试的方法。在学习后面的内容时，考虑针对每种模式，如何应用所学的不同测试技术。

2.3.1　大爆炸模式

关于宇宙的形成有一种大爆炸说，数百亿年前，一股无穷的能量大爆炸创造了宇宙。世界万物皆由能量和粒子排列而成，于是有了这本书、DVD 和比尔·盖茨。假如原子没有正确排列，这些事物就会变成一堆烂泥。

图 2-4 所示的软件开发大爆炸模式与上述理论一样。一大堆东西（人力和资金）放在一起，巨大的能量释放——通常很野蛮——产生了优秀的软件产品——或者一堆废品。

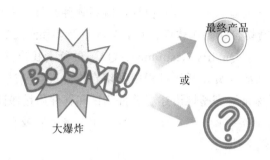

图 2-4　大爆炸模式是最简单的软件开发模式

大爆炸模式的优点是简单。计划、进度安排和正规开发过程几乎没有，所有精力都花在开发软件和编写代码上。假如产品需求无须很好理解，而且最终发布日期可以随便更改，这样的开发过程当然很理想。此外，还要有聪慧过人的客户，因为他们直到最后才知道自己会拿到什么样的软件。

注意图 2-4 中没有出现测试。多数情况下，大爆炸模式几乎没有什么测试。假如有的话，也要挤在产品发布前进行。这种模式下居然有测试的容身之地真是令人感到神奇，也许是进行测试会使大家感觉好一些。

假如要测试员参与大爆炸模式下生产产品的测试，会面临一个既容易又困难的任务。因为软件已经完成，测试员手里有了完美的产品说明书——产品本身。但同时，因为不可能回头修复已经打乱的事情，软件测试的工作其实就是报告发现的问题让客户知道。

更差的情况是，从项目管理的角度看，产品已经完工，准备交付，因此软件测试员的工作妨碍了交付。测试工作越深入，会发现越来越多的软件缺陷，争吵就越多。尽量避开在此模式下进行测试。

2.3.2　边写边改模式

图 2-5 所示的边写边改模式是项目小组在未刻意采用其他开发模式时默认的开发模式。这是在大爆炸模式基础上更进了一步，至少考虑到了产品需求。

典型的非正规说明书　　编码、修改，反复直到？

图 2-5　边写边改模式将反复进行，直至有人放弃

一位智者曾说过："没有时间做好，但总有时间完成。"这是该模式的真实写照。采用这种方式的小组通常最初只有粗略的想法，接着进行一些简单的设计，然后开始来回编写、

测试和修改缺陷的漫长过程。等到觉得足够了，就发布产品。

由于开头几乎没有计划和文档编制，项目小组得以迅速展现成果。因此，边写边改模式极其适合意在快速制作而且用完就扔的小项目，例如原型范例和演示程序。即便如此，许多著名的软件仍然采用了边写边改模式。如果文字处理或者电子表格软件存在大量软件缺陷，或者功能似乎不完备，就可能是在边写边改模式下制造出来的。

与大爆炸模式类似，测试在边写边改模式中未特别强调，但是在编写代码和修复缺陷过程中举足轻重。

作为边写边改的项目的软件测试员，需要和程序员一样清醒地认识到自己将陷入无休止的循环往复。几乎每一天都会拿到新的软件版本并着手进行测试。当新版本出来时，旧版本的测试可能尚未完成，而新版本还可能包含新的或者经过修改的功能。最后，终于有机会对几乎所有功能进行测试了，并且发现软件缺陷越来越少，这时某人（或者进度）决定该发布软件了。

在进行软件测试工作期间，边写边改模式是最有可能碰到的。这种模式是软件开发的入门，有助于理解更加正规的方法。

2.3.3 瀑布模式

瀑布模式常常是编程学校所教的第一课，现在已经无处不在。它简捷、精致，很有意义，在合适的项目中效果显著。图 2-6 给出了该模式的步骤。

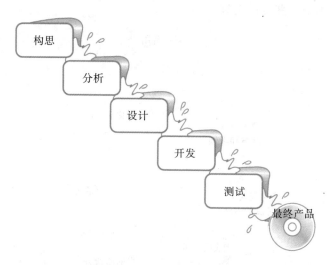

图 2-6 在瀑布模式下，软件开发过程一步接一步进行

采用瀑布模式的项目从最初的构思到最终产品要经过一系列步骤。每一个步骤结束时，项目小组组织审查，并决定是否进入下一步。如果项目未准备好进入下一步，就停滞下来，直到准备好。

关于瀑布模式有三点需要强调：

- 瀑布模式非常强调产品的定义。注意，开发或者代码编制阶段只是其中单独的一块。
- 瀑布模式各步骤是分立的，没有交叉。

- 瀑布模式无法回溯。一旦进入某个步骤，就要完成该步骤的任务，然后才能向下继续——无法回溯。[⊖]

看起来似乎限制太多，实际上也是如此。但是，对于拥有明确清晰的产品定义和训练有素的开发人员的项目而言，该模式的效果很好。该模式的目标是在编写代码之前解决所有的未知问题并明确所有细节。缺点是，在这个变化迅速、在互联网上开发产品的时代，当软件产品还在细细考虑和定义时，当初制造它的理由可能变了。

从测试的角度来看，瀑布模式比截至目前的其他模式更有优势。瀑布模式下所有一切都有完整细致的说明。当软件提交到测试小组时，所有细节都已确定并有文档记录，而且实现在软件之中。由此，测试小组得以制定精确的计划和进度。测试对象非常明确，在分辨是功能还是缺陷上也没有一点问题。

然而，这个优点也带来一个巨大的缺点。因为测试仅在最后进行，所以一些根本性问题可能出现在早期，但是直到准备发布产品时才可能发现。还记得第 1 章"软件测试的背景"中所讲的软件缺陷修复费用怎样随时间增长吗？我们需要一个可以在早期费用不大时就执行测试的模式。

2.3.4　螺旋模式

尽管螺旋模式不太理想，但是该模式（见图 2-7）确实经历了很长的路来解决其他模式中存在的问题，同时有一些好的突破。

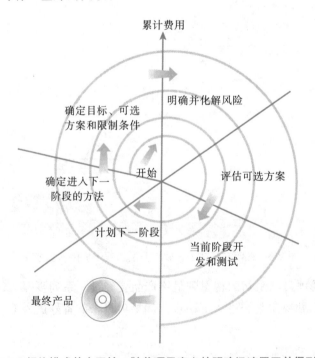

图 2-7　螺旋模式从小开始，随着项目定义的明确迅速展开并得到稳定

⊖　瀑布模式的变形模式放松了该规则限制，允许有的步骤交叉以及在必要时回溯。

螺旋模式于 1986 年由 Barry Boehm 在美国计算机协会（Association for Computing Machinery, ACM）的论文"一种软件开发的螺旋模式和加强"中引入。目前使用相当广泛，并被证实是开发软件的有效手段。

螺旋模式的总体思想是一开始不必详细定义所有细节。从小开始，定义重要功能，努力实现这些功能，接受客户反馈，然后进入下一阶段。重复上述过程，直至得到最终产品。

螺旋模式每一次循环包括 6 个步骤：

1）确定目标、可选方案和限制条件。

2）明确并化解风险。

3）评估可选方案。

4）当前阶段开发和测试。

5）计划下一阶段。

6）确定进入下一阶段的方法。

螺旋模式中包含了一点瀑布模式（分析、设计、开发和测试的步骤）、一点边写边改模式（螺旋模式的每一次）和一点大爆炸模式（从外界观察）。加上该模式发现问题早、成本低的特点，可以算作相当好的开发模式。

软件测试员喜欢该模式。因为通过参与最初的设计阶段，可以尽早地影响到产品，可以把产品的来龙去脉弄得很清楚；并且在项目末期，不至于最后一分钟还在匆匆忙忙地进行全面测试。软件测试员的测试一直都在进行，所以最后一步只是验证表面的所有部分都没有问题。

敏捷软件开发

有一种开发过程受到许多软件公司的喜爱，叫作敏捷软件开发（Agile Software Development）。我们也许听说过它的另外一些名称，如快速原型、极限编程或进化开发等。

如网站 www.agilemanifesto.org 上的敏捷宣言中所述，敏捷软件开发的目的是：

"通过过程和工具理解个人和交流的作用

通过全面的文档理解运行的软件

通过合同和谈判得到客户的协作

在计划的执行中做出对变更的响应

也就是说，在一方面有价值的时候，更应评价它在另外一方面的价值"

敏捷软件开发取得了一定的发展，也有一些成功的项目，但远未成主流。敏捷软件开发中，如果开发人员和他的项目陷在了过程和文档中的话，它就似乎成了深奥的哲学，在我看来，敏捷软件开发很容易偏离主题而造成混乱。一种方法是先观察、了解，再决定是否采用此方法。目前，我并不想像坐喷气式飞机一样，用一个极限编程员采用快速原型法来开发软件。也许以后会。

想了解更多的信息，参考两本 Sams 出版社出版的书——《Agile Modeling, Teach Yourself Extreme Programming in 24 Hours》和《Extreme Programming Practices in Action》。

◉ 小 结

　　现在我们知道了软件产品是如何制作的——包括所有组成部分及其合成过程。可以看到，制造产品无定式可言，本章所讲的 4 个模式就是例证。当然还有许多其他模式以及这些模式的变形模式。每一个公司、每一个项目和每一个小组都会选择适合自身情况的模式，选择有可能是对的，也有可能是错的。软件测试员的工作是在所处的开发模式中尽最大的努力工作，运用本书所讲的测试技术创造出尽量完善的软件。

◉ 小测验

以下是帮助读者加深理解的小测验。答案参见附录 A——但是不要偷看！

1. 说出在程序员开始编写代码之前要完成哪些任务。
2. 正式并被锁定不能修改的产品说明书有何缺点？
3. 软件开发大爆炸模式的最大优点是什么？
4. 采用边写边改模式时，如何得知软件发布的时间？
5. 瀑布模式为什么不好用？
6. 软件测试员为什么最喜欢螺旋模式？

第3章

软件测试的实质

第1章"软件测试的背景"和第2章"软件开发的过程"讲述了软件测试和软件开发过程的基础知识。这两章的内容从较高的层面和分析推论的角度描述了软件项目如何运作。遗憾的是,在现实生活中,几乎看不到任何纯粹采用某种模式进行的项目,看不到完全符合客户要求的详细产品说明书,也没有足够的时间去做所有需要做的测试。没有,真的没有。但是,要想成为卓有成效的软件测试员,就应该知道这个理想的过程正是追求的目标。

本章的目的是从软件的角度把这个理想变得现实一点。这将有助于理解在整个开发周期中,实际上必须做出取舍和让步。大多数取舍与软件测试的投入相关,测试中发现的缺陷和避免的问题都对项目有莫大的影响。学完本章后,就会清楚地了解软件测试的作用、影响和责任,从而喜欢上制作软件产品所必需的幕后决策工作。

本章重点包括:

- 软件为什么永远不会完美
- 软件测试为什么不仅仅是技术问题
- 软件测试员的常用术语

3.1　测试的原则

本节所列举的是一些原则或者公理,可以视为软件测试和软件开发的"交通规则"或者"生活常识"。每一条原则对于透彻了解整个过程来说都是宝贵的点滴知识。

3.1.1　完全测试程序是不可能的

软件测试新手可能认为,可以在拿到软件后进行完全测试,找出所有的软件缺陷,确保软件完美无缺。遗憾的是,这是不可能的,即使最简单的程序也不行,主要有如下4个原因:

- 输入量太大。

- 输出结果太多。
- 软件执行路径太多。
- 软件说明书是主观的，可以说从旁观者来看是缺陷。

图 3-1   即使简单如 Windows 计算器的程序也复杂得难以全部测试

以上这些"太多"的可能性加在一起，构成了一个太大而难以进行的测试条件。如果不信，那就以如图 3-1 所示的 Microsoft Windows 计算器程序为例来看一下。

假设我们受命测试这个计算器。我们决定首先从加法开始。试着输入 1+0=，得到的答案是 1，结果正确。接着输入 1+1=，答案是 2。还要走多远呢？因为计算器可以处理 32 位的数字，所以必须测试所有的可能性，直至输入

1+99999999999999999999999999999999=

这一系列测试完之后，继续输入 2+0=、2+1=、2+2=，以此类推。最后输入

99999999999999999999999999999999+99999999999999999999999999999999=

下一步测试所有的小数：1.0+0.1、1.0+0.2，以此类推。

验证完正常的数字相加正确无误之后，还要测试非法输入是否得到正确的处理。不要忘了，不仅可以单击画面上的数字键——还可以按键盘上的任意键。好的测试数据如 1+a，z+1，1a1+2b2，…，逐项下来，这样的组合何止亿万。

输入的编辑修改也必须测试。Windows 计算器程序允许输入退格键和删除键，应该加以测试。1< 退格键 >2+2 应该等于 4。前面测试过的每一项测试还要逐个按退格键重新测试。

如果要测试所有的情况，还得进行 3 个数相加、4 个数相加，等等。

输入项太多了，根本无法完全测试，即使使用超级计算机来输数也无济于事。这还仅仅是加法，还有减法、乘法、除法、求平方根、百分数和倒数等测试要做。

举这个例子的目的是说明完全测试一个程序是不可能的，即使是简单如计算器这样的软件也不例外。如果觉得某些测试条件是重复的、无必要的，或者为了节省空间，而将其剔除，那么采用的就是不完全测试。

3.1.2 软件测试是有风险的行为

如果决定不去测试所有的情况，那就是选择了冒险。在计算器的例子中，如果选择不去测试 1024+1024=2048 会怎样呢？有可能程序员碰巧在这种情况下留下一个软件缺陷。如果软件测试员没有对此测试，客户却碰巧输入了这组数，就会发现这个缺陷。这将是修复代价很高的软件缺陷，因为它直到软件使用时才被客户发现。

这样说有些耸人听闻。软件测试员不能做全部的测试，不完全测试又会漏掉软件缺陷。软件终归要发布的，所以测试需要停止，但是如果过早停下来，就还有地方没测试到。怎么办？

软件测试员要学会的一个关键思想是，如何把数量巨大的可能测试减少到可以控制的范围，以及如何针对风险做出明智的抉择，哪些测试重要，哪些<u>不</u>重要。

图 3-2 说明了测试量和发现的软件缺陷数量之间的关系。如果试图测试所有情况，费用将大幅增加，而软件缺陷漏掉的数量在到达某一点后没有显著变化。如果减少测试或者错误地确定测试对象，虽然费用很低，但是会漏掉大量软件缺陷。我们的目标是找到最优的测试量，使测试不多不少。

第 4 章到第 7 章将讲述如何设计和选择测试用例以减少风险、优化测试的技术。

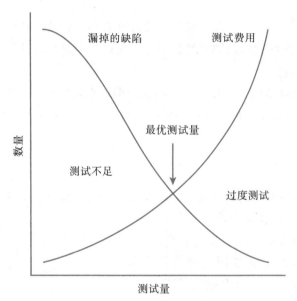

图 3-2 每一个软件项目都有一个最优的测试量

3.1.3 测试无法显示潜伏的软件缺陷

好好思考一下这个标题。假设你是负责检查房间是否有害虫的检疫员，通过仔细检查，发现了害虫的迹象——有活的、死的，或者在窝里，你可以肯定地说房间里有害虫。

现在又来到另一个房间。这一次没有找到害虫的迹象。在所有可能的地方找了，找不到害虫出没的痕迹。也许找到一些死虫或者废弃的窝，但是无法证实有活的害虫。你能肯定地说这间房子没有害虫吗？不能，你能得出的结论只是在你的搜索下没有找到活着的害虫。除非在把房子彻底拆掉，否则难以保证不会使其轻易漏网。

软件测试工作与防疫员的工作极为相似，可以报告软件缺陷存在，却不能报告软件缺陷不存在。你可以进行测试，发现并报告软件缺陷，但是任何情况下都不能保证软件缺陷没有了。唯一的方法是继续测试，可能还会找到一些。

3.1.4 找到的软件缺陷越多，就说明软件缺陷越多

生活中的害虫和软件缺陷几乎完全一样。两者都成群出现，发现一个，附近就可能会

有一群。

通常，软件测试员会在很长时间内找不到软件缺陷。接着找到一个，之后很快就会接二连三地找到更多。其中的原因是：

- 程序员也有心情不好的时候。和我们大家一样，程序员也要休假。某天编写代码可能心情还不错，另一天可能就烦躁不安了。一个软件缺陷表明很可能附近还有更多的软件缺陷。
- 程序员往往犯同样的错误。每个人都有习惯，一个程序员总是反复犯下自己容易犯的错误。
- 某些软件缺陷实乃冰山一角。软件的设计或者体系常常会出现基本问题。软件测试员可能会发现某些软件缺陷开始似乎毫无关联，但是最后才知道它们是由一个严重的主要原因造成的。

一定要注意，"软件缺陷一个接一个"的说法倒过来讲也对。如果无论如何努力都找不出软件缺陷，那么也可能是软件经过精心编制，确实存在极少的软件缺陷。

3.1.5   杀虫剂怪事

1990 年，Boris Beizer 在其编著的《Software Testing Techniques》第 2 版中杜撰了"杀虫剂怪事"一词，用于描述软件测试越多，其对测试的免疫力越强的现象。这与农药杀虫是一样的（见图 3-3），总是用一种农药，害虫最后就有了抵抗力，农药再也发挥不了效力。

还记得第 2 章描述的软件开发螺旋模式吗？每一圈都要重复测试过程。每一次循环，软件测试员都要对软件进行测试。最后，经过几个回合之后，能发现的软件缺陷都发现了，再测试下去也不会有新的发现了。

为了克服杀虫剂怪事，软件测试员必须不断编写不同的、新的测试程序，对程序的不同部分进行测试，以找出更多软件缺陷。

软件测试员　　　　　　　软件缺陷

图 3-3　反复使用相同的测试软件最后会使软件具有抵抗力

3.1.6   并非所有软件缺陷都要修复

在软件测试中令人沮丧的是，虽然测试员尽了最大的努力，但并非找出的所有软件缺陷都要修复。不要泄气——这并不意味着软件测试员未达到目的，或者项目小组将发布质量欠佳的产品。其真正的含义要依赖第 1 章所列的软件测试员的素质——进行良好的判断，搞清楚在什么情况下不能追求完美。项目小组需要进行取舍，根据风险决定哪些缺陷要修复，哪些不需要修复。

不需要修复软件缺陷的原因有几个：

- **没有足够的时间**。在任何一个项目中，通常是软件功能太多，而代码编写人员和软件测试员太少，而且进度中没有留出足够的时间来完成项目。例如你在制作税务处理程序，4月15日（赶在应付税务检查之前——译者注）是不可更改的交付期限——必须按时完成软件。
- **不算真正的软件缺陷**。也许有人会说："这不算软件缺陷，而是一项功能。"很多情况下，理解错误、测试错误或者说明书变更会把可能的软件缺陷当作功能来对待。
- **修复的风险太大**。遗憾的是，这些情形很常见。软件本身是脆弱的，难以厘清头绪，有点像一团乱麻，修复一个软件缺陷可能导致其他软件缺陷出现。在紧迫的产品发布进度压力下，修改软件将冒很大的风险。不去理睬已知的软件缺陷，以避免造成新的、未知的缺陷的做法也许是安全之道。
- **不值得修复**。虽然有些不中听，但却是事实。不常出现的软件缺陷和在不常用功能中出现的软件缺陷是可以放过的，可以躲过以及用户有办法预防或避免的软件缺陷通常不用修复。这些都要归结为商业风险决策。

决策过程通常由软件测试员、项目经理和程序员共同参与。他们站在各自的立场看待缺陷，对软件缺陷是否应该或不应该修复都有自己的观点和看法。第19章"报告发现的问题"将详细讲述如何报告软件缺陷，并使其他人知道。

做出错误决策的后果

还记得第1章描述的英特尔奔腾处理器缺陷吗？英特尔公司的测试工程师虽然在芯片发布之前发现了缺陷，但是产品开发小组认为这是一个不常见的小缺陷，不值得修复。他们处于紧张的进度催促之下，决定赶在最后期限之前完工，然后在后面发布的芯片中修复缺陷。结果软件缺陷被发现，后来成了历史事件。

在任何一个软件中，与每一个成为新闻头条的"奔腾处理器"之类的缺陷类似，可能会有数以百计的缺陷没有修复，因为这些缺陷被认为没有大的副作用。只有时间才能告诉我们这样的决策是对的还是错的。

3.1.7 什么时候才叫缺陷难以说清

如果软件中存在问题，但没有人发现——程序员没有发现，测试员没有发现，甚至客户也没有发现——那么它算不算软件缺陷？

假如把一群软件测试员聚集起来提出上述问题，就会引发激烈的讨论。每个人都有自己的观点，都能完美地表达出来。问题是没有准确的答案，答案因开发小组决定的最适合自己的而千差万别。

鉴于本书的目的，回顾一下第1章所述的软件缺陷定义规则：

1）软件未实现产品说明书要求的功能。

2）软件出现了产品说明书指明不应该出现的错误。

3）软件实现了产品说明书未提到的功能。

4）软件未实现产品说明书虽未明确提及但应该实现的目标。

5）软件难以理解、不易使用、运行速度慢，或者软件测试员认为最终用户会认为不好。

遵守以上这些规则，有助于澄清什么样的软件缺陷才算缺陷这个模棱两可的问题。说软件有没有"某功能"，指的是软件运行时发现有"某功能"或者"缺少某功能"。由于不能报告没有看见的问题，因此，没有看见就不能说存在软件缺陷。

还可以从另外一个角度来思考。两个人对于同一个软件产品的质量持有完全不同的见解并不罕见。也许一个人说该软件的缺陷太多，而另一个人会说该软件很完美。怎么可能都对呢？一定是一个人以某种方式运行软件时暴露了大量软件缺陷，而另一个人没有这样做。

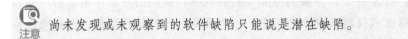

尚未发现或未观察到的软件缺陷只能说是潜在缺陷。

如果没搞明白也不要紧，在软件测试中与同行进行探讨，听听他们的看法。听听别人的意见，验证他们的想法，从而明确自己的观点。请记住这个老问题："一棵树倒在森林中没有人听见，它发出声音了吗？"

3.1.8　产品说明书从没有最终版本

软件开发者面临一个难题。整个行业变化太快，去年还很先进的产品今年就过时了；同时，软件变得更庞大、更复杂，功能越来越多，导致软件开发周期越来越长。这两种反作用力形成了矛盾，结果导致产品说明书经常变化。

除了紧跟变化没有其他办法。假定我们的产品有一份最后定版的且不得更改的产品说明书。两年按部就班的开发进行到一半时，主要竞争对手发布了一个类似的产品，而且拥有一些我们不具备的、吸引人的功能。是继续按照产品说明书开发，明年发布一个没有竞争力的产品，还是重整人马，重新讨论产品功能，重写产品说明书，开发经过修订的产品呢？明智的选择是后者。

软件测试员必须要想到产品说明书可能改变。未曾计划测试的功能会增加，经过测试并报告软件缺陷的功能可能发生变化甚至被删除。这些都是有可能会发生的。本书后面的章节将讲述灵活地制定测试计划和执行测试的技术。

3.1.9　软件测试员在产品小组中不受欢迎

还记得软件测试的目标吗？

软件测试的目标是尽可能早地找出软件缺陷，确保其得以修复。

软件测试员的工作是检查和批评同事的工作，挑毛病，公布发现的问题。唉，做这项工作不会普遍受欢迎的！

下面是保持小组成员和睦的建议：

- 早点找出缺陷。这是软件测试员理所当然的工作，但是做到很难。在三个月之前而不是在产品即将发布前夕找出严重的软件缺陷，会产生更小的影响，更容易让人接受。
- 控制情绪。诚然，软件测试员真心喜爱自己的工作，当发现严重的软件缺陷时非常兴奋。但是，如果兴冲冲地闯进程序员同事的房间告诉他程序代码中存在可怕的缺陷，他是不会高兴的。
- 不要总是报告坏消息。假如发现某段代码没有软件缺陷，就大声宣扬。花一点时间找程序员聊聊天。如果总是报告坏消息，别人对你就会唯恐避之不及。

3.1.10　软件测试是一个讲究条理的技术职业

以前，软件测试是事后考虑的。那时，软件产品很小，也不复杂，使用计算机软件的人数不多。项目小组中几乎没有程序员去相互交叉调试对方的代码。软件缺陷还不是很大的问题，即使出现了，也很容易修复，付出不了多少代价，且不会带来多大的破坏性。即便有软件测试员，也是没受过什么训练的，只是在项目后期"乱搞代码看能发现什么"。但是现在，时代变了。

在软件招聘广告上可以找到许多招聘测试员的条目，软件行业已经发展到强制使用专业软件测试员的程度了。现在，生产低劣软件的代价太高。

公平地讲，并非所有的公司都使用专业软件测试员。不少计算机游戏和短期开发项目的公司依然采用相当松散的开发模式——常常是大爆炸模式或边写边改模式。但是，大多数软件都采用井然有序的方式开发，把软件测试员当作必不可少的核心小组成员。

这对于软件测试的爱好者无疑是福音。现在软件测试成为一个职业选择——需要训练和规范，而且有发展空间。

3.2　软件测试的术语和定义

本章以软件测试的术语和定义作为本书第一部分的结束，这些术语描述了关于软件开发过程和软件测试的基本概念。因为它们常常被混淆和误用，所以在此一并解释，以帮助读者理解其真实含义和区别。注意，软件行业中对于许多看起来似乎相同的术语很少达成一致认识。软件测试员应该常常澄清小组中使用的术语的含义，最好是在术语定义上取得一致而不是在"正确性"上争论。

3.2.1　精确和准确

软件测试员必须要知道精确（precision）和准确（accuracy）之间的区别。假如对计算器进行测试，你会测试返回结果是精确的还是准确的呢？或者两者都测试？如果项目进度迫使只能进行二选一的抉择呢？

测试的软件假如是棒球或模拟飞行之类的模拟游戏程序又怎样？主要测试精确度还是准确度？

图 3-4 用图示方法描述了这两个术语。飞镖游戏的目标是设法投中靶盘的中心区域。左上角靶盘上的飞镖既不精确也不准确。它们不仅远离靶心，而且相互之间分得很开。

右上角靶盘上的飞镖精确但不准确。它们紧紧地聚在一起，因此可以说投掷者有很高的稳定性，但是不够准确，因为飞镖全部脱靶。

左下角靶盘上的飞镖是准确但不精确的例子，因为飞镖非常接近靶心，因此可以说投掷者非常接近瞄准的目标，但飞镖落点分散，谈不上稳定性。

右下角靶盘上的飞镖是精确和准确的完美结合。飞镖落点集中而且命中目标。

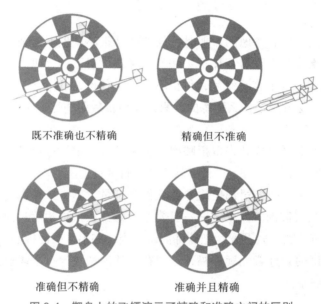

既不准确也不精确　　　　　　　精确但不准确

准确但不精确　　　　　　　准确并且精确

图 3-4　靶盘上的飞镖演示了精确和准确之间的区别

软件测试要精确度还是准确度很大程度上取决于产品是什么，最终取决于开发小组的目标（请恕我直言）。计算器软件需要两者都达到——正确的答案就是正确的答案，错误的就是错误的。但是，可能会决定计算只精确到五位十进制数，那么，精确度可以有所偏差。只要软件测试员清楚产品说明书，就可以量身定制测试程序来确认。

3.2.2　确认和验证

虽然确认（verification）和验证（validation）常常互换使用，但是它们有不同的定义，其中的区别对软件测试很重要。

确认是保证软件符合产品说明书的过程；验证是保证软件满足用户要求的过程。尽管它们听起来很相似，然而通过对哈勃（Hubble）天文望远镜问题的分析就可以澄清这两者的区别。

1990 年 4 月，哈勃天文望远镜被发射到地球轨道。它是一个反射望远镜，主要利用一面巨大的镜子来放大观察的目标。建造这面镜子是一项精确度和准确度要求极其严格的艰巨任务。镜子的测试极其困难，因为望远镜被设计用于太空，在地球上无法固定甚至全面观察。因此唯一的测试方法是仔细度量其全部属性，并将度量结果和规定数值进行比较。进行上述测试之后，哈勃天文望远镜被宣称可以发射了。

不幸的是，哈勃太空望远镜投入使用不久发现，它传回来的图像没有正确聚焦。调查发现镜子制造出了问题。镜子虽然根据产品说明书进行了表面处理，但是产品说明书是错的。结果虽然镜子精确度极高，但准确度不够。测试虽然保证镜子符合产品说明——确认，但是不能保证满足最初的需求——验证。

1993 年，通过航天飞机来修正哈勃太空望远镜，安装了一个"校正镜头"装置重新校准由制造不合格的镜子生成的图像。

虽然这不是软件的例子，但是确认和验证同样适用于软件测试。绝对不能假定产品说明书是对的，如果确认了产品说明书并对最终产品进行验证，就有望避免类似哈勃太空望远镜的问题。

3.2.3 质量和可靠性

韦氏电子词典把质量（quality）定义为"优秀程度"或者"同类优越性"。如果说软件产品质量高，就是指它能够满足客户要求。客户会感到该产品性能卓越，优于其他产品。

软件测试员常常会错误地以为质量和可靠性是一回事。他们认为如果测试程序一直稳定、可靠，就可以认定这是高质量的产品。遗憾的是，这不完全正确。可靠性仅仅是质量的一个方面。

软件使用者心目中的质量可能包括：软件功能的多少、在自己的旧 PC 上运行的能力、软件公司的服务电话好不好打以及软件的价格。产品的可靠性或者产品多长时间崩溃的问题也许重要，但常常不被考虑到。

为了确保程序质量高而且可靠性强，软件测试员必须在整个产品开发过程中进行确认和验证。

3.2.4 测试和质量保证

最后一对定义是测试（testing）和质量保证（Quality Assurance，QA）。这两个术语经常用于描述确认和验证的小组和过程。第 21 章"软件质量保证"将详细讲述质量保证。现在请看以下定义：

- 软件测试员的目标是尽可能早地找出软件缺陷，并确保缺陷得以修复。
- 软件质量保证人员的主要职责是创建和执行改进软件开发过程并防止软件缺陷发生的标准和方法。

当然，它们存在一些交叉之处。软件测试员会做一些 QA 工作，QA 人员会进行一些测试，双方的工作和任务是交织在一起的。重要的是了解自己的工作职责，并与开发小组的其他成员交流。小组成员如果搞不清楚谁在做测试谁不在做测试的话，将会给许多项目带来不少麻烦。

小 结

香肠、法律和软件——它们的制造过程都很繁杂。但愿前三章没有吓着你。

许多参与项目的软件测试员不清楚周围发生的事情，不清楚如何做出决定，或者不清楚应该遵照什么过程，这样是不可能有太多成效的。截至目前，学习了软件测试和软件开发过程方面的知识之后，在开始进行测试时就会有一个良好的开端。你将了解自己扮演的角色，至少知道提出哪些问题才能找到自己的位置。

到目前为止，关于过程的所有内容已经讲完了。下一章将进入新的部分，介绍软件测试的基本技术。

小测验

以下是帮助读者加深理解的小测验。答案参见附录 A——但是不要偷看！

1. 假定无法完全测试某一程序，在决定是否应该停止测试时要考虑哪些问题？

2. 启动 Windows 计算器程序，输入 5,000–5=（逗号不能少），观察结果。这是软件缺陷吗？为什么？

3. 假如测试模拟飞行或模拟城市之类的模拟游戏，精确度和准确度哪一个更值得测试？

4. 有没有质量很高但可靠性很差的产品？请举例说明。

5. 为什么不可能完全测试程序？

6. 假如周一测试软件的某一功能，每小时发现一个新的软件缺陷，你认为周二将会以什么样的频率发现软件缺陷？

第二部分

测试基础

出去找一件东西，并且就只找这件东西。

——老采矿者的话

在科学界听到预示重大发现的最令人激动的话，
不是"找到了！"而是"这有点意思……"

——Isaac Asimov，

科普和科幻小说作家

第 4 章

检查产品说明书

本章将开始介绍第一个实际动手的测试——可能与大家想象中不同。不是安装并运行软件，也不是猛敲键盘看软件是否崩溃。本章将讲述如何测试产品说明书，以便在编写软件之前找出缺陷。

测试产品说明书不是所有软件测试员都有机会去做的。软件测试员有时会在开发过程的中途介入项目，产品说明书已经写完，并且已经开始编写代码。在这种情形下，也不要担心——仍然可以利用这里所讲的技术测试已经完成的产品说明书。

假如有幸在项目早期介入，并有权修改初期的产品说明书，本章所述更是非常适合。在此阶段找出软件缺陷极有可能为项目节省大笔开销和时间。

本章重点包括：

- 什么是黑盒测试和白盒测试
- 静态测试和动态测试有何区别
- 审查产品说明书有哪些高级技术
- 在详细审查产品说明书时应注意哪些特殊的问题

4.1　开始测试

请回顾第 2 章 "软件开发的过程" 中所讲的 4 种开发模式：大爆炸模式、边写边改模式、瀑布模式和螺旋模式。除了大爆炸模式之外，每一种模式中开发小组都要根据需求文档（requirement document）编写一份产品说明书，用以定义软件是什么样子的。

产品说明书通常是利用文字和图形描述产品的书面文档。Windows 计算器程序（见图 4-1）的产品说明书摘录如下：

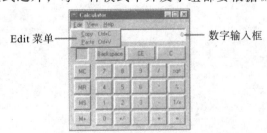

图 4-1　显示 Edit 菜单的标准 Windows 计算器程序

Edit 菜单有两个命令选项：Copy 和 Paste。其选择方式有三种：指向并单击菜单；使用菜单命令访问键（Alt ＋ E，然后 Copy 按 C，Paste 按 P）；使用标准的 Windows 快捷键，Copy 按 Ctrl+C，Paste 按 Ctrl+V。

Copy 功能将数字输入框中显示的内容复制到 Windows 剪贴板中。Paste 功能将剪贴板中存储的数值粘贴到数字输入框中。

可以看到，该产品说明书中只用了几句话描述简单的计算器程序中两个菜单命令选项的操作。而整个应用程序完整详细的产品说明书可能有几百页。

对于这样的小软件要求编写细致的文档似乎有点过分。为什么不干脆让程序员按自己的想法编写程序呢？问题是这样做不知道最终会得到什么样的产品。程序员对于产品外观、功能和使用方式的见解可能与测试员想的完全不一样。确保最终产品符合客户要求以及正确计划测试投入的唯一方法是在产品说明书中完整描述产品。

编写详细产品说明书的另一个好处是软件测试员可以将其作为测试项目的书面材料（这也是本章的出发点），据此可以在编写代码之前找出软件缺陷。

4.1.1　黑盒测试和白盒测试

软件测试员用于描述测试方式的两个术语是黑盒测试（black-box testing）和白盒测试(white-box testing)。图 4-2 说明了这两种方式的差别。在黑盒测试中，软件测试员只需知道软件要做什么——而无法看到盒子里的软件是如何运行的。只要进行一些输入，就能得到某种输出结果。他不知道软件如何运行、为什么会这样，只知道程序做了什么。

> 技巧　黑盒测试有时又称功能性测试（functional testing）或行为测试（behavioral testing）。不要在术语上纠缠，因为不同的小组可能使用不同的术语。理解其含义以及在小组中的应用是软件测试员的职责。

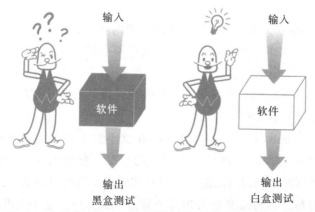

图 4-2　在黑盒测试中，软件测试员不清楚软件具体如何运行

再看看如图 4-1 所示的 Windows 计算器程序，如果输入 3.14159 并按 sqrt 键，就会得

到结果 1.772453102341。使用黑盒测试方法时，并不需要关心软件算圆周率的平方根要经历多少复杂的运算，只需要关心它的运行结果。软件测试员可以通过其他"经过认证合格"的计算器来检验结果，判定 Windows 计算器程序是否运算正确。

在白盒测试（有时称为透明盒测试（clear-box testing））中，软件测试员可以访问程序员的代码，并通过检查代码的线索来协助测试——可以看到盒子里面。测试员根据代码检查结果判断可能出错的数目，并据此定制测试。

> 注意　进行白盒测试要冒一些风险。因为要以适应代码操作来定制测试，所以很容易形成偏见而无法进行客观测试。

4.1.2　静态测试和动态测试

描述软件测试的另外两个术语是静态测试（static testing）和动态测试（dynamic testing）。静态测试是指测试不运行的部分——只是检查和审核；动态测试是指通常意义上的测试——使用和运行软件。

对这些术语最好的一个类比是检查二手汽车的过程。踢一下轮胎、看看车漆、打开引擎盖检查都属于静态测试技术，发动汽车、听听发动机声音、上路行驶都属于动态测试技术。

4.1.3　静态黑盒测试——测试产品说明书

测试产品说明书属于静态黑盒测试。产品说明书是书面文档，而不是可执行程序，因此是静态的。它是利用各种资源而获得的数据（诸如易用性研究、焦点人群、销售收入等）建立的。不必了解怎样和为什么要获取这些信息，以及获取的具体途径，只需知道它们最终构成产品说明书就可以了。软件测试员可以利用书面文档进行静态黑盒测试，认真查找其中的缺陷。

前面我们看了 Windows 计算器程序产品说明书的例子，该例子利用标准书面文档格式和一幅图片描述软件的操作。尽管这是编写产品说明书最常用的方法，但还有许多变化的形式。和文字相比，开发小组可能会更强调图或者 Ada 之类的自动生成文档的计算机语言。无论采用何种形式，都要用到本章介绍的所有技术。虽然必须根据特定的格式要求对其进行定制，但是核心思想是不变的。

如果项目没有产品说明书怎么办？这表明开发小组采用了大爆炸模式或者松散的边写边改模式。对于测试者而言，这是一种困难的情况。软件测试员的任务是尽早找出缺陷——最理想的是在软件代码编写之前——但是如果产品没有说明书，这显然是不可能的。尽管产品说明书没有写，然而总会有人知道产品是什么样的。这个人可能是开发人员、项目经理或销售人员。走路、谈话和产品说明书一样都使用同样的技术来评估"大脑中"的说明书，就好像它们写在纸上一样。记下收集到的信息并反复斟酌就可以得到更详细的资料。对开发小组说："这是我准备测试和提交缺陷的内容。"他们很快就会补充不少细节。

> 技巧　无论产品说明书的格式如何，都可以利用静态黑盒技术测试。产品说明书是书面文字文档或图形文档，或者两者兼而有之。通过询问软件的设计者和编制者甚至可以测试没有写出来的产品说明书。

4.2　对产品说明书进行高级审查

定义软件产品是一个困难的过程。产品说明书必须处理许多不可预料的情况，接受众多变化的输入，并设法把这些汇集在一个描述新产品的文档中。该过程是一门模糊学科，难免出问题。

测试产品说明书的第一步不是马上钻进去找缺陷，而是站在一个高度上进行审查。审查产品说明书是为了找出根本性的问题、疏忽或遗漏之处。也许这更像是研究而不是测试，但是研究的本质是为了更好地了解软件该做什么。如果能够很好地理解产品说明书后的诸多为什么和怎么做，就可以更好地进行细节检查。

4.2.1　假设自己是客户

当软件测试员第一次接到需要审查的产品说明书时，最容易做的事是把自己当作客户。研究一下客户会是什么人；和市场人员或销售人员聊一下，了解他们对最终用户的认识；如果产品是一个内部使用的软件项目，找到使用它的人谈一谈。

了解客户所想是很重要的。请记住，质量的定义是"满足客户要求"，软件测试员必须了解并测试软件是否符合那些要求。做好这一点并不是说要测试发电厂的软件就必须成为原子核物理学家，要测试飞行模拟软件就必须成为专业飞行员。不过，熟悉软件应用领域的相关知识有很大的帮助。

另一方面，假设什么知识也没有。如果审查产品说明书的某一部分时不理解，不要假定它是对的而把它放过去。最终还得利用这个产品说明书来设计软件测试，因此，仍免不了要去了解它。最好现在就搞懂。如果如愿以偿地发现了缺陷（你会的），则更好。

> 技巧　在假设自己是客户时不要忘记了软件的安全性。客户也许会假设软件是安全的，但软件测试员不能假定程序员会正确处理安全问题。这方面必须详细说明。第 13 章"软件安全性测试"将讨论审查产品说明书和设计的安全性问题时如何做。

4.2.2　研究现有的标准和规范

在 Microsoft Windows 和 Apple Macintosh 出现之前，几乎每一款软件产品都有不同的用户界面。完成同样的任务有不同的颜色方案、不同的菜单结构、各种各样打开文件的方式以及无数含义模糊的命令。从一个软件产品转向另一软件产品需要从头学习。

幸亏硬件和软件都被标准化了，而且还对用户使用计算机的方式进行了广泛的研究。结果是，现在的产品看起来外观很相似且感觉起来符合人类工程学的设计。现行标准和规范也许还不尽如人意，可能还有更好的方式，但是因为这些共性已经使效率得到了巨大的提高。

第11章"易用性测试"将详细讨论这个话题，但是目前要考虑的是在产品中应该应用何种标准和规范。

> **注意**　标准和规范的差别在于程度不同，标准比规范更加严格。如果小组认为很重要，则标准应严格遵守；规范是可选的，但应该遵守。小组将标准作为规范也不罕见，前提是只要每个人都清楚就行。

下面是可以考虑作为标准和规范的一些例子。但这并不是明确规定的，对具体软件是否适用需经研究。

- 公司惯用语和约定。如果软件是为某公司定制的，就应该采用该公司职员常用的术语和约定。
- 行业要求。医药、工业和金融行业的应用软件有其必须严格遵守的标准。
- 政府标准。政府——特别是军队系统有严格的标准。
- 图形用户界面（GUI）。如果软件运行在 Microsoft Windows 或 Apple Macintosh 操作系统下，关于软件外观和用户的感受具有公开的标准。
- 安全标准。软件及其界面和协议可能需要满足一定的安全标准或级别。也许还需要进行独立的认证，以确保其满足必要的标准。

软件测试员的任务不是定义软件要符合何种标准和规范，这是项目经理或者编写产品说明书的人的任务。软件测试员要做的是观察，"检查"采用的标准是否正确、有无遗漏。在对软件进行确认和验收时，还要注意是否与标准和规范相抵触，把标准和规范视为产品说明书的一部分。

4.2.3　审查和测试类似软件

了解软件最终结果的最佳方法是研究类似软件，例如竞争对手的产品或者小组开发的类似产品。项目经理或者产品说明书编写人可能已经做了这项工作，因此很容易得到他们在研究时使用的产品。软件通常不会完全一样（这也是创建新软件的原因，对吗？），但是类似软件有助于设计测试条件和测试方法，还可能暴露意想不到的潜在问题。

在审查竞争产品时要注意的问题包括：

- 规模。软件的功能强大还是单一？代码多还是少？这些差别与测试有关吗？
- 复杂性。软件简单还是复杂？这会影响测试吗？

- **测试性**。是否有足够的资源、时间和经验来测试软件？
- **质量和可靠性**。软件是否完全满足质量要求？可靠性高还是低？
- **安全性**。竞争对手软件的安全性（不管是宣称还是实际的）和自身的比较起来如何？

动手实践是无可替代的，因此拿到类似软件就要尽量试，使用它、疯狂试验、追根问底，这些都是为仔细审查产品说明书积累大量的经验。

> **技巧** 记住要阅读关于竞争对手软件的评价方面的联机或印刷的文章。这对安全方面的问题特别有帮助，因为软件测试员偶然使用软件不一定能发现安全方面的缺陷。然而在出版物中，这些问题会特别引起关注。

4.3 产品说明书的低层次测试技术

完成产品说明书的高级审查之后，就可以很好地了解产品以及影响其设计的外部因素。有了这些信息，就可以在更低的层次测试产品说明书了。本章以下内容将详细讲述底层测试技术。$^\ominus$

4.3.1 产品说明书属性检查清单

经过深思熟虑，可称为"一字不漏"的优秀产品说明书应具有 8 个重要的属性：

- **完整**。是否有遗漏和丢失？完全吗？单独使用时是否包含所有内容？
- **准确**。既定解决方案正确吗？目标定义明确吗？有没有错误？
- **精确、不含糊、清晰**。描述是否一清二楚？是否有单独的解释？容易看懂和理解吗？
- **一致**。产品功能描述是否自相矛盾，与其他功能有无冲突？
- **贴切**。描述功能的陈述是否必要？有没有多余信息？功能是否符合原来的客户要求？
- **合理**。在规定的预算和进度下，以现有人力、工具和资源能否实现？
- **代码无关**。产品说明书是否坚持定义产品，而不是定义其软件设计、架构和代码？
- **可测试性**。功能能否测试？给测试员提供的建立验证操作的信息是否足够？

在测试产品说明书、阅读文字、检查图表时，要仔细对照上述清单，看看它们是否具有这些属性。如果不具备，那就是发现了需要指出的缺陷。

4.3.2 产品说明书用语检查清单

在审查产品说明书时，作为前一个清单的补充，还有一个问题用语检查清单。问题用语通常表明功能没有仔细考虑——可能归结于前文所述的某一属性。从产品说明书中找出

$\ominus$ 检查清单摘自 D. P. Freedman 和 G. M. Weinberg 1990 年出版的《Handbook of Walkthroughs, Inspections, and Technical Reviews》第 3 版第 294~295 页和第 303~308 页。

这样的用语，仔细审查它们在上下文中是怎样使用的。产品说明书后面可能会阐明或掩饰，也可能含糊其词——无论是哪一种情况，都可视为软件缺陷。

- 总是、每一种、所有、没有、从不。如果看到此类绝对或肯定的描述，需要确认是这样的。软件测试员要考虑违反这些情况的用例。
- 当然、因此、明显、显然、必然。这些话意图说服你接受假定情况，不要中了圈套。
- 某些、有时、常常、通常、惯常、经常、大多、几乎。这些话太过模糊。"有时"发生作用的功能无法测试。
- 等等、诸如此类、以此类推、例如。以这样的词结束的功能清单无法测试。功能清单要绝对或者解释明确，以免让人对功能清单内容产生迷惑。
- 良好、迅速、廉价、高效、小、稳定。这些是无法量化的用语，它们无法测试。如果说明书中出现这些用语，必须进一步准确定义其含义。
- 处理、进行、拒绝、跳过、排除。这些用语可能会隐藏大量需要说明的功能。
- 如果……那么……（没有否则）。找出有"如果……那么……"而缺少配套的"否则"结构的陈述。想一想"如果"没有发生会怎样。

小 结

读完本章，读者可能会认为测试产品说明书是一个相当主观的过程。高级审查技术可以查出遗漏和丢失之处，低层次测试技术确保所有细节都被定义。但是这些技术不是真正的按步操作过程，原因有二：

- 本书是旨在引领读者快速步入测试领域的入门书，本章的内容正是围绕这一中心展开的。依据本章所学，测试任何产品说明书都会卓有成效。
- 产品说明书的格式千变万化。无论是从他人想象、高级图表示意还是口头表达中提取的产品说明书，都可以应用本章所讲的技术找出软件缺陷。

如果读者有兴趣了解更高级的审查产品说明书的技术，那么研究一下 Michael Fagan 的工作。Fagan 先生在 IBM 公司工作时，率先采用一种称为软件检测（software inspection）的系统方法。许许多多公司，尤其是生产关键任务软件的公司用它正式审查软件说明书和代码。详情参见他的个人网站：www.mfagan.com。

小测验

以下是帮助读者加深理解的小测验。答案参见附录 A——但是不要偷看！

1. 软件测试员可以根据产品说明书进行白盒测试吗？
2. 试举一些 Mac 或 Windows 标准规范的例子。
3. 指出下述产品说明中的错误：当用户选择 Compact Memory 选项时，程序将使用 Huffman 解析矩阵方法尽可能压缩邮件列表数据。
4. 解释软件测试员应该担心下述产品说明的哪些内容：尽管通常连接不超过 100 万个，但是该软件允许多达 1 亿个并发的连接。

第 5 章

带上眼罩测试软件

好，精彩的来了。本章讲述大多数人想象的软件测试。现在放下二郎腿，在计算机前面坐好，开始寻找缺陷。

这对于软件测试新手可能是分配的第一项任务。如果应聘软件测试职位，主考人一定会问如何测试新软件程序或者程序新功能。

马上进入状态，猛敲键盘去找破绽是非常轻松的事。这种方法可能会顶用一小会儿。如果软件处于开发阶段，很容易幸运地迅速找出一些软件缺陷。遗憾的是，这样轻松的成功很快就无法再现了，要成为一个成功的软件测试员，需要采用更结构化的、目标明确的方法继续测试。

本章描述最常用、最有效的软件测试技术。无论测试何种类型的程序——公司的财务软件包、工业自动化程序还是市面上流行的射击游戏，这些技术都适用。

使用这些技术不必成为程序员。尽管这些技术都基于编程基本原理，但是不要求编写代码。有一些技术需要一点背景知识来解释该技术为什么有效，但是本章所有代码实例都很短小，且用宏语言来编写，使演示容易理解。假如读者已经涉足编程，想学习更多低层测试技术，那么在读完本章之后可以转到第 6 章"检查代码"和第 7 章"带上 X 光眼镜测试软件"学习白盒测试。

本章重点包括：

- 动态黑盒测试是什么
- 如何通过等价类划分减少测试用例的数量
- 如何判别故障边界条件
- 使用良好数据引入缺陷
- 如何测试软件状态和状态转换
- 如何使用重复、压迫和重负的方法找出缺陷
- 缺陷的一些秘密隐藏之处

5.1 动态黑盒测试：带上眼罩测试软件

不深入代码细节测试软件的方法称为动态黑盒测试。它是动态的（dynamic），因为程序在运行——软件测试员像用户一样使用它；同时，它是黑盒（black-box），因为测试时不知道程序如何工作——带上了眼罩。测试员输入数据、接受输出、检验结果。动态黑盒测试常常被称为行为测试，因为测试的是软件在使用过程中的实际行为。

有效的动态测试需要关于软件行为的一些定义——需求文档或者产品说明书。不必了解软件"盒子"内发生的事情——而只需知道输入 A 输出 B 或执行操作 C 得到结果 D。好的产品说明书会提供这些细节信息。

清楚了被测试软件的输入和输出之后，接下来要开始定义测试用例（test case）。测试用例是指进行测试时使用的特定输入，以及测试软件的步骤。图 5-1 给出了用于 Windows 计算器加法功能的一些用例。

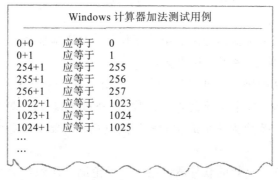

Windows 计算器加法测试用例		
0+0	应等于	0
0+1	应等于	1
254+1	应等于	255
255+1	应等于	256
256+1	应等于	257
1022+1	应等于	1023
1023+1	应等于	1024
1024+1	应等于	1025
...		
...		

图 5-1 测试用例给出了各种输入以及测试程序的步骤

> 注意 选择测试用例是软件测试员最重要的一项任务。不正确的选择可能导致测试量过大或者过小，甚至测试目标不对。准确评估风险，把无穷尽的可能性减少到可以控制的范围是成功的诀窍。

本章后面和本书余下的大部分将讲述选择合适测试用例的策略。第 18 章"编写和跟踪测试用例"探讨编写和管理测试用例的技术。

在没有产品说明书时使用探索测试

专业的、成熟的软件开发过程都会有软件的详细说明。如果采用大爆炸模式或者边写边改模式，作为测试依据的产品说明书可能没有。尽管这对于软件测试员不是理想的状况，但是此时可以采取称为探索测试的解决方案——了解软件、设计测试、执行测试同时进行。

这就需要把软件当作产品说明书来对待。系统地逐项了解软件的功能，记录软件的执行情况，详细描述功能，运用第 4 章"检查产品说明书"中所讲的静态黑盒技术，把软件当成说明书来分析，然后运用本章所讲的动态黑盒技术进行测试。

在这种情况下，无法像有产品说明书那样完整测试软件——比如无法断定是否遗漏功能，但是可以系统地测试软件，找到软件缺陷几乎是肯定的。

5.2 通过性测试和失效性测试

测试软件有两种基本方法：通过性测试（test-to-pass）和失效性测试（test-to-fail）。在进行通过性测试时，实际上是确认软件至少能做什么，而不会考验其能力。软件测试员并不需要想尽办法让软件崩溃，仅仅运用最简单、最直观的测试用例即可。

既然软件测试的目标是找出软件缺陷，为什么还要进行通过性测试呢？为什么不尽量去设法找出软件缺陷呢？不，开始不是这样的。

设想一种类似的情况，即一辆新设计的汽车（见图 5-2），如果受命测试刚下生产线从没开过的一辆样车，测试者可能不会立即坐上去，发动汽车，驶入检测道路，尽全力高速行进。这样可能会撞车，发生生命危险。作为新车，在正常驾驶条件下低速行驶时可能会暴露所有的缺陷。也许轮胎尺寸不对，或者制动力不足，或者发动机噪声过大。在上路冲击极限速度之前是可以发现并解决这些问题的。

通过性测试　　　　　　　　失效性测试

图 5-2　在失效性测试之前利用通过性测试找出缺陷

> 注意　在设计和执行测试用例时，总是首先进行通过性测试。在失效性测试之前看看软件基本功能是否能实现是很重要的，软件测试员可能会吃惊地发现仅仅正常使用软件就会发现那么多软件缺陷。

确信软件在普通情况下能正确运行之后，就可以采取各种手段搞垮软件来找出软件缺陷了。纯粹为了破坏软件而设计和执行的测试用例称为失效性测试或错误强制测试。本章后面将会讲到失效性测试通常不会突然出现。虽然看起来与通过性测试差不多，但是它是蓄意攻击软件的薄弱环节。

错误提示信息：是通过性测试还是失效性测试

测试用例中常见的一种就是设法迫使软件出现错误提示信息。大家熟知其中的一些——例如没有在软驱中插入磁盘而向软盘中保存文件。这些用例实际上搅乱了通过性测试和失效性测试之间的界限。产品说明书可能会特别说明某些输入条件将产生错误提示信息。这似乎是通过性测试用例，但是由于迫使软件出错，因此也可视为失效性测试。实际上，可能两者都是。

不必费力去区分它们。重要的是设法迫使指定的错误信息出现，或者设计测试用例迫使未考虑到的错误暴露出来。最终可能在通过性测试和失效性测试中都找出软件缺陷。

5.3 等价类划分

选择测试用例是软件测试员最重要的任务。选择测试用例的方法是等价类划分（equivalence partitioning），有时称为等价分类（equivalence classing）。等价类划分是指分步骤地把海量（无限）的测试用例集缩减得很小，但过程同样有效。

还记得第 3 章的 Windows 计算器程序实例吗？对两数相加的所有情况进行测试是不可能的，等价类划分技术提供了一个选择有关数值、舍弃无关数值的系统方法。

例如，在不了解等价类划分技术的前提下，你测试了 1+1，1+2，1+3 和 1+4 之后，还有必要测试 1+5 和 1+6 吗？你能放心地认为它们正确吗？

考虑一下 1+99999999999999999999999999999999（能输入的最大数值）。这个测试用例可能与其他用例有些不同，也许是不同的类、不同的等价类划分。如果你有选择，是选择以上用例还是选择 1 + 13 ？

这时你已经开始像软件测试员一样进行思考了。

> 注意 一个等价类或者等价划分是指测试相同目标或者暴露相同软件缺陷的一组测试用例。

1+99999999999999999999999999999999 和 1+13 有什么区别呢？对于 1+13，就像普通的加法，与 1+5 或者 1+392 没有什么两样，而 1+99999999999999999999999999999999 则属于边界点的情况。假如输入最大允许数值，然后加 1，可能会出现问题——也许是个缺陷。这个极端用例属于一个独立的划分，与常规数字的正常划分不同。

> 注意 在寻找等价划分时，考虑把软件中具有相似输入、相似输出、相似操作的分在一组。这些组就是等价划分。

请看一些例子：

- 在两数相加的用例中，测试 1+13 和 1+99999999999999999999999999999999 似乎完全不同。这是一种直觉，前一个看起来像是正常的加法而另一个看起来像是有点危险。这个直觉是对的。程序在处理最大数值加 1 和两个小数值相加时应有所不同。前者需要处理溢出情况。由于软件运行这两个用例的方式很有可能不同，所以它们属于不同的等价划分。

　　如果具有编程经验，就会想到更多可能导致软件运行不同的"特殊数值"。如果不是程序员，也不用担心——你很快就会学到这种技术，并且无须了解代码细节就可以运用。

● 图 5-3 显示了选中计算器程序的 Edit 菜单后显示 Copy 和 Paste 命令。每一项功能（即 Copy 和 Paste——译者注）有 5 种执行方式。要想复制，可以单击 Copy 菜单命令，在菜单弹出时键入 c 或 C，或者按 Ctrl+c 或 Ctrl+Shift+c 组合键。任何一种输入都会把当前数值复制到剪贴板中——它们执行同样的输出操作，产生同样的结果。

　　如果要测试 Copy 命令，可以把这 5 种输入划分为 3 个：单击菜单命令，键入 c 或按 Ctrl+c 组合键。对软件质量更有信心之后，就会知道无论以何种方式激活 Copy 功能都工作正常，甚至可以把这些划分进一步缩减为 1 个，例如按 Ctrl+c 组合键。

● 作为第 3 个例子，看一下在标准的 Save As 对话框（见图 5-4）中输入文件名称的情形。

图 5-3　用多种方法执行 Copy
　　　　功能都会得到相同结果

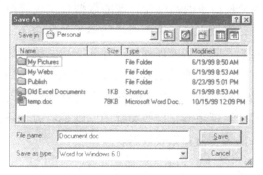

图 5-4　Save As 对话框中的 File name 文本框
　　　　显示了几种等价划分的可能性

　　Windows 文件名可以包含除了、/ : *?" < > 和 | 之外的任意字符。文件名长度是 1~255 个字符。如果为文件名创建测试用例，等价划分有合法字符、非法字符、合法长度的名称、长度过长名称和长度过短名称。

请记住，等价类划分的目标是把可能的测试用例集缩减到可控且仍然足以测试软件的小范围内。因为选择了不完全测试，就要冒一定的风险，所以选择分类时必须仔细。

> 　　如果为了减少测试用例的数量过度划分等价类，就有漏掉那些可能暴露软件缺陷的测
> 注意　试的风险。对于初涉软件测试者，一定要请经验丰富的测试员审查划分好的等价类。

　　关于等价类划分最后要讲的一点是等价类划分可能主观。科学有时也是一门艺术。测试同一个复杂程序的两个软件测试员可能会得出两组不同的等价划分区间。只要审查等价划分的人认为它们足以覆盖测试对象就行了。

5.4　数据测试

　　对软件最简单的认识就是将其分成两部分：数据（或其范围）和程序。数据包括键盘输

入、鼠标单击、磁盘文件、打印输出等。程序是指可执行的流程、转换、逻辑和运算。软件测试常用的一个方法是把测试工作按同样的形式划分。

对数据进行软件测试,就是在检查用户输入的信息、返回的结果以及中间计算结果是否正确。

数据的例子如下:

- 在文字处理程序中输入的文字。
- 电子表格中输入的数字。
- 太空游戏中余下的射击次数。
- 图像处理软件打印的图片。
- 存放在软盘中的备份文件。
- 通过调制解调器在电话线上发送的数据。

即使最简单的程序要处理的数据量也可能极大。还记得在计算器上执行简单加法的输入数据的全部可能性吗?再想一想文字处理程序、导弹制导系统软件和证券交易程序。使所有这些数据得以测试的技巧(如果称得上的话)是,根据一些关键的原则进行等价类划分,以合理减少测试用例,这些关键的原则是:边界条件、次边界条件、空值和无效数据。

5.4.1 边界条件

描述边界条件(boundary condition)测试的最佳方式如图 5-5 所示。如果在悬崖峭壁边可以自信安全地行走而不掉下去,平地就几乎不在话下了。如果软件能在其边界运行,那么在正常情况下就应该不会有什么问题。

边界条件是特殊情况,因为编程从根本上说在边界上容易产生问题。软件是很极端的——要么对要么不对。令人奇怪的是,如果对一定范围的数据进行操作,

图 5-5 软件边界与悬崖很类似

程序员往往在处理大量中间数值时都是对的,但是可能在边界处出现错误。清单 5-1 说明了在一个极简单的程序中是如何产生边界条件问题的。

清单 5-1 演示边界条件缺陷的简单 BASIC 程序

```
1: Rem Create a 10 element integer array
2: Rem Initialize each element to -1
3: Dim data(10) As Integer
4: Dim i As Integer
5: For i = 1 To 10
6:     data(i) = -1
7:     Next i
8: End
```

这段代码的目的是创建包含 10 个元素的数组，并为数组中的每一个元素赋初值 –1。看起来相当简单。它建立了包含 10 个整数的数组 data 和一个计数值 i。For 循环从 1 到 10，数组中从第 1 个元素到第 10 个元素被赋予数值 –1。边界问题在哪儿？

data(0) = 0	data(6) = –1
data(1) = –1	data(7) = –1
data(2) = –1	data(8) = –1
data(3) = –1	data(9) = –1
data(4) = –1	data(10) = –1
data(5) = –1	

在大多数 BASIC 脚本中，当以声明的范围定义数组大小时——在本例中定义语句是 Dim data(10) As Integer——第一个创建的元素是 0，而不是 1。该程序实际上创建了一个从 data(0) 到 data(10) 共 11 个元素的数组。程序从 1 到 10 循环将数组元素的值初始化为 –1，但是由于数组的第一个元素是 data(0)，因此它没有被初始化。程序执行完毕，数组值如下：

注意 data(0) 的值是 0，而不是 –1。如果这位程序员以后忘记了，或者其他程序员不知道这个数组是如何初始化的，那么他就可能会用到数组的第 1 个元素 data(0)，以为它的值设置成了 1。诸如此类的问题很常见，在复杂的大型软件中，可能导致极其讨厌的软件缺陷。

1. 边界条件类型

现在我们要仔细探讨边界是由什么构成的。测试新手常常意识不到一组给定的数据包含多少边界。虽然较为明显的通常不多，但是深入挖掘可以找到更多不明显的、有趣的和常常导致软件缺陷的边界。

　边界条件是指软件运行在计划操作界限的边界的情况。

如果软件测试问题包含确定的边界，那么看看以下的数据类型：

数值	速度
字符	地点
位置	尺寸
数量	

同时，考虑这些类型的下述特征：

第一个 /	最后一个	最小值 /	最大值
开始 /	完成	超过 /	在内
空 /	满	最短 /	最长
最慢 /	最快	最早 /	最迟
最大 /	最小	最高 /	最低
相邻 /	最远		

这些绝不是确定的列表，而是一些可能出现的边界条件。每一个软件测试问题各不相同，可能包含各种不同的数据及其独特的边界。

> 🎯 如果要选择在等价划分中包含哪些数据，就根据边界来选择。
>
> 技巧

2. 测试边界

到目前为止，我们知道了要为软件操作的各种数据集合建立等价划分。由于软件容易在边界上产生缺陷，因此，如果要从等价划分中选择包含的数据，从边界条件中选择会找出更多的软件缺陷。

然而，仅仅测试边界线上的数据点往往不够充分。就像变戏法所说的那样（"右手放进去，右手伸出来，右手放进去，摇一摇……"），最好测试一下边界的两边——往上再摇一点。

如果建立两个等价划分就可以找出更多软件缺陷，第一个划分应该包含认为正确的数据——在边界内部最后一两个合法的数据点，第二个划分包含认为可能出现错误的数据——边界之外——一到两个非法的数据点。

> 🎯 提出边界条件时，一定要测试靠近边界的有效数据，即测试最后一个可能有效的数据，同时测试刚超过边界的无效数据。
>
> 技巧

越界测试的做法通常是简单地对于最大值加 1 或者很小的数，以及对于最小值减 1 或者很小的数，例如：

- 第一个减 1/ 最后一个加 1。
- 开始减 1/ 完成加 1。
- 空了再减 / 满了再加。
- 慢上加慢 / 快上加快。
- 最大数加 1/ 最小数减 1。
- 最小值减 1/ 最大值加 1。
- 刚好超过 / 刚好在内。
- 短了再短 / 长了再长。
- 早了更早 / 晚了更晚。
- 最高加 1/ 最低减 1。

看以下几个例子以便通盘考虑所有可能的边界：

- 如果文本输入域允许输入 1~255 个字符，就尝试输入 1 个字符和 255 个字符代表合法划分的数据。还可以输入 254 个字符作为合法输入。输入 0 个字符和 256 个字符代表非法划分的数据。
- 如果程序读写 CD-R，就尝试保存一个尺寸极小甚至只有一项的文件，然后保存一个很大的——刚好在光盘容量限制之内的文件。还要尝试保存一个空文件和一个尺寸大于光盘容量的文件。

- 如果程序允许在一张纸上打印多个页面，就尝试只打印一页（标准情况），并尝试打印所允许的最多页面。如果可能，还要尝试打印 0 页和比最多允许页面数多一页的页面。
- 也许软件有一个输入 9 位邮政编码的数据输入域。尝试输入 00000-0000，即最小、最简单的值。尝试输入 99999-9999，即最大的值。总之，尝试输入比允许范围大一点或者小一点的值。
- 如果测试飞行模拟程序，尝试控制飞机正好在地平线上以及最大允许高度上飞行。尝试在地平线和海平面之下飞行，以及在外太空飞行。

由于不可能对每一种情况完全测试，因此像上述例子一样，围绕边界条件进行等价划分并建立测试用例是至关重要的。这是减少测试工作量最为有效的方法。

> **注意** 在软件的每一个部分不断寻找边界是极为重要的，寻找做得越多，边界就会发现得越多，可能找出的软件缺陷就越多。

> **注意** 缓冲区溢出（buffer overrun）是由边界条件缺陷引起的，它是造成软件安全问题的头号原因。第 13 章"软件安全性测试"讨论引起缓冲区溢出的特定条件以及如何进行测试。

5.4.2 次边界条件

上面讨论的普通边界条件是最容易找到的。它们在产品说明书中有定义，或者在使用软件的过程中很明显。而有些边界在软件内部，最终用户几乎看不到，但是软件测试员仍有必要进行检查。这样的边界条件称为次边界条件（sub-boundary condition）或者内部边界条件（internal boundary condition）。

寻找这样的边界不要求软件测试员成为程序员或者具有阅读源代码的能力，但是确实要求大体了解软件的工作方式。2 的幂和 ASCII 表是这方面的两个例子。所测试的软件可能有许多其他的次边界条件，所以软件测试员应和开发小组的程序员交流，看看他们能否对其他应该测试的次边界条件提供建议。

1. 2 的幂

计算机和软件的基础是二进制数——用位（bit）来表示 0 和 1，一个字节（byte）由 8 位组成，（在 32 位系统上）一个字（word）由 4 个字节组成，等等。表 5-1 列出了常用的 2 的幂单位及其等价数值。

表 5-1 所列的范围和值是作为边界条件的重要数据。除非软件向用户表示出同

表 5-1 软件中 2 的幂

幂 单 位	范 围 或 值
Bit	0 或 1
Nibble	0 ~ 15
Byte	0 ~ 255
Word	0 ~ 4 294 967 295
Kilo	1 024
Mega	1 048 576
Giga	1 073 741 824
Tera	1 099 511 627 776

样的范围，否则在需求文档中不会明确指明。然而，它们通常由软件内部使用，外部是看不见的，当然除了产生软件缺陷的情况。

2 的幂的示例

通信软件是可以体现 2 的幂的示例。带宽或者传输信息的能力总是受限制的，人们总是需要尽可能快地收发信息。因此，软件工程师要尽一切努力在通信字符串中压缩更多的数据。

其中一个方法是把信息压缩到尽可能小的单元中，发送这些小单元中最常用的信息，在必要时扩展为大一些的单元。

假设某种通信协议支持 256 条命令。软件将发送编码为一个 4 位数据的最常用的 15 条命令。假如要用到第 16 到 256 条之间的命令，软件就转而发送编码为更长的字节的命令。

软件用户只知道可以执行 256 条命令，不知道软件根据 4 位 / 字节的边界执行了专门的计算和不同的操作。

在建立等价划分时，要考虑等价划分中是否需要包含 2 的幂的边界条件。例如，如果软件接受用户输入 1~1000 范围内的数字，谁都知道在合法区间中包含 1 和 1000，也许还要有 2 和 999。为了覆盖任何可能的 2 的幂的次边界，还要包含靠近 4 位边界的 14、15 和 16，以及靠近字节边界的 254、255 和 256。

2. ASCII 表

另一个常见的次边界条件是 ASCII 字符表。表 5-2 是 ASCII 表的部分清单。

表 5-2 部分 ASCII 值表

字　　符	ASCII 值	字　　符	ASCII 值
Null	0	B	66
Space	32	Y	89
/	47	Z	90
0	48	[	91
1	49	'	96
2	50	a	97
9	57	b	98
:	58	y	121
@	64	z	122
A	65	{	123

注意，表 5-2 不是良好的、连续的列表。0~9 的 ASCII 值是 48~57。斜杠字符（/）在数字 0 的前面，而冒号字符（：）在数字 9 的后面。大写字母 A~Z 对应的 ASCII 值是 65~90。小写字母 a~z 对应的 ASCII 值是 97~122。这些情况都代表次边界条件。

如果测试进行文本输入或文本转换的软件，在定义数据划分包含哪些值时，参考一下 ASCII 表是相当明智的。例如，如果测试的文本框只接受用户输入字符 A~Z 和 a~z，就应该在非法划分中包含 ASCII 表中这些字符前后的值——@、[、' 和 {。

ASCII 和 Unicode

尽管 ASCII 仍然是软件表示字符数据非常流行的方式，但是它正被称为统一编码（Unicode）的新标准取代。Unicode 于 1991 年由统一编码联合会开发，以解决 ASCII 码无法表示所有书面语言字符的问题。

ASCII 只使用 8 位，能表示 256 种不同的字符。Unicode 使用 16 位，可以表示 65 535 种字符。目前已经为 39 000 多种字符指定了数值，其中 21 000 多种用于表示中国象形文字。

5.4.3 默认、空白、空值、零值和无

另一种看起来很明显的软件缺陷来源是当软件要求输入时——比如在文本框中——不是没有输入正确的信息，而是根本没有输入任何内容，可能仅仅按了 Enter 键。这种情况在产品说明书中常常被忽视，程序员也经常遗忘，但是在实际使用中却时有发生。

好的软件会处理这种情况。它通常将输入内容默认为边界内的最小合法值，或者在合法划分中间的某个合理值，或者返回错误提示信息。

Windows 画图程序的 Attributes（属性）对话框（见图 5-6）通常在 Width 和 Height 文本框中放入默认值。如果用户有意无意地将默认值删除，使文本框成为空白，然后单击 OK 按钮，结果如何？

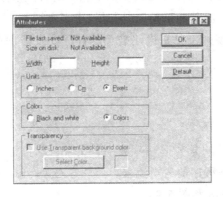

图 5-6 Windows 画图程序的 Attributes（属性）对话框中 Width 和 Height 文本框空白

理想情况是软件取某个合法的宽度和高度作为默认值来处理。如果没有这样做，就应该返回错误提示信息作为执行结果（见图 5-7）。虽然错误提示信息"位图必须大于一个像素"的描述性不够好，但这是另外一个问题。

> 一定要考虑建立处理默认值、空白、空值、零值或者无输入等条件的等价划分。
> 技巧

图 5-7 在 Width 和 Height 文本框空出时按 Enter 键就会返回错误提示信息

因为这些值在软件中通常进行不同的处理，所以不要把它们与合法情况和非法情况混在一起，而要建立单独的等价划分。可能在这种默认情况下，和输入 0 或 –1 作为非法值比较起来，软件会执行不同的路径。由于考虑到软件的不同操作，所以应把这些作为单独的等价划分。

5.4.4 非法、错误、不正确和垃圾数据

数据测试的最后一种类型是垃圾数据。这是失效性测试的对象。经过边界测试、次边界测试和默认值测试等通过性测试证实软件能够工作之后，就该进行垃圾数据测试了。

从纯粹的软件测试观点来看，如果利用前述技术进行全面测试证明软件能够工作了，就不必再做破坏实验。然而，现实中考虑到软件要应付用户千奇百怪的使用方式，这样做肯定没错。

如果想一想今天打包后的软件将售出数亿份拷贝，就完全可以断定一定有一部分用户会错误地使用软件。如果错误操作导致崩溃或者数据丢失，用户不会责怪自己——而会指责软件。软件如果没有按照用户的意愿运行，就算有一个缺陷，经常是这样。

非法、错误、不正确和垃圾数据测试是很有意思的。如果软件要求输入数字，就输入字母。如果软件只接受正数，就输入负数。如果软件对日期敏感，就看它在公元 3000 年是否还能正常工作。假装有"肥胖的手指"，同时按下多个键。

此类测试没有实际的规则，只是设法破坏软件。要发挥创造力，要会走偏门。在此工作中寻找乐趣吧！

5.5 状态测试

到目前为止，我们测试的是数据——数字、文字、软件输入和输出。软件测试的另一方面是通过不同的状态验证程序的逻辑流程。软件状态（software state）是指软件当前所处的条件或者模式，参见图 5-8 和图 5-9。

图 5-8　处于铅笔绘画状态的 Windows 画图程序　　图 5-9　处于喷涂状态的 Windows 画图程序

图 5-8 显示了处于铅笔绘画状态的 Windows 画图程序，这是软件启动时的初始状态。注意，铅笔工具被选中，光标的形状很像铅笔，可以在屏幕上画出细线。图 5-9 显示了处于喷涂状态的 Windows 画图程序。在该状态下，喷枪工具被选中，喷枪大小确定，光标的形状很像喷漆罐，绘制效果很像喷漆。

进一步观察画图程序提供的全部选项——所有的工具、菜单、颜色等。一旦选中其中一项，使软件改变了外观、菜单或者某些操作，就是改变了该软件的状态。软件通过代码执行进入某个分支，触发一些数据位，设置某些变量，读取某些数据，转入一个新的状态。

 软件测试员必须测试程序的状态及其转换。

5.5.1 测试软件的逻辑流程

还记得第 3 章中测试 Windows 计算器程序有无法穷尽的候选数据的例子吗？本章前面已经讲过，要使测试可以控制，就必须通过建立只包含最关键数字的等价划分来减少候选数据。

测试软件的状态和逻辑流程有同样的问题。访问所有状态通常是可以实现的（说到底，如果不能访问，还要它干什么？）。困难在于，除了极其简单的程序之外，基本上不可能走遍所有分支，达到所有状态。软件的日益复杂化，尤其是为了迎合日益丰富的用户界面提供了太多选择和选项，致使程序分支数量呈指数级增长。

这个问题与著名的流动推销员问题很相似：给定城市数目，以及任何两个城市之间的距离，设法找出访问每一个城市一次并返回起点的最短路线。如果只有 5 个城市，则可以快速计算出共有 120 条不同的路线。走遍所有路线，从中找到最短的路线并不是太难，花费不了太长时间。如果城市数目增加到成百上千——或者软件增加成百上千种状态——就形成一个难以解决的问题。

对于软件测试，解决方法是运用等价划分技术选择状态和分支。因为选择不做完全测试，所以要承担一定的风险，但是可以通过合理选择减少风险。

1．建立状态转换图

第一步是建立软件的状态转换图。这样的图可能作为产品说明的一部分给出。如果是这样，则可以采用第 4 章“检查产品说明书”所述的技术进行静态测试。否则，就需要创建一个状态图。

绘制状态转换图有几种技术。图 5-10 给出了两个例子，一个使用方框和箭头，另一个使用圆圈（泡泡）和箭头。绘图使用的技术并不重要，只要项目小组中其他成员可以看懂就行了。

状态转换图可能会变得非常庞大。许多开发小组在办公室墙上贴满了打印纸。如果预计状态图会如此复杂，那么就找一些商业软件来绘制和管理。

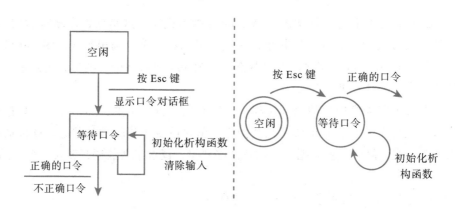

图 5-10　状态转换图可以用不同的技术绘制

状态转换图应该表示出以下项目：

- 软件可能进入的每一种独立状态。这里有一个很好的经验是，如果不能断定是否为独立状态，它就可能是。如果以后发现它不是，随时可以将其剔除。
- 从一种状态转入另一种状态所需的输入和条件。可能是按键、菜单选择、传感器信号或者电话振铃等。状态不可能无缘无故地存在，其原因正是我们在这里要寻找的。
- 进入或者退出某种状态时的设置条件及输出结果。包括显示的菜单和按钮、设置的标志位、产生的打印输出、执行的运算等。这些是状态转换时发生的部分或全部现象。

提示　因为正在进行黑盒测试，所以不必了解代码中设置的底层变量。从软件用户的角度建立状态图即可。

2. 减少要测试的状态及转换的数量

为大型软件产品建立状态图是一项艰巨的任务。但愿只测试整个软件的一部分，使建立状态图变成一个可以接受的任务。完成状态图之后，就可以回过头来看看所有状态以及这些状态是如何转换的。圆满完成这项工作将是一个惊人之举。

如果有足够的时间，可能会想测试软件的每一个分支——不仅是连接两个状态的每一条线，而是每一种线路组合，翻来覆去、循环往复。与流动推销员问题一样，遍历所有的分支是不可能的。

正如对数据进行等价划分一样，需要将大量的可能性减少到可以操作的测试用例集合。有以下 5 种实现方法：

- 每种状态至少访问一次。如何到达的没有关系，但是每一种状态都必须测试。
- 测试看起来是最常见和最普遍的状态转换。尽管听起来很主观，但是其依据是进行产品说明书的静态黑盒分析（见第 3 章）时收集到的信息。某些用户情况很可能比其他更常见。希望这样能管用。
- 测试状态之间最不常用的分支。这些分支是最容易被产品设计者和程序员忽视的。软件测试员也许是第一个测试它们的人。

- 测试所有错误状态及其返回值。出错条件通常难以建立。程序员常常编写代码处理某些错误，但不会测试自己的代码。错误没有得到正确处理、错误提示信息不正确、修复错误时未正确恢复软件等情况常有发生。
- 测试随机状态转换。如果打印了状态图，就可以在上面任意做各种标记。如果有时间做得更多，阅读第15章"自动测试和测试工具"关于如何自动执行状态随机转换测试。

3. 怎样进行具体测试

确定要测试的状态及其转换之后，就可以定义测试用例了。

测试状态及其转换包括检查所有的状态变量（state variable）——与进入和退出状态相关的静态条件、信息、值、功能等。图 5-11 给出了 Windows 画图程序处于启动状态的例子。

图 5-11　Windows 画图程序在启动状态打开的屏幕

以下是定义画图程序启动状态的部分状态变量：

- 如图 5-11 所示的窗口外观。
- 窗口尺寸被设置为上一次使用画图程序时的尺寸。
- 绘画区域空白。
- 显示工具栏、颜色栏和状态条。
- 铅笔工具被选中，而其他所有工具均未选中。
- 默认颜色是黑色前景、白色背景。
- 文档名称是 untitled。

虽然仔细想想还能找出更多状态变量，但是以上这些变量已经能够为定义状态提供好的思路。请牢记，无论状态是看得见的窗口和对话框等，还是看不见的通信程序和金融软件包的组成部分等，都采用同样的过程来确定状态条件。

与项目小组的产品说明书作者和程序员讨论对状态及其转换的假定是个好主意。他们可以提供软件测试员可能想不到的、表面现象背后的状态内幕。

文档涂改标志

状态变量也许看不见，但是很重要。一个常见的例子是文档涂改标志。

当文档载入编辑器（例如文字处理程序或画图程序）中时，一个称为文档涂改标记（dirty document flag）的状态变量即被清除，软件处于"洁净"状态。只要文档未做任何修改，软件就保持这种状态。查看和滚动显示文档都不会改变这种状态。一旦用户键入任何内容，或者以某种方式修改文档，软件就转换到"涂改"状态。

在洁净状态下，试图关闭或者退出软件，软件会正常关闭。如果文档处于涂改状态，退出之前用户就会被询问是否保存所做的改动。

有些软件很高级，用户执行了涂改文档的编辑操作之后，可以撤销和恢复，使文档回到原来的情形，软件返回洁净状态。退出程序时不会提示保存文档。

5.5.2 失败状态测试

以上探讨的状态测试都属于通过性测试，测试包括审查软件、描绘状态、尝试各种合法可能性、确认状态及其转换正常。和数据测试一样，相反的做法是找到使测试软件失败的案例。此类案例的例子是竞争条件、重复、压迫和重负。

1. 竞争条件和时序错乱

当今大多数操作系统，无论是用于个人计算机还是专用设备，都具备多任务执行能力。多任务（multitasking）是指操作系统设计用来同时执行多个独立的进程。这些进程可以是电子表格或者电子邮件这样的独立程序，也可以是同一个程序中的不同部分，例如在文字处理程序中，在后台打印的同时允许用户输入。

设计多任务操作系统并不烦琐，设计充分利用多任务的软件才是艰巨的任务。在真正的多任务环境中，软件设计绝对不能想当然，必须处理随时被中断的情况，能够与其他任何软件在系统中同时运行，并且共享内存、磁盘、通信以及其他硬件资源。

这一切的结果就是可能导致竞争条件问题。这些问题是指几个事件恰巧挤在一起，由于软件未预料到运行过程会被中断，以致造成混乱。也就是说，时序发生错乱。竞争条件（race condition）一词源自很容易想到的情形——多个进程向终点线冲刺，不知道谁会首先到达。

> 竞争条件测试难以设计，最好是首先仔细查看状态转换图中的每一个状态，以找出哪些外部影响会中断该状态。考虑要使用的数据没有准备好，或者在用到时发生了变化，状态会怎样。数条弧线或者直线同时相连的情形如何？

以下是可能会面临竞争条件的例子情形：
- 两个不同的程序同时保存和打开同一个文档。
- 共享同一台打印机、通信端口或者其他外围设备。
- 当软件处于读取或者改变状态时按键或者单击鼠标。

- 同时关闭或者启动软件的多个实例。
- 同时使用不同的程序访问一个共同的数据库。

这看起来像胡乱测试，实际不是，用户常常意外地引起这些操作。软件必须足够强壮以应付此类情况。多年前这样的要求可能不合常理，但是现在，用户希望软件在此类情况下仍能正常工作。

2. 重复、压迫和重负

另外三个失效性状态测试是重复、压迫和重负。这些测试的目标是处理那些程序员没考虑到但在极端恶劣条件下可能发生问题的状态。

重复测试（repetition testing）是不断执行同样的操作。最简单的是不停地启动、关闭程序。还可以反复读写数据或者反复选择同一个操作。要想找出一个软件缺陷，可能只需重复几次操作，也可能需要成千上万次尝试。

进行重复测试的主要原因是检查是否存在内存泄漏（memory leak）。如果计算机内存被分配进行某些操作，但是操作完成时没有完全释放，就会产生一个常见的软件问题。结果是最后程序耗尽了它赖以工作的内存空间。如果以前使用的某个程序在开始启动时工作状况良好，但是随后变得越来越慢，或者经过一段时间就表现不稳定，原因就可能是内存泄漏缺陷。重复测试能够暴露这些问题。

压迫测试（stress testing）是使软件在不够理想的条件下运行——内存小、磁盘空间少、CPU速度慢、调制调解器速率低等。观察软件对外部资源的要求和依赖的程度。压迫测试就是将支持降到最低限度，目的在于尽可能地限制软件的必要条件。这是否有点像边界条件测试呢？没错。

重负测试（load testing）与压迫测试相反。压迫测试是尽量限制软件，而重负测试是尽量提供条件任其发挥，让软件处理尽可能大的数据文件。如果软件对打印机或者通信端口之类的外设进行操作，就把能连的都连上。如果正在测试的因特网服务器可以处理几千个并发连接，就按它说的做。最大限度地发掘软件的能力，让它不堪重负。

不要忘了时间也是一种重负测试。对于大多数软件，长期稳定地工作是很重要的。某些软件应该能够永远运行下去，而不用重新启动。

🔍 **注意**　重复、压迫和重负测试应联合使用，同时进行，这是找出以其他方式难以发现的严重缺陷的一个可靠方法。

对于重复、压迫和重负测试有两个重要事项：
- 项目经理和小组程序员可能不完全接受软件测试员这样破坏软件的做法。他们可能争辩客户不会这样使用系统，或者强调这是软件测试员的看法。事实上不然，客户会这样做的。软件测试员的任务是确保软件在这样恶劣的条件下仍能正常工作，否则就报告软件缺陷。第19章"报告发现的问题"将讲述如何以最佳方式报告软件缺陷，使其得到认真对待和修复。

- 无数次打开和关闭程序对于手工操作是不可能的。同样，找出几千人与因特网服务器连接也是难以实现的。第 15 章讲述了测试自动化，以及如何进行此类测试而不需要兴师动众的技巧。

5.6   其他黑盒测试技术

余下的黑盒测试技术不像已经描述的数据测试和状态测试那样独立，而是它们的变形。如果对整个程序数据进行了完整的等价划分，创建了详细的状态图，并且开发完成了相关的测试用例，就会发现大多数能由用户发现的软件缺陷。

剩下的是找出缺陷中的漏网之鱼的技术。假如这些软件缺陷是有生命的，就应该有自己的思想和行为方式。要找出它们也许有一点主观，没有实实在在的理由根据，但是如果要找出所有的软件缺陷，就必须得有一点创造力。

5.6.1   像笨拙的用户那样做

为了礼貌一些，正确的说法也许应该是无经验的用户（inexperienced user）或新用户（new user），但是事实上都是一回事。一个不熟悉软件的人面对程序时，会做出令人永远想不到的举动。他们会输入程序员无从想象的数据。他们会在中途变卦，退回去执行其他操作。他们冲浪遇到某个站点，可能会单击不应该单击的东西。他们会发现开发小组完全遗漏的软件缺陷。

软件测试员看到一个没有任何测试经验的人只花 5 分钟来使用软件并使其崩溃，一定会感到沮丧吧？他们是怎样做的？他们不遵循任何规则，也不做任何假定。

在设计测试用例或者初次查看软件时，要设法像笨拙的用户那样想问题。抛开关于软件应该如何工作的先入为主。如果可能，找一个其他专业的朋友来整理思路。假设他什么也不会，把这些测试用例加入已经设计好的测试用例库中，就会更加全面。

5.6.2   在已经找到软件缺陷的地方再找找

在已经找到软件缺陷的地方再找的原因有两个：

- 如第 3 章所述，找到的软件缺陷越多，就说明那里的软件缺陷越多。如果发现在不同的特性中找出了大量上边界条件软件缺陷，那么明智的做法是对所有特性着重测试上边界条件。当然无论如何要进行此类测试，都应该投入一些案例来保证这个问题不是普遍存在的。
- 许多程序员倾向于只修复报告出来的软件缺陷，不多也不少。如果报告软件缺陷是启动－终止－再启动 255 次导致崩溃，程序员就只修复这个问题。也许是内存泄漏导致这个问题出现，程序员找到症结并将其修复。当拿回软件重新测试时，一定要重新执行同样的测试 256 次以上。在这个范围之外极有可能存在其他的内存泄漏问题。

5.6.3 像黑客一样考虑问题

在第13章将了解到，没有软件是100%安全的。黑客知道这一点，会寻找软件的漏洞并利用这些漏洞。作为测试员，需要从另外的角度考虑问题。想想软件里面有哪些有价值的东西，为什么有人想要获得其访问权限，黑客进入的方法有哪些。不要太绅士，黑客不会绅士。

5.6.4 凭借经验、直觉和预感

要想成为真正的软件测试员，积累经验是不可替代的。没有比亲自动手更好的学习工具，也没有比客户第一次打电话报告刚经过测试的软件中存在缺陷一事更好的教训了。

经验和直觉是不可言传的，必须经过长期的积累。运用现在学到的全部技术进行测试，仍然有可能遗漏重要的软件缺陷。这是无法更改的事实。随着在职业生涯中逐步提高，学习测试不同类型和规模的产品，就会得到各种提示和技巧以便更加有效地找出令人棘手的软件缺陷。重新开始测试新软件，就可以很快找出以前同事可能遗漏的软件缺陷。

记录哪些技术有效，哪些不行。尝试不同的途径。如果认为有可疑之处，要深入探究。按照预感行事，直至证实这是错误为止。

经验是每个人为其错误寻找的代名词。

——奥斯卡·王尔德（Oscar Wilde）

小 结

本章够长的。动态黑盒测试范围广泛。对于测试新手而言，这也是最重要的一章。这好比是面试或者上岗第一天接到软件进行测试。运用本章所讲的技术是快速找出软件缺陷行之有效的方法。

然而，不能以为这就是软件测试的全部内容。如果是这样，本书其他各章就不用看了。动态黑盒测试只是进入大门。软件测试还有很多内容，现在只是刚开始。

以下两章介绍访问程序代码时进行的软件测试，讲述代码的工作方式和底层特性。上述黑盒技术仍然有效，但是要用新技术来完善，从而成为更称职的软件测试员。

小测验

以下是帮助读者加深理解的小测验。答案参见附录A——但是不要偷看！

1. **判断是非**：在没有产品说明书和需求文档的条件下可以进行动态黑盒测试。
2. 如果测试程序向打印机输送打印内容，应该选用哪些通用的失效性测试用例？
3. 启动Windows写字板程序，并从File菜单中选取Print命令，打开如图5-12所示的对话框。左下角显示的Print range（打印区域）特性存在什么样的边界条件？
4. 假设有一个文本框要求输入10个字符的邮政编码，如图5-13所示。对于该文本框应该进行怎样的等价划分？

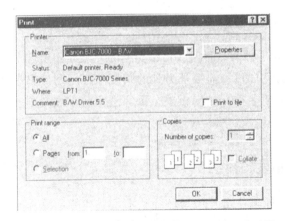

图 5-12 Windows 打印对话框显示了打印区域特性

图 5-13 最多允许输入 10 个字符的示范邮政编码文本框

5. 判断是非：访问程序的所有状态也确保了遍历各种状态之间的转换。

6. 绘制状态转换图有多种不同的方法，但是它们都具有的三个相同要素是什么？

7. Windows 计数器程序的初始状态变量有哪些？

8. 当设法显露竞争条件软件缺陷时，要对软件进行何种操作？

9. 判断是非：在进行压迫测试的同时进行重负测试是不合情理的。

第 6 章

检查代码

软件测试不仅仅限于像第 4 章 "检查产品说明书" 和第 5 章 "带上眼罩测试软件" 那样把产品说明书和程序当作黑盒来对待。如果具有编程经验，即使只有一点，就可以对软件的体系结构和代码进行测试。

在某些行业中，此类验证不如黑盒测试通用。然而，如果测试军队、金融、工业自动化、医药类软件，或者有幸在组织严格的开发模式下工作，在代码的级别验证产品就是例行公事。如果在测试软件的安全问题，那么这是必须进行的。

本章讲述进行设计和代码验证的基础。对于测试新手，这可能不是首要任务，但是如果对编程感兴趣，这就是必由之路。

本章重点包括：

- 静态白盒测试的好处
- 各种类型的静态白盒测试综述
- 编码规范和标准
- 如何从整体审查代码错误

6.1　静态白盒测试：检查设计和代码

还记得第 4 章所讲的静态测试和白盒测试的定义吗？静态测试是指测试非运行部分——检验和审查。白盒（或者称为透明盒）测试是指访问代码，能够查看和审查。

静态白盒测试是在不执行软件的条件下有条理地仔细审查软件设计、体系结构和代码，从而找出软件缺陷的过程，有时称为结构化分析。

进行静态白盒测试的首要原因是尽早发现软件缺陷，以找出动态黑盒测试难以发现或隔离的软件缺陷。在开发过程初期让测试小组集中精力进行软件设计的审查非常有价值。

进行静态白盒测试的另外一个好处是，为黑盒测试员在接到软件进行测试时设计和应用测试用例提供思路。他们可能不必了解代码的细节，但是通过听审查评论，就可以确定有问题或者容易产生软件缺陷的特性范围。

> 注意 开发小组负责静态白盒测试的人员不是固定的。在某些小组中，程序员就是组织和执行审查的人员，软件测试员被邀请作为独立的观察者。还有一些小组中，软件测试员是该任务的执行人，要求编写代码的程序员和其他同事帮助审查。总之，哪一种方式都可以。这取决于开发小组选择哪一种方式更适合自身的情况。

对于静态白盒测试最不幸的是常常不能善始善终。许多小组错误地认为这样耗时太多、费用太高、没有产出。这些都不对——与产品接近完工时有选择性的测试找出甚至找不出软件缺陷相比，问题在于人们一般认为程序员的任务是编写代码，而任何破坏代码编写效率的事情都会减缓开发过程。

所幸的是，形势变了。许多公司意识到早期测试的好处，并招聘和培训程序员和测试员进行白盒测试。这不是高新的学科（除非有人设计成这样），但是起步要求了解一些基本技术。假如有兴趣进一步深入，那么机会是无限的。

6.2 正式审查

正式审查（formal review）就是进行静态白盒测试的过程。正式审查的含义很广，从两个程序员之间的简单交谈，到软件设计和代码的详细、严格检查，均属于此过程。

正式审查有 4 个基本要素：

- 确定问题。审查的目的是找出软件的问题——不仅是出错的项目，还包括遗漏项目。全部的批评应该直指代码或设计，而不是其设计实现者。参与者之间不应该相互指责，应把自我意识、个人情绪和敏感丢在一边。
- 遵守规则。审查要遵守一套固定的规则，规则可能设定要审查的代码量（通常有数百行），花费多少时间（数小时），哪些内容要做评价等。其重要性在于参与者了解自己的角色、目标是什么。这有助于使审查进展得更加顺利。
- 准备。每一个参与者都为审查做准备，并尽自己的力量。根据审查的类型，参与者可能扮演不同的角色。他们需要了解自己的责任和义务，并积极参与审查。在审查过程中找出的问题大部分是在准备期间而不是实际审查期间发现的。
- 编写报告。审查小组必须做出审查结果的书面总结报告，并使报告便于开发小组的成员使用。审查会议结果必须尽快告诉别人——诸如发现了多少问题，在哪里发现的，等等。

进行正式审查要按照已经建立起来的过程执行。随意"聚在一起复查代码"是不够的，实际上还会造成危害。如果执行过程随意，就会遗漏软件缺陷，参与者很可能感觉这样做是在浪费时间。

如果审查正确地进行，就可以证明这是早期发现软件缺陷的好方法。它们好比是一张初始的捕虫网（见图6-1），在开始阶段捕捉大一些的虫子。诚然小虫子能够穿过，但是它们将在下一阶段被网孔编织得更细小的捕虫网抓住。

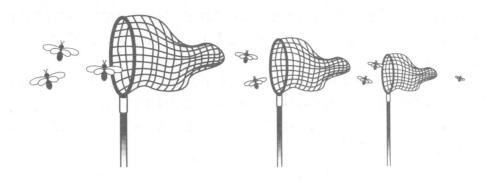

图 6-1 正式审查是捕捉飞虫的第一张网

除了发现问题，坚持正式审查还有一些间接效果：

- **交流**。正式报告中未包含的信息得以交流。例如，黑盒测试员可以洞察问题所在。缺少经验的程序员可以向有经验的程序员学习新技术。管理员对于项目如何跟上进度更加心中有数。
- **质量**。程序员的代码经过逐个功能、逐行代码仔细复查，常常会使程序员变得更加仔细。这不是说他粗心大意——只是说如果他知道自己的工作要被他人仔细审查，就会多花一些心思保证正确性。
- **小组同志化**。如果审查正确进行，软件测试员和程序员就会对双方技艺相互尊重，并且更好地了解相互的工作及需求。
- **解决方案**。尽管是否讨论解决方案取决于审查的规则，但是解决方案应该用于处理严重问题。在审查的范围之外讨论解决方案也许更有效。

这些间接好处虽然不可依赖，但是确实存在。在许多小组中，由于某种原因，成员之间自始至终独立工作。正式审查是把大家聚在一起讨论同一个项目问题的良机。

6.2.1 同事审查

召集小组成员进行初次正式审查最简单的方法是通过同事审查的方式。这是要求最低的正式方法，有时称为伙伴审查。这种方法大体类似于"如果你给我看你的，我也给你看我的"类型的讨论。

同事审查常常仅在编写代码或设计体系结构的程序员，以及充当审查者的其他一两个程序员和测试员之间进行。这个小团体只是在一起审查代码，寻找问题和失误。为了保证审查的高效率（不致流于休息闲聊），所有的参与者要切实保证正式审查的 4 个关键要素：查找问题、遵守规则、审查准备和编写报告。由于同事审查是非正式的，这些要素常常大打折扣。即便如此，聚集起来讨论代码也能找出软件缺陷。

6.2.2 走查

走查（walkthrough）是比同事审查更正规化的下一步。走查中编写代码的程序员向 5

人小组或者其他程序员和测试员组成的小组做正式陈述。审查人员应该在审查之前接到软件拷贝，以便检查并编写备注和问题，在审查过程中提问。审查人员之中至少有一位资深程序员是很重要的。

陈述者逐行或者逐个功能地通读代码，解释代码为什么且如何工作。审查人员聆听叙述，提出有疑义的问题。由于公开陈述的参与人数要多于同事审查的，因此，为审查做好准备和遵守规则是非常重要的。同样重要的是，审查之后陈述者要编写报告说明发现了哪些问题，计划如何解决发现的软件缺陷。

6.2.3　检验

检验（inspection）是最正式的审查类型，具有高度组织化，要求每一个参与者都接受训练。检验与同事审查和走查的不同之处在于表述代码的人——*表述者*（presenter）或者*宣读者*（reader）——不是原来的程序员。这就迫使他学习和了解要表述的材料，从而有可能在检验会议上提出不同的看法和解释。

其余的参与者称为*检验员*（inspector），其职责是从不同的角度如用户、测试员或者产品支持人员的角度审查代码。这有助于从不同视角来审查产品，通常可以指出不同的软件缺陷。检查员甚至要担负着倒过来（也就是说，从尾至头）审查代码的责任，确保材料的彻底和完整。

有些检验员还同时被委任为会议*协调员*（moderator）和会议*记录员*（recorder），以保证检验过程遵守规则及审查有效进行。

召开检验会议之后，检验员可能再次碰头讨论他们发现的不足之处，并与会议协调员共同准备一份书面报告，明确解决问题所必须重做的工作。然后程序员进行修改，由会议协调员验证修改结果。根据修改的范围和规模以及软件的关键程度，可能还需要进行重新检验，以便找到其余的软件缺陷。

检验经证实是所有软件交付内容中，特别是设计文档和代码中发现软件缺陷非常有效的方法，随着公司和产品开发小组发现其好处多多而日趋流行。

6.3　编码标准和规范

在正式审查中，检验员查找代码中的问题和缺漏。这些是典型的言行不一的软件缺陷，最佳方式是仔细分析代码——资深程序员和测试员很善于此道。

还有一些问题是代码虽然可以正常运行，但是编写不符合某种标准或规范。这相当于写的东西可以被人理解和表述观点，但是不符合语言的语法和文法规则。标准是建立起来、经过修补和必须遵守的规则——做什么和不做什么。规范是建议最佳做法、推荐更好的方式。标准没有例外情况，缺少结构化的放弃步骤。规范就要松一些。

可以运行甚至在测试中也表现稳定的一些软件，因为不符合某项标准而仍然被认为有问题，真是令人感到奇怪。然而，有三个重要的原因要坚持标准或规范：

- **可靠性**。事实证明按照某种标准或规范编写的代码比不这样做的代码更加可靠和安全。
- **可读性 / 维护性**。符合设备标准和规范的代码易于阅读、理解和维护。
- **移植性**。代码经常需要在不同的硬件中运行，或者使用不同的编译器编译。如果代码符合设备标准，迁移到另一个平台就会轻而易举，甚至完全没有障碍。

项目要求可能从严格遵守国家或国际标准的，到松散符合小组内部规范的，不一而足。重要的是开发小组在编程过程中拥有标准和规范，并且这些标准和规范被正式审查验证。

6.3.1 编程标准和规范示例

图 6-2 给出了一个针对 C 语言的 `goto`、`while` 和 `if-else` 语句的编程标准示例。不正确地使用这些语句常常导致缺陷众多的代码，大多数编程标准显式设立了使用它们的规则。

TOPIC: 3.05   Control-Restriction on control structures

STANDARD
The **go to** statement (and hence labels as well) should not be used.

The **while** loop should be used instead of the **do-while** loop, except where the logic of the problem explicit requires doing the body at least once regardless of the loop condition.

If a single **if-else** can replace a **continue**, an **if-else** should be used.

JUSTIFICATION
The **go to** statement is prohibited for the empirical reason that its use is highly correlated with errors and hare-to-read code, and for the abstract reason that algorithms should be expressed in structures that facilitate checking the program against the structure of the underlying process.

The **do-while** is discouraged because loops should be coded in such a form as to "do nothing gracefully", i.e. they should test their looping condition before executing the body.

图 6-2　编码标准示例解释说明了一些语言控制结构的用法（取材于 Thomas Plum 和 Dan Saks 所著，Plum Hall 公司 1991 年出版的《C++Programming Guidelines》）

标准由 4 个主要部分组成：
- **标题**。描述标准包含的主题。
- **标准（或者规范）**。描述标准或规范内容，解释哪些允许哪些不允许。
- **解释说明**。给出标准背后的原因，以使程序员理解为什么这样做是好的编程习惯。
- **示例**。给出如何使用标准的简单程序示例。这不是必需的。

图 6-3 是一个针对 C++ 中所用的 C 语言特性的规范示例。注意语言的细微差别。在本例中，它一开始就说"设法避免"。规范不如标准严格，因此在碰到类似情况时有一定的灵活性。

```
TOPIC: 7.02        C_ problems - Problem areas from C

GUIDELINE
Try to avoid C language features if a conflict with
programming in C++
    1.  Do not use setjmp and longjmp if there are any
        objects with destructors which could be created]
        between the execution of the setjmp and the
        longjmp.
    2.  Do not use the offsetof macro except when
        applied to members of just-a-struct.
    3.  Do not mix C-style FILE I/O (using stdio.h) with
        C++ style I/O (using iostream.h or stream.h) on
        the same file.
    4.  Avoid using C functions like memcpy or memcap for
        copying or comparing objects of a type other than
        array-of-char or just-a-struct.
    5.  Avoid the C macro NULL; use 0 instead.

JUSTIFICATION
Each of these features concerns an area of traditional C usage
which creates some problem in C++.
```

图 6-3　说明在 C++ 中如何使用某些 C 语言特性的编程规范示例（取材于 Thomas Plum 和 Dan Saks 所著，Plum Hall 公司 1991 年出版的《C++Programming Guidelines》）

这是风格问题

有标准，有规范，然后就有风格。从软件质量和测试的角度看，风格不是问题。

每一个程序员，就像书的作者和艺术家一样，都有自己独特的风格。虽然规则要遵守，语言用法要一致，但是软件的编写者仍然很容易辨认。

不同之处是风格。在编程中，风格可能是注释的冗长程度和变量命名习惯，还可能是循环结构选择哪种缩排的方式。风格是代码的外表和感觉。

有些小组制定代码风格方面的标准和规范（例如代码的缩进），使代码从外表和感觉看起来都不太随意。软件测试员注意，在对软件进行正式审查时，测试和注解的对象仅限于错误和缺漏，而不管是否坚持标准或者规范。仔细想一下要报告的内容确实是问题，还是不同意见、不同风格。后者不是软件缺陷。

6.3.2　获取标准

如果项目由于自身性质必须符合一组编程标准，或者只是有兴趣检查软件代码，看它与公开发行的标准或者规范的符合程度，有一些资源可供参考。

大多数计算机语言和信息技术的国家和国际标准可以通过以下站点获得：

- 美国国家标准学会（ANSI）：www.ansi.org
- 国际工程协会（IEC）：www.iec.org
- 国际标准化组织（ISO）：www.iso.ch
- 信息技术标准国家委员会（NCITS）：www.ncits.org

以下专业组织还提供演示程序规范和最佳实践的文档：

- 美国计算机协会（ACM）：www.acm.org
- 电气和电子工程师协会（IEEE）：www.ieee.org

还可以向销售编程工具软件的供货商索取信息。他们通常有出版的标准和规范，一般不收费，或者仅收少量的费用。

6.4 通用代码审查清单

本章余下部分讲述静态白盒测试在正式审查中验证软件时应该查找的问题。这些清单[⊖]是将代码与标准或规范比较，确保代码符合项目的设计要求。

为了真正理解和运用这些清单，需要具有一些编程经验。如果没有做过多少编程，最好先读一本入门书，例如 Sams 出版社出版的《Sams Teach Yourself Beginning Programming in 24 Hours》，然后才能详细审查程序代码。

6.4.1 数据引用错误

数据引用错误是指使用未经正确声明和初始化的变量、常量、数组、字符串或记录而导致的软件缺陷。

- 是否引用了未初始化的变量？查找遗漏之处与查找错误同等重要。
- 数组和字符串的下标是整数值吗？下标总是在数组和字符串长度范围之内吗？
- 在检索操作或者引用数组下标时是否包含"丢掉一个"这样的潜在错误？不要忘了第 5 章表 5-1 中的代码。
- 是否在应该使用常量的地方使用了变量——例如在检查数组边界时？
- 变量是否被赋予不同类型的值？例如，无意中使代码为整型变量赋予一个浮点数值？
- 为引用的指针分配内存了吗？
- 一个数据结构是否在多个函数或者子程序中引用，在每一个引用中明确定义结构了吗？

> 数据引用错误是缓冲区溢出的主要原因——一个造成许多软件安全问题的缺陷。第
> 注意 13 章"软件安全性测试"将更详细地讨论该问题。

6.4.2 数据声明错误

数据声明错误产生的原因是不正确地声明或使用变量和常量。

⊖ 这些清单条目取材于《Software Testing in the Real World: Improving the Process》一书第 198 ~ 201 页（Edward Kit 于 1995 年）。

- 所有变量都赋予正确的长度、类型了吗？例如，本应声明为字符串的变量声明为字符数组了吗？
- 变量是否在声明的同时进行了初始化？是否正确初始化并与其类型一致？
- 变量有相似的名称吗？这基本上不算软件缺陷，但有可能是程序中其他地方出现名称混淆的信息。
- 存在声明过但从未引用或者只引用过一次的变量吗？
- 所有变量在特定模块中都显式声明了吗？如果没有，是否可以理解为该变量与更高级别的模块共享？

6.4.3　计算错误

计算或者运算错误实质上是糟糕的数学问题——计算无法得到预期结果。
- 计算中是否使用了不同数据类型的变量，例如将整数与浮点数相加？
- 计算中是否使用了类型相同但长度不同的变量——例如，将字节与字相加？
- 计算时是否了解和考虑到编译器对类型或长度不一致的变量的转换规则？
- 赋值的目的变量是否小于赋值表达式的值？
- 在数值计算过程中是否可能出现溢出？
- 除数／模是否可能为零？
- 对于整型算术运算，处理某些计算（特别是除法）的代码是否会导致精度丢失？
- 变量的值是否超过有意义的范围？例如，可能性的计算结果是否小于0%或者大于100%？
- 对于包含多个操作数的表达式，求值的次序是否混乱，运算优先级对吗？需要加括号使其清晰吗？

6.4.4　比较错误

小于、大于、等于、不等于、真、假——比较和判断错误很可能是由于边界条件问题。
- 比较得正确吗？虽然听起来简单，但是比较应该是小于还是小于或等于常常发生混淆。
- 存在分数或者浮点值之间的比较吗？如果有，精度问题会影响比较吗？1.000 000 01 和 1.000 000 02 极其接近，它们相等吗？
- 每一个逻辑表达式都正确表达了吗？逻辑计算按预计的进行了吗？求值次序有疑问吗？
- 逻辑表达式的操作数是逻辑值吗？例如，是否包含整数值的整型变量用于逻辑计算中？

6.4.5　控制流程错误

控制流程错误的原因是编程语言中循环等控制结构未按预期方式工作。它们通常由计算或者比较错误直接或间接造成。

- 如果程序包含 begin...end 和 do...while 等语句组，end 是否明确给出并与语句组对应？
- 程序、模块、子程序和循环能否终止？如果不能，可以接受吗？
- 可能存在永远不停的循环吗？
- 循环是否可能永不执行？如果是这样，可以接受吗？
- 如果程序包含像 switch...case 语句这样的多个分支，索引变量能超出可能的分支数目吗？如果超出，该情况能正确处理吗？
- 是否存在"丢掉一个"错误，导致循环意外的流程？

6.4.6　子程序参数错误

子程序参数错误的来源是软件子程序不正确地传递数据。
- 子程序接收的参数类型和大小与调用代码发送的匹配吗？次序正确吗？
- 如果子程序有多个入口点，引用的参数是否与当前入口点没有关联？
- 常量是否当作形参传递，在子程序中被意外改动？
- 子程序更改了仅作为输入值的参数吗？
- 每一个参数的单位是否与相应的形参匹配——例如，英尺对米？
- 如果存在全局变量，在所有引用子程序中是否有相同的定义和属性？

6.4.7　输入 / 输出错误

输入 / 输出错误包括文件读取、接受键盘或者鼠标输入以及向打印机或者屏幕等输出设备写入错误。下列条目非常简单、通用，应该在使用时补充，以涵盖所测试的软件。
- 软件是否严格遵守外部设备读写数据的专用格式？
- 文件或者外设不存在或者未准备好的错误情况有处理吗？
- 软件是否处理外部设备未连接、不可用，或者读写过程中存储空间占满等情况？
- 软件以预期方式处理预计的错误吗？
- 检查错误提示信息的准确性、正确性、语法和拼写了吗？

6.4.8　其他检查

这个压轴清单定义了一些不适合放在其他类别的条目。这不是为了完整，而是为了定制软件项目清单应该加入的内容。
- 软件是否使用其他外语？是否处理扩展 ASCII 字符？是否需要用统一编码取代 ASCII？
- 软件是否要移植到其他编译器和 CPU，具有这样做的许可吗？如果没有计划或者测试，那么，移植性可能成为一个大难题。
- 是否考虑了兼容性，以使软件能够运行于不同数量的可用内存、不同的内部硬件（例如图形和声卡）、不同的外设（例如打印机和调制解调器）？

- 程序编译是否产生"警告"或者"提示"信息？这些信息通常指示进行了有疑问的处理。纯粹主义者可能认为警告信息是不可接受的。

小结

检查代码——静态白盒测试——被证实是早期发现软件缺陷最有效的方法。虽然这是一项需要大量准备工作才能有成效的任务，但是许多研究表明花费的时间与得到的好处相比是值得的。为了使这项任务更有吸引力，现在有了能自动执行大量静态白盒测试工作的商业软件，即静态分析程序。该程序读入程序的源文件，并根据公开标准和自定义规范进行检查。编译器也提高了能力，如果启用所有等级的错误检查，它将捕捉到前面通用代码审查清单列出的许多问题，有些编译器甚至不允许使用具有安全问题的函数。这些工具不是取消代码审查或者检查任务，只是使任务更容易完成，并给软件测试员更多时间来挖掘更深的软件缺陷。

如果开发小组没有在这一级进行测试，而你具有一些编程经验的话，就可以把测试想象为调查过程。程序员和经理开始可能有顾虑，不知道好处有多大——这很难说出来，比如在检验期间发现一个软件缺陷比一个月之后在黑盒测试期间发现它可以为项目节省 5 天时间。然而，静态白盒测试日益受到重视，而在某些开发过程中，没有它项目就无法得到可靠的软件。

小测验

以下是帮助读者加深理解的小测验。答案参见附录 A——但是不要偷看！

1. 说出进行静态白盒测试的几个好处。
2. 判断是非：静态白盒测试可以找出遗漏之处和问题。
3. 正式审查由哪些关键要素组成？
4. 除了更正式之外，检验与其他审查类型有什么重大差别？
5. 如果要求程序员在命名变量时只能使用 8 个字符并且首字母必须采用大写的形式，那么这是标准还是规范呢？
6. 你会采用本章的代码审查清单作为项目小组验证代码的标准吗？
7. 缓冲区溢出错误作为一个常见的安全问题属于哪一级错误？是由什么原因引起的？

第7章

带上 X 光眼镜测试软件

第二部分"测试基础"进行到这里，我们已经学会了4个基本测试技术之中的3个：静态黑盒（测试产品说明书）、动态黑盒（测试软件）和静态白盒（检查程序代码）。本章我们将学习第4个基本测试技术——动态白盒测试。在测试软件时，我们将利用 X 光眼镜洞察软件的"盒子"里面。

除了 X 光本身的含义，还要充当程序员——如果能够胜任的话。如果没有，也不要害怕。本章使用的示例并不复杂，花一点时间就可以领会。即使只掌握此类测试的皮毛，都会成为更高效的黑盒测试员。

如果具有一些编程经验，本章可以作为步入广阔测试领域的敲门砖。大多数公司聘用软件测试员主要是为了进行软件的底层测试。他们在寻找同时具有编程和测试技术的人，这是难得一见的。

本章的重点包括：

- 什么是动态白盒测试
- 调试和动态白盒测试之间的区别
- 单元和集成测试是什么
- 如何测试底层功能
- 底层测试所需的数据范围
- 如何强制软件以某种方式运行
- 衡量测试完整性的各种方法

7.1 动态白盒测试

至此，我们应该相当熟悉静态、动态、白盒和黑盒等术语了。既然本章是关于动态白盒测试，就一定会讲述关于该技术的内容。由于是动态的，就一定是测试运行中的程序，由于是白盒，就一定要洞察盒子里面，检查代码并观察运行状况。这好像是带上 X 光眼镜测试软件。

　　用一句话来概括，动态白盒测试是指利用查看代码功能（做什么）和实现方式（怎么做）得到的信息来确定哪些需要测试、哪些不要测试、如何开展测试。动态白盒测试的另一个常用名称是结构化测试（structural testing），因为软件测试员可以查看并使用代码的内部结构，从而设计和执行测试。

　　为什么了解盒子内部情况和软件工作方式有好处呢？参见图 7-1。该图给出了执行加减乘除基本运算操作的两个盒子。

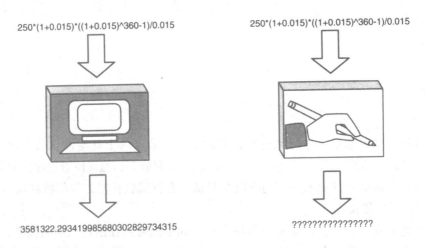

图 7-1　假如知道一个盒子包含一台计算机，而另一个盒子是人用纸笔计算，就会选择不同的测试用例

　　如果不知道盒子的工作方式，就会运用第 5 章"带上眼罩测试软件"所讲的动态黑盒测试技术。但是，如果看到盒子内部，发现一个盒子包含一台计算机，而另一个盒子包含拿纸笔的人，就会选择完全不同的测试方法。当然，这是一个过于简单化的例子，但是它恰如其分地说明了解软件的运作方式对测试手段的影响。

　　动态白盒测试不仅看看代码的运行情况，还包括直接测试和控制软件。动态白盒测试包括以下 4 个部分：

- 直接测试底层函数、过程、子程序和库。在 Microsoft Windows 中这称为应用程序编程接口（API）。
- 以完整程序的方式从顶层测试软件，但是根据对软件运行的了解调整测试用例。
- 从软件获得读取变量和状态信息的访问权，以便确定测试与预期结果是否相符，同时，强制软件以正常测试难以实现的方式运行。
- 估算执行测试时"命中"的代码量和具体代码，然后调整测试，去掉多余的测试用例，补充遗漏的用例。

本章余下部分讨论以上各部分。阅读的同时，请思考怎样用它们来测试我们熟悉的软件。

7.2　动态白盒测试和调试

　　一定不要把动态白盒测试和调试（debugging）弄混了。做过编程的人可能会花费大量时间调试自己编写的代码。这两项技术表面上很相似，因为它们都包括处理软件缺陷和查看代码的过程，但是它们的目标大不相同（见图 7-2）。

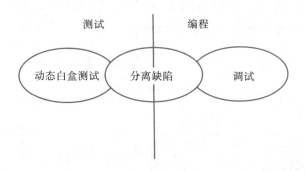

图 7-2　动态白盒测试和调试有不同的目标，但是其中有交叉现象

　　动态白盒测试的目标是寻找软件缺陷，调试的目标是修复缺陷。然而，它们在隔离软件缺陷的位置和原因上确实存在交叉现象。第 19 章 "报告发现的问题" 将详细讲述这一点，但眼前要考虑的是这方面的交叉。软件测试员应该把问题缩减为能够演示软件缺陷的最简化测试用例。如果是白盒测试，甚至还要包括那些值得怀疑的代码行信息。进行调试的程序员从这里继续，判断到底是什么导致软件缺陷，并设法修复。

> **注意**　执行这些底层的测试，会用到许多和程序员使用的相同的工具。如果程序编译过，可能会使用相同的编译器，但是设置上可能不一样，以更好地检测缺陷为目标。可能会使用代码级的调试器来单步跟踪程序，观察变量，设置断点，等等。也可能自己编写程序来分别测试需要检查的模块代码。

7.3　分段测试

　　回顾第 2 章 "软件开发的过程" 所讲的几种软件开发模式。大爆炸模式是最简单的，但也是最混乱的。所有的程序一下子堆在一块，期待奇迹出现。开发小组希冀各部分都没问题，并且会形成一个产品。现在可以断言，在这种模式下进行测试是非常困难的。最多可以进行动态黑盒测试，把这个准产品当作一团烂泥并在其中摸索着看能找出点什么。

　　我们已经知道这种测试的费用很高，因为软件缺陷是在最后关头才发现的。从测试的角度看，产生高额费用有如下两个原因：

- 难以有时甚至不可能找出导致问题的原因。软件好比是一台无法工作的笨重机器——在一侧投下一个球，但是另一侧并没有出现黄油吐司和热咖啡，无法知道是哪个小零件坏了，导致整个装置的失败。
- 某些软件缺陷掩盖了其他软件缺陷。测试可能失败。程序员自行调试问题并修复，但是当重新测试时，软件依然失败。太多问题一个摞一个，核心错误很难弄清。

7.3.1　单元测试和集成测试

解决上述麻烦的方法当然是开始就不让它发生。如果代码分段构建和测试，最后合在一起形成更大的部分，那么整个产品无疑会链接在一起（见图 7-3）。

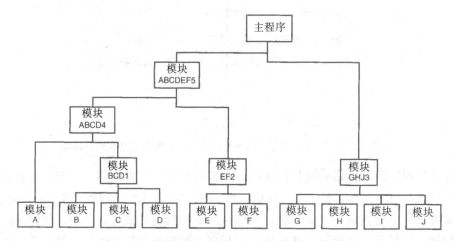

图 7-3　独立代码段分别建立和测试，然后集成并再测试

在底层进行的测试称为单元测试（unit testing）或者模块测试（module testing）。单元经过测试，底层软件缺陷被找出并修复之后，就集成在一起，对模块的组合进行集成测试（integration testing）。这个不断增加的测试过程继续进行，加入越来越多的软件片段，直至整个产品——至少是产品的主要部分——在称为系统测试（system testing）的过程中一起测试。

采取这种测试策略很容易隔离软件缺陷。在单元级发现问题时，问题肯定就在那个单元中。如果在多个单元集成时发现软件缺陷，那么它一定与模块之间的交互有关。当然也有例外，但是总的说来，测试和调试比一起测试所有内容要有效得多。

这种递增测试有两条途径：自底向上（bottom-up）和自顶向下（top-down）。在自底向上测试中（见图 7-4），要编写称为测试驱动的模块调用正在测试的模块。测试驱动模块以和将来真正模块同样的方式挂接，向处于测试的模块发送测试用例数据，接受返回结果，验证结果是否正确。采取这种方式，可以对整个软件进行非常全面的测试，为它提供全部类型和数量的数据，甚至高层难以发送的数据。

自顶向下测试有点像小规模的大爆炸测试。毕竟，如果更高层软件已经完成，测试其下层的模块就一定太晚了，对吗？其实并不完全正确。请看图 7-5。在该例中，底层接口模块用于从电子温度计采集温度数据。显示模块正好在此接口模块的上面，从该接口读取数据，向用户显示结果。为了测试高层显示模块，就需要借助火把、水、冰和深度的冻结来改变传感器的温度，并将数据传递到导线上。

与其通过设法控制温度计的温度来测试温度显示模块，不如编写一小段称为桩（stub）的代码充当接口模块，从文件中把温度值直接提供给显示模块。显示模块将会读取数据并显示温度，就像直接从实际温度计接口模块中读取数据一样。它不可能有何不同。有了这个测试桩配置，就可以快速从头到尾试验各种测试值，验证显示模块的操作。

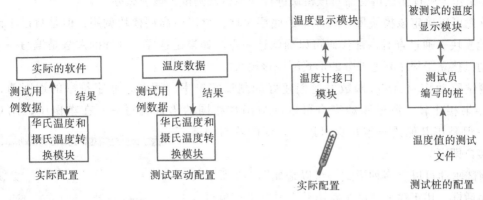

图 7-4 测试驱动可以代替实际软件，对底　　图 7-5 测试桩向处于测试的模块发送数据
　　　　层模块进行更有效的测试

7.3.2 单元测试示例

许多编译器会提供一个把 ASCII 字符转换为整数值的常用函数。

该函数接收一串带正负号的数字或者空格、字母等特殊字符，将其转换为数值——例如字符"12345"转换为数字 12,345。这是用于处理用户在对话框中输入值的一个相当常用的函数——例如，某人的年龄或者财务账目。

执行该操作的 C 语言函数是 atoi()，表示"把 ASCII 字符转换为整数"。图 7-6 给出了该函数的说明。如果不是 C 程序员，也不需气馁。除了第 1 行是说明如何调用函数的，其他部分说明采用英语，可以用来为任何计算机语言定义同样的函数。

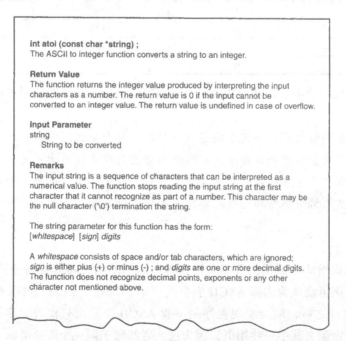

图 7-6 C 语言 atoi() 函数的说明页

如果作为软件测试员受命对该模块进行动态白盒测试，该怎么办？

首先可以确定该模块属于程序中的底层模块，可以由高层模块调用，但是自己不能调用其他模块。通过查看内部代码可以确认这一点。如果是这样，合理的做法是编写一个测试驱动以独立于程序其他部分的形式测验该模块。

测试驱动将向atoi()函数发送创建好的测试字符串，读取这些字符串的返回值，与预期结果相比较。测试驱动完全可以用与函数相同的语言编写——在本例中，用C语言——但是用其他语言编写也可以，只要能够与测试模块接口即可。

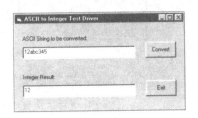

测试驱动可以有多种形式，可以是如图7-7所示的简单对话框，用于输入测试字符串并查看结果；也可以是从文件读取测试字符串和预期结果的独立程序。由用户驱动的对话框的交互性和灵活性强——可以用来进行黑盒测试。而独立驱动可以极其快速地直接从文件读写测试用例。

图7-7 对话框测试驱动可以用于向
被测试的模块发送测试用例

下一步要分析说明书，确定应该采用的黑盒测试用例，然后运用等价类划分技术减少测试用例集合（还记得第5章吗？）。表7-1列出了一些包含输入字符串和预期输出值的测试用例。该表不是完整的清单。

表7-1 ASCII字符转换为整数的测试用例示例

输入字符串	输出整数值	输入字符串	输出整数值
"1"	1	"1.2"	1
"–1"	–1	"2–3"	2
"+1"	1	"abc"	0
"0"	0	"a123"	0
"–0"	0	等	
"+0"	0		

最后，研究代码看函数是如何实现的，利用模块的白盒知识增减测试用例。

注意 在进行白盒测试之前，一定要根据说明书建立黑盒测试用例。用这种方式可以真正测试模块的功能和作用。如果先从模块的白盒角度建立测试用例，检查代码，就会偏向于以模块工作方式建立测试用例。程序员或许误解了说明，于是测试用例就会不对。虽然测试用例精确完整地测试了模块，但是可能不准确，因为没有测试预期的操作。

根据白盒知识增减测试用例其实是根据程序内部的信息对等价划分的进一步提炼。原来的黑盒测试用例可能认为内部ASCII表会把"a123"和"z123"当作不同且重要的等价类。经过检查软件之后，就会发现程序员不管ASCII表，而只检查数字、正负号和空格。基于此，应该决定删去其中一些用例，因为这两者都属于同一个等价类。

通过仔细检验代码，就会发现正负号的处理可能有点问题，甚至不明白它是怎么回事。在这种情况下，可以增加一些带有正负号的测试用例来确认。

7.4 数据覆盖

前面关于 atoi() 函数白盒测试的例子是相当简化的，忽略了一些细节，即查看代码决定如何调整测试用例。事实上，除了仔细阅读软件找好思路之外，还有很多事要做。

合理的方法是像黑盒测试那样把软件代码分成数据和状态（或者程序流程）。从同样的角度看软件，可以相当容易地把得到的白盒信息映射到已经写完的黑盒测试用例上。

首先考虑数据。数据包括所有的变量、常量、数组、数据结构、键盘和鼠标输入、文件、屏幕输入/输出，以及调制解调器、网络等其他设备的输入和输出。

7.4.1 数据流

数据流（data flow）覆盖主要是指在软件中完全跟踪一批数据。在单元测试级，数据仅仅通过了一个模块或者函数。同样的跟踪方式可以用于多个集成模块，甚至整个软件产品——尽管这样做是非常耗时的。

如果在底层测试函数，就会使用调试器观察变量在程序运行时的数据（见图 7-8）。通过黑盒测试，只能知道变量开始和结束的值。通过动态白盒测试，还可以在程序运行期间检查变量的中间值。根据观察结果就可以决定更改某些测试用例，保证变量取得感兴趣的、甚至具有风险的中间值。

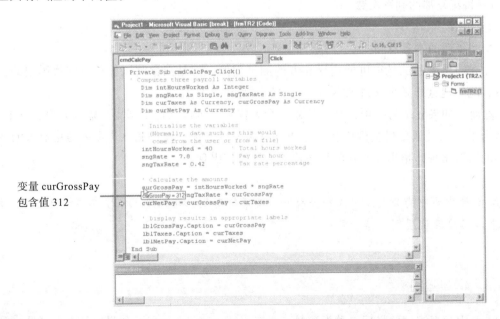

图 7-8　调试器和观察变量有助在整个程序中跟踪一个变量的值

7.4.2 次边界

次边界在第 5 章与 ASCII 表和 2 的幂问题一起讨论过。这些是次边界导致软件缺陷的最常见例子，而软件的各个部分都有自己独特的次边界。以下是其他一些例子：

- 计算税收的模块在某些财务结算处可能从使用数据表转向使用公式。
- 在 RAM 底端运行的操作系统也许开始把数据移到硬盘上的临时存储区。这种次边界甚至无法确定，它随着磁盘上剩余空间的数量而发生变化。
- 为了获得更高的精度，复杂的数值分析程序根据数字大小可能切换到不同的等式以解决问题。

如果进行白盒测试，就需要仔细检查代码，找到次边界条件，并建立能测试它们的测试用例。询问编写代码的程序员是否知道这些条件，并对内部数据表给予特别的注意，因为这里聚集了大量次边界条件。

7.4.3 公式和等式

公式和等式通常深藏于代码中，从外部看，其形式和影响不是非常明显。计算复利的财务程序一定包含以下公式：

$$A=P(1+r/n)^{nt}$$

其中

P= 本金

r= 年利率

n= 每年复加的利率次数

t= 年数

A=t 年后的本息总和

优秀的黑盒测试员很可能选择 n=0 的测试用例，但是白盒测试员在看到代码中的公式之后，就知道这样做将导致除零错，而使公式乱套。

然而，如果 n 是另一项计算的结果，会怎样呢？也许软件根据用户输入来设置 n 的值，或者为了找出最低赔付金额而从算法角度试验各种 n 值。软件测试员需要考虑有没有 n 值为零的情形出现，指出什么样的程序输入会导致它出现。

> **技巧** 撇开代码中的公式和等式，查看它们使用的变量，在程序正常输入和输出之外，为其建立测试用例和等价划分。

7.4.4 错误强制

本章中数据测试的最后一种类型是错误强制（error forcing）。如果执行在调试器中测试的程序，不仅能够观察到变量的值——还可以强制改变变量的值。

在进行复利计算时，如果找不到将复加数设置为零的直接方法，就可以利用调试器来强制赋值。于是软件不得不处理这情况，或者报告处理不了。

> 在使用错误强制时，小心不要设置现实世界中不可能出现的情况。如果程序员在函数开头检查 n 值必须大于零，而且 n 值仅用于该公式中，那么将 n 值设为零。使程序失败的测试用例就是非法的。

如果仔细选择了错误强制情况，并和程序员一起反复检查以确认它们是合法的，错误强制就是一个有效的工具。借此可以执行其他方式难以实现的测试用例。

强制显示错误提示信息

使用错误强制的上好方法是迫使软件中的所有错误提示信息显示出来。大多数软件使用内部错误代码表示错误提示信息。当内部错误条件标志被置位时，错误处理程序读取存放错误代码的变量，在表中查找代码，并显示相应的信息。

许多错误情况是难以建立的——例如挂接 2049 台打印机。但是如果只是想测试错误提示信息是否正确（拼写、语言、格式等），那么使用错误强制是最有效的查看方式。然而，要记住，这不是测试检测错误的代码，而是显示错误的代码。

7.5　代码覆盖

与黑盒测试一样，测试数据只是一半工作。为了全面地覆盖，还必须测试程序的状态以及程序流程，必须设法进入和退出每一个模块，执行每一行代码，进入软件每一条逻辑和决策分支。这种类型的测试叫作代码覆盖（code coverage）测试。

代码覆盖测试是一种动态白盒测试，因为它要求通过完全访问代码以查看运行测试用例时经过了哪些部分。

代码覆盖测试最简单的形式是利用编译环境的调试器通过单步执行程序查看代码。图7-9 给出了一个运行中的 Visual Basic 调试器的例子。

图 7-9　调试器允许单步执行程序，查看运行测试用例时执行的代码行和模块

对于小程序或者单独模块，使用调试器一般就足够了。然而，对大多数程序进行代码覆盖测试要用到称为*代码覆盖率分析器*（code coverage analyzer）的专用工具。图 7-10 给出了该类工具的一个示例。

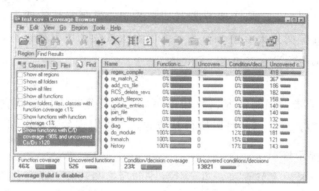

图 7-10 代码覆盖分析器提供了评价测试用例效果的详细信息

（本图由 Bullseye Testing Technology 授权并提供）

代码覆盖率测试器挂接在正在测试的软件中，当执行测试用例时在后台执行。每当执行一个函数、一行代码或一个逻辑决策分支时，分析器就记录相应的信息。从中可以获得指示软件哪些部分被执行，哪些部分未被执行的统计结果。利用该数据可以得到：

- 测试用例没有覆盖软件的哪些部分。如果某个模块中的代码从未执行，就需要额外编写测试该模块函数的用例。
- 哪些测试用例是多余的。如果执行一系列测试用例，而未增加代码覆盖率的百分比，那么这些测试用例就可能处于同一个等价划分。
- 为了使覆盖率更好，需要建立什么样的新测试用例。通过观察覆盖率低的代码，看它如何工作，做了什么，从而建立可以更彻底地测试它的新测试用例。

此外，还可以得到软件质量的大致情况。如果测试用例覆盖了软件的 90% 而未发现任何软件缺陷，就说明软件质量非常好。相反，如果测试只覆盖了软件的 50% 仍然发现了一些软件缺陷，就说明软件还要大加改进。

> 提示　不要忘记第 3 章 "软件测试的实质" 中讨论的杀虫剂现象——软件测试得越多，它对测试的免疫能力越强。如果测试用例覆盖了软件的 90% 而未发现任何软件缺陷，也有可能是软件的构造不好——可能是软件对测试具有了免疫能力。增加新的测试用例可能会暴露余下的 10% 具有非常多的缺陷。

7.5.1　程序语句和代码行覆盖

代码覆盖最直接的形式称为*语句覆盖*（statement coverage）或者*代码行覆盖*（line coverage）。如果在测试软件的同时监视语句覆盖，目标就是保证程序中每一条语句最少执行一次。对于清单 7-1 所示的小程序，100% 语句覆盖就是从第 1 行执行到第 4 行。

清单 7-1　测试这个简单程序的每一行非常容易

```
1: PRINT "Hello World"
2: PRINT "The date is: "; Date$
3: PRINT "The time is: "; Time$
4: END
```

有人可能认为这是完全测试程序的最好方法，可以边进行测试，边补充测试用例，直至程序中的每一条语句都不漏掉为止。遗憾的是语句覆盖是一种误导。可以说即使全部语句都被执行了，但是不能说走遍了软件的所有路径。

7.5.2　分支覆盖

试图覆盖软件中的所有路径称为*路径覆盖*。路径测试最简单的形式称为*分支覆盖*测试。请看如清单 7-2 所示的程序。

清单 7-2　IF 语句在代码中建立了另外一个分支

```
1: PRINT "Hello World"
2: IF Date$ = "01-01-2000" THEN
3:     PRINT "Happy New Year"
4:     END IF
5: PRINT "The date is: "; Date$
6: PRINT "The time is: "; Time$
7: END
```

如果要使程序测试达到 100% 语句覆盖的目的，就只需执行将变量 Date$ 设为 2000 年 1 月 1 日的测试用例。程序将执行以下路径：

第 1，2，3，4，5，6，7 行

代码覆盖率分析器将声称每一条语句都得到了测试，实现了 100% 覆盖。可以退出测试了吗？不行！这样做虽然测试了所有语句，但是*未测试所有分支*。

直觉告诉我们还需要尝试日期不等于 2000 年 1 月 1 日的测试用例。这样在测试用例中，程序将执行其他路径：

第 1，2，5，6，7 行

人多数代码覆盖率分析器将根据代码分支，分别报告语句覆盖和分支覆盖的结果，使软件测试员更加清楚测试的效果。

7.5.3　条件覆盖

正当我们以为完事大吉时，却发现还有一个关于路径测试的复杂问题。清单 7-3 给出了一个与清单 7-2 略有不同的例子。第 2 行的 IF 增加了一个条件——同时检查日期和时间。*条件覆盖*（condition coverage）测试将分支语句的条件考虑在内。

清单 7-3　IF 语句中的多重条件生成了更多的代码路径

```
1: PRINT "Hello World"
2: IF Date$ = "01-01-2000" AND Time$ = "00:00:00" THEN
3:    PRINT "Happy New Year"
4:    END IF
5: PRINT "The date is: "; Date$
6: PRINT "The time is: "; Time$
7: END
```

在这个简单程序中，为了得到完整的条件覆盖测试，就需要增加如表 7-2 所示的 4 组测试用例。这些用例可以保证 IF 语句中的每一种可能都被覆盖。

表 7-2　达到多重 IF 语句条件完全覆盖的测试用例

Date$	Time$	执行语句行
01-01-1999	11:11:11	1，2，5，6，7
01-01-1999	00:00:00	1，2，5，6，7
01-01-2000	11:11:11	1，2，5，6，7
01-01-2000	00:00:00	1，2，3，4，5，6，7

如果只考虑分支覆盖，前 3 个条件就是多余的，可以等价划分到一个测试用例中。但是，对于条件覆盖测试，所有 4 个案例都是重要的，因为它们用于测试第 2 行中 IF 语句的各种条件——错 – 错，错 – 对，对 – 错和对 – 对。

与分支覆盖一样，代码覆盖率分析器可以被设置为在报告结果时将条件考虑在内。如果测试条件覆盖，就能达到分支覆盖，顺带也能达到语句覆盖。

> 注意　即使想方设法测试所有语句、分支和条件（除最简单的程序之外，这是不可能实现的），也还没有做到完全测试软件。不要忘了，本章第一部分讨论的数据错误仍然可能出现。程序流程和数据共同构成了软件的操作。

小 结

本章说明了在程序运行的同时，访问软件的源代码可以开创一片全新的软件测试领域。动态白盒测试是非常强大的方法，通过提供关于测试对象的"内部"信息大幅减轻测试工作。了解代码的细节可以消除冗余的测试用例，增加针对原先没有考虑到的区间的测试用例。这两种方式都可以大幅提高测试的成效。

第 4~7 章讲述了软件测试的基础：

- 静态黑盒测试是指检查产品说明书，并在软件编写之前找出问题。
- 动态黑盒测试是指在不了解软件如何工作的前提下进行测试。
- 静态白盒测试是指通过正式审查和检验检查代码的细节。
- 动态白盒测试是指在看到软件的工作方式时，根据获得的信息对软件进行测试。

从某种意义上说，这就是软件测试的全部内容。当然，阅读这 4 章内容和在实际中运用是两回事。成为一个优秀的软件测试员需要有大量精力的投入和艰苦的努力。经过不断实践和经验的积累才能掌握如何合理地运用这些基本技术。

第三部分"运用测试技术"将讲述不同类型的软件测试以及在实际中如何应用"白盒和黑盒测试"技能。

⚲ 小测验

以下是帮助读者加深理解的小测验。答案参见附录 A——但是不要偷看！

1. 为什么了解了软件的工作方法会影响测试的方式和内容？

2. 动态白盒测试和调试有何区别？

3. 在大爆炸软件开发模式下几乎不可能进行测试的两个原因是什么？如何解决？

4. **判断是非**：如果匆忙开发产品，就可以跳过模块测试而直接进行集成测试。

5. 测试桩和测试驱动有何差别？

6. **判断是非**：总是首先设计黑盒测试用例。

7. 在本章描述的三种代码覆盖中，哪一种最好？为什么？

8. 静态和动态白盒测试最大的问题是什么？

第三部分

运用测试技术

生日那天别人送我一台加湿器和一台干燥器……我把它们放在一间房子里让它们打架。

——Steven Wright，
喜剧导演

发现来自于在所有人在看到同样的事情时产生不同的想法。

——Albert Szent-Gyorgyi，
1937 年生理学和医学诺贝尔奖得主

第 8 章

配 置 测 试

生活可以简单化。所有计算机的硬件都可以相同。所有软件都可以由同一家公司编写。不会有容易弄混的单选按钮和复选框。一切从开始就相安无事，并且一直延续下去。这真是太枯燥了！

在现实世界中，占地 50 000 平方英尺的计算机超市在出售 PC、打印机、显示器、网卡、调制解调器、扫描仪、数码相机、外围设备，网络摄像机以及来自成千上万家公司的数百种计算机小产品——全都可以连接在你的 PC 上。

如果刚准备开始从事软件测试工作，首先的一个任务是配置测试。要保证被测试的软件在尽可能多的硬件平台上运行。假如不是为 PC 和 Mac 机测试软件——只测试专用系统——也仍然要考虑一些配置问题。运用本章所学可以轻松定制符合具体情况的测试。

本章首先论述 PC 配置测试的通则，进而讲述为 PC 测试打印机、显示适配器（视频卡）和声卡。虽然本章所用示例是取自台式机的，但是这种方法可以推广到任何类型的配置测试问题中。每天都会有不同的新设备面世，测试员的任务是弄清楚如何测试它们。

本章重点包括：

- 为什么配置测试必不可少
- 为什么配置测试可能是艰巨的任务
- 配置测试的基本方法
- 如何找到需要测试的硬件
- 如果不是在为台式机测试软件怎么办

8.1 配置测试综述

下次去计算机超市时，看看一些软件的包装盒，阅读其系统要求。可以看到诸如 PC 具有 Pentium 4 处理器、1024 × 768 32 位颜色显示器、32 位声卡，游戏接口等。配置测试（Configuration testing）是指使用各种硬件来测试软件运行的过程。看看在家用和商用领域基于标准 Windows 的 PC 有哪些配置可能性：

- 个人计算机。著名的计算机生产厂商有很多，例如 Dell、Gateway、HP 等。每一家都使用自行设计的部件或者其他生产厂商的部件来生产自己的 PC。很多电脑爱好者甚至使用电脑超市里的现货部件来组装自己的 PC。
- 部件。大多数 PC 是模块化的，由各种*系统主板*（system board）、*部件板卡*（component card）和其他内部设备，如磁盘驱动器、CD-ROM 驱动器、DVD 读写器、视频卡、声卡、调制解调器、网卡等构成（见图 8-1）。此外还有电视卡和用于家庭自动化视频捕捉的专用板卡。甚至还有能使 PC 控制小型工厂的输入 / 输出卡。所有这些内部设备是由数百家不同的生产厂商生产的。

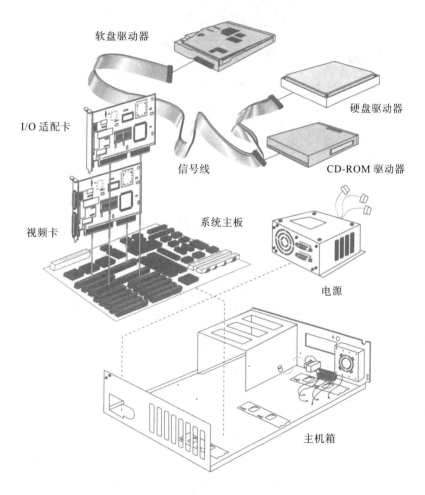

图 8-1 不计其数的内部部件构成了 PC 的配置

- 外设。外设是指打印机、扫描仪、鼠标、键盘、显示器、数码相机、游戏杆以及其他可以插在主板上从外部操纵 PC 的设备，如图 8-2 所示。
- 接口。部件和外设是通过各种接口适配器连入 PC 的（见图 8-3）。这些接口可以是 PC 内部的，也可以是外部的。常见接口的名称有 ISA、PCI、USB、PS/2、RS/232、RJ-11、RJ-45 和 Firewire。各种可能性太多，致使硬件生产厂商常常生产带有不同接口的同类外设。用户可能会买到具有三种不同配置的同一种鼠标。

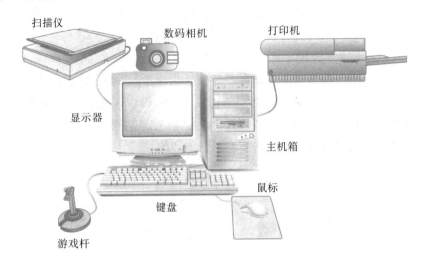

图 8-2 一台 PC 可以连接各种各样的外设

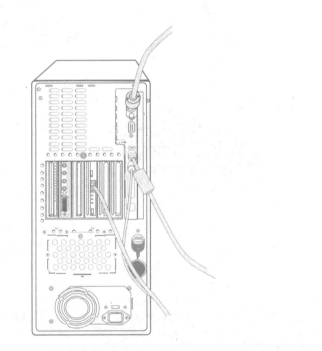

图 8-3 PC 的后部显示了连接外设的接口连接器

- 可选项和内存。许多部件和外设具有不同硬件可选项和内存容量供购买时选择。打印机可以升级以支持附加字体或者容纳更多内存以加快打印速度。具有更多内存的图形卡可以支持更多颜色和更高的分辨率。系统主板可以具有不同版本的 BIOS，当然也可以具有不同的内存容量。
- 设备驱动程序。所有部件和外设通过称为设备驱动程序的底层软件与操作系统和软件应用程序通信。这些驱动程序通常由硬件设备生产厂商提供，在安装硬件时一并安装。尽管从技术上讲它们是软件，但是出于测试的目的，可以认为它们是硬件配置。

如果准备开始进行软件的配置测试，就要考虑哪些配置与程序的关系最密切。对图像要求很高的计算机游戏要多加注意视频和声音部分。贺卡程序容易受到打印问题的困扰。传真或通信程序需要在多种调制解调器和网络配置下测试。

为什么这些是必不可少的？因为生产硬件毕竟要符合标准，不论是市面上出售的 PC 还是医院用的专用计算机莫不如此。我们期望所有生产厂商都遵照一套标准来设计硬件，那么使用这些硬件的软件就会毫无问题地正常运行。理想情况下，是这样的，但是遗憾的是标准并没有被严格遵守。有时，标准是相当松散的——称为规范。板卡和外设生产厂商相互之间总是激烈竞争，纷纷屈从于刻意追求附加功能和最后一位的性能改善的游戏规则。设备驱动程序通常仓促上马，硬件出厂时打包在包装盒中。结果是软件使用某种硬件配置无法正常工作。

8.1.1　分离配置缺陷

配置缺陷可是难啃的骨头。还记得第 1 章"软件测试的背景"描述的迪士尼狮子王缺陷吗？那就是一个配置问题。软件在极少数，但是非常流行的硬件配置上不能发声。如果在玩游戏或者使用图形程序时，颜色突然变花或者无法拖动部分窗口，就可能发现了显示适配器配置缺陷。如果花费数小时（或者数天）才使老程序正常使用新打印机，这可能就是配置缺陷。

> **注意**　判断缺陷是配置问题而不仅仅是普通缺陷最可靠的方法是，在另外一台有完全不同配置的计算机上一步步执行导致问题的相同操作。如果缺陷没有产生，就极有可能是特定的配置问题，在独特的硬件配置下才会暴露出来。

假设在一个独特的配置中测试软件时发现了一个问题。谁应该来修复缺陷——开发小组还是硬件厂商？这可能发展为一个代价极其高昂的问题。

首先，要找出问题所在。这通常是动态白盒测试员和程序员调试的工作。一个配置问题产生的原因不少，全都要求有人在不同的配置中运行软件时仔细检查代码，以找出缺陷：

- 软件可能包含在多种配置中都会出现的缺陷。一个例子是贺卡程序使用激光打印机时工作正常，而使用喷墨打印机时工作异常。
- 软件可能包含只在某一个特殊配置中出现的缺陷——例如在 OkeeDokee Model BR549 喷墨打印机上无法正常工作。
- 硬件设备或者其设备驱动程序可能包含仅由软件揭示的缺陷。也许只有被测试的软件才使用到显示卡的某种设置。也许当被测试的软件使用某种视频卡时，系统就会崩溃。
- 硬件设备或者其设备驱动程序可能包含一个借助许多其他软件才能看出来的缺陷——尽管它可能对测试的软件特别明显。一个例子是某种打印机驱动程序总是默认地采用草稿模式，而照片打印软件不得不在每次打印时设为高品质输出模式。

在前两种情况下，很显然要由项目小组负责修复缺陷。这是项目小组的事，项目小组应修复缺陷。

在后两种情况下，责任不那么清晰。假定缺陷是打印机问题，而该打印机是流行机型，被广泛采用。软件显然应该要求能够使用该打印机。打印机销售商修复问题可能会花费数月（如果真的做的话），所以开发小组需要针对缺陷对软件做修改，即使软件的运行是正确的。

归根结底，无论问题出在哪里，解决问题都是开发小组的责任。客户不管缺陷为什么产生或者怎么来的，他们只要求新买的软件在自己的系统配置中正常工作。

失真和声卡

Microsoft 公司 1997 年发布了 ActiMates Barney 人物形象，以及少儿光盘学习配套软件。这些具有动画效果的玩具通过自身的两路无线电设备和接在 PC 上的无线电设备与软件进行交互。

PC 的无线电设备连接在大多数声卡上称为 MIDI 连接器的不常用接口上。该接口用于接驳音乐键盘和其他乐器。Microsoft 公司认为选择这个连接器是很好的，因为大多数用户没有自己的音乐设备。一般没有任何设备与其相连，可以由 ActiMates 无线电设备使用。

在配置测试期间，发现了相当多软件缺陷。有些来自声卡问题，另一些来自 ActiMates 软件。然而其中有一个软件缺陷一直没有克服。运行该软件的 PC 偶尔出现死锁现象，并要求重新启动。当然，这个问题仅在使用市场上最流行的声卡时出现。

根据进度安排，只有几周时间了，于是集中精力来解决这个问题。经过大量配置测试和调试之后，该缺陷与声卡硬件分离开来。看来 MIDI 连接器始终包含这个缺陷，但是由于很少用，没有人发现。ActiMates 软件第一次使其显露出来。

接着是疯狂补救、反复论证和加班加点。最后，声卡生产厂商承认硬件有问题，同时承诺在设备驱动程序的升级版中解决这个软件缺陷。Microsoft 公司在 ActiMates 光盘中包括了修复好的驱动程序，并对软件进行修改，设法使该缺陷不会经常出现。尽管付出了这些努力，声卡的兼容性问题仍然是用户打电话对产品求助的最大问题。

8.1.2 计算工作量

配置测试工作量可能非常巨大。假定我们来测试运行于 Microsoft Windows 的新软件游戏。该游戏画面丰富，具有多种音效，允许多个用户通过电话线对抗，而且可以打印游戏细节以便进行策划。

至少需要考虑用各种图形卡、声卡、调制解调器和打印机进行配置测试。Windows 的 Add New Hardware 向导（见图 8-4）允许用户从 25 个种类中选择硬件。

每一类硬件都有各种生产厂商和型号（见图 8-5）。别忘了，这只是 Windows 内置驱动支持的型号。其他许多型号自行提供硬件的安装盘。

如果决定进行完整、全面的配置测试，检查所有可能的制造者和型号组合，就会面临巨大的工作量。

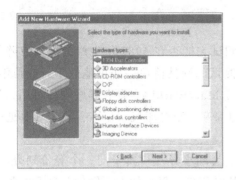 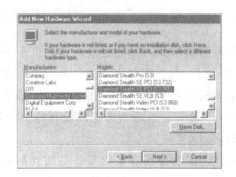

图 8-4 Microsoft Windows 的添加新硬件向导　　　图 8-5　每一类硬件都有数不清的
　　　　允许向 PC 的当前配置中添加新硬件　　　　　　　生产厂商和型号

市场上大致有 336 种显卡、210 种声卡、1500 种调制解调器、1200 种打印机。测试组合的数目是 336 × 210 × 1500 × 1200，总计上亿种——规模之大难以想象。

如果限于排除法测试，每一种配置单独测试一种板卡只用 30 分钟，也要近一年的时间。别忘了这只是配置测试中的一个步骤。在产品发布之前修复软件缺陷，只通过两三种配置测试是很少见的。

减少麻烦的答案是等价划分。需要找出一个方法把巨大无比的配置可能性减少到尽可能控制的范围。由于没有完全测试，因此存在一定的风险，但这正是软件测试的特点。

8.2 执行任务

确定测试哪些设备和如何测试的决定过程是相当直观的等价划分工作。什么重要，怎样才会成功，是决定的内容。如果没有用过软件将要在上面运行的某个硬件，就应该尽量去了解它，向其他有经验的测试员或者程序员求助。多问一些问题，使计划得到认可。

以下几个小节给出了在计划配置测试时应该采用的一般过程。

8.2.1 确定所需的硬件类型

应用程序要打印吗？如果是，就需要测试打印机。如果应用程序要发出声音，就需要测试声卡。如果是照片或者图形处理程序，还可能需要测试扫描仪和数码相机。仔细查看软件的特性，确保测试全面、彻底。把软件安装盘放在桌子上，想一想需要哪些硬件来使它工作。

联机注册

在选择用哪些硬件来测试时容易忽略的一个特性例子是联机注册。当今许多程序允许用户在安装过程中通过调制解调器和宽带连接来注册软件。用户输入自己的姓名、地址和其他个人数据，单击某个按钮，调制解调器就会与软件公司的计算机建立拨号连接，下载必要信息，完成注册。软件在联机通信时不用做什么。但是，如果软件有联机注册功能，就需要把调制解调器和网络通信考虑在配置测试之中。

8.2.2　确定有哪些厂商的硬件、型号和驱动程序可用

如果编制修剪图形的程序，就大可不必测试它能否在1987年生产的黑白点阵打印机上正常运行。与销售和市场人员一起制定要测试的硬件清单。如果他们不行或帮不上忙，就找几本近期出版的《PC Magazine》或者《Mac World》，看有哪些硬件可用，哪些正在（曾经）流行。这两本杂志以及其他出版物都有关于打印机、声卡、显卡和其他外设的年度回顾。

研究一下看是否有某些设备是相互翻版、大同小异——属于同一个等价划分。例如，某家打印机生产厂商可能允许其他公司生产其打印机，只是加上不同的包装和标签。从软件测试员的角度来看，它们是同样的打印机。

确定要测试的设备驱动程序，一般选择操作系统附带的驱动程序、硬件附带的驱动程序或者硬件或操作系统公司网站上提供的最新的驱动程序。这三种驱动程序通常是不同的。想一想用户有哪一种，或者能够获得哪一种。

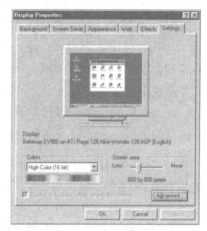

8.2.3　确定可能的硬件特性、模式和选项

彩色打印机可以打彩色，也可以打黑白，可以在不同的打印模式下打印，还可以设置打印照片还是文字。显卡有不同的色彩设置和屏幕分辨率，如图8-6所示。

每一种设备都有选项，软件没有必要全部支持。计算机游戏就是一个好例子。许多游戏要求最小颜色数和显示分辨率。如果配置低于该要求，游戏就不能运行。

图8-6　颜色数和屏幕显示区域等显示
属性是显卡的可能配置

8.2.4　将确定后的硬件配置缩减为可控制的范围

假如没有时间和计划测试所有配置，就需要把成千上万种可能的配置缩减到可以接受的范围——要测试的范围。

一种方法是把所有配置信息放在电子表格中，列出生产厂商、型号、驱动程序版本和可选项。图8-7给出了一张明确各种打印机配置的表格。软件测试员和开发小组可以审查这张表，确定要测试哪些配置。

注意，在图8-7中还有一栏是关于设备的流行程度、类型和年头的信息。在建立等价划分时，可能决定只测试最流行的，或者年头在5年以下的打印机。至于类型信息——在本例中是激光打印机或者喷墨打印机——可能决定75%测试针对激光打印机，而25%测试针对喷墨打印机。

流行程度 （1＝最流行，10＝最不流行）	类型（激光／喷墨）	使用时间（年）	制造商	型号	设备驱动程序版本	选项	选项
1	激光	3	HAL 打印机	LDIY2000	1.0	B/W	草稿质量
5	喷墨	1	HAL 打印机	IJDIY2000	1.0a	Color B/W	草稿质量 草稿质量
5	喷墨	1	HAL 打印机	IJDIY2000	2.0	Color B/W	艺术图片 草稿质量
10	激光	5	OkeeDohKee	LJ100	1.5	B/W	100dpi 200dpi 300dpi
2	喷墨	2	OkeeDohKee	EasyPrint	1.0	Auto	600dpi

图 8-7　在电子表格中组织配置信息

> 📝 **注意**　用于把众多配置等价划分为较小范围的决定过程最终取决于软件测试员和开发小组。这没有一个定式。每一个软件工程都不相同，都有不同的选择标准。一定要保证项目小组中的每一个人（特别是项目经理），搞清楚什么配置要测试（什么不测试），选择它们引起的变化有哪些。

8.2.5　明确与硬件配置有关的软件唯一特性

这里的关键词是唯一。不应该也没有必要在每一种配置中完全测试软件。只需测试那些与硬件交互时互不相同（不同等价划分）的特性即可。

例如，如果测试写字板之类的文字处理程序（见图 8-8），就不必在每一种配置中测试保存和打开特性。文件保存和打开与打印无关。设计良好的测试会创建一个文档，包含不同的（当然，由等价划分来选择）字体、字体大小、颜色和嵌入的图片等。接下来设法在选好的每一种打印机配置中打印

图 8-8　由各种字体和样式组成的示例文档可以用于对打印机进行配置测试

该文档。

选择唯一特性进行尝试并不是说说那么容易。首先应该进行黑盒测试，通过查看产品找出明显的特性；然后与小组其他成员（特别是程序员）交谈，了解其内部的白盒情况。最后会惊奇地发现这些特性与配置有一些紧密的关联。

8.2.6 设计在每种配置中执行的测试用例

第 18 章"编写和跟踪测试用例"中将详细讲述编写测试用例的方法，但是现在要考虑写出测试所有配置的步骤。可以将此简化为如下形式：

1）从清单中选择并建立下一个测试配置。

2）启动软件。

3）打开文件 configtest.doc。

4）确认显示出来的文件正确无误。

5）打印文档。

6）确认没有错误提示信息，而且打印的文档符合标准。

7）将任何不符之处作为软件缺陷记录下来。

实际上，这些步骤还有更多内容，包括具体要做什么、找什么的细节和说明。目标是建立任何人都可以执行的步骤。第 18 章将讲述编写测试用例的更多内容。

8.2.7 在每种配置中执行测试

软件测试员需要执行测试用例，仔细记录并向开发小组报告结果（见第 19 章"报告发现的问题"），必要时还要向硬件生产厂商报告。如本章前面所述，明确配置问题的准确原因通常很困难，而且非常耗时。软件测试员需要与程序员和白盒测试员紧密合作，分离问题原因，判断所发现的软件缺陷是软件的原因还是硬件的原因。

如果软件缺陷是硬件的原因，就利用生产厂商的网站向他们报告问题。一定要指明自己的软件测试员身份以及所在的公司。许多公司有专人帮助软件公司编写和硬件配合的软件。他们可能要求发送测试软件的副本、测试用例和相关细节，以便帮助他们分离问题。

8.2.8 反复测试直到小组对结果满意为止

配置测试一般不会贯穿整个项目期间。最初可能会尝试一些配置，接着整个测试通过，然后在越来越小的范围内确认缺陷的修复。最后达到没有未解决的缺陷或缺陷限于不常见或不可能的配置上。

8.3 获得硬件

至今还未提到的一件事是从哪里获得所有这些硬件。即使费尽心机，冒一点险把配置的可能性等价划分到最低限度，仍然需要安装不少硬件。如果每一样东西都出去单买，费用是很高昂的，尤其是有时为了一个测试步骤某些硬件只使用一次。以下是克服这个问题的一些办法：

- 只买可以或者将会经常使用的配置。小组中的每一个测试员都配备不同的硬件是个非常好的主意。虽然这会使公司的采购部门和计算机维修人员大为不满（他们喜欢每人都是同样的配置），但是这是保持总有不同的配置来进行测试的有效途径。即使开发小组非常小，三四个人有几种配置也非常有益。

- 与硬件生产厂商联系，看他们是否能够租借甚至赠送某些硬件。如果说明自己正在测试新软件，以确保能够在他们的硬件上运行，很多人就会这样做。他们也希望知道结果，因此告诉他们你可以提供测试的结果，如果有可能，还可以赠送一份最终软件的拷贝。建立这些关系大有好处，特别是如果发现一个软件缺陷，需要与硬件公司的人员联系报告时。

- 向全公司的人发送备忘或者电子邮件，问他们办公室甚至家里有什么硬件——以及能否允许对其进行一些测试。为了完成配置测试，也许要开车到乡下，但是这比设法购买全部硬件便宜太多了。

VCR 的配置测试

Microsoft ActiMates 产品生产线上的动画玩具不仅与 PC 相连，而且与 VCR 相连。观看者看不见的专用编码命令与磁带上的视频信号混合在一起。VCR 上连接了一个专用的盒子，解码这些命令并通过无线电向玩具发射。测试小组显然要进行 VCR 上的测试。他们有许多 PC 配置，但是没有 VCR。

他们找出两种方法来解决问题：

- 请 300 个职员带来自己的 VCR 做一天测试。程序经理用赠送礼品的方式吸引人们带来样品。

- 花钱请本地一家电子器材超市的经理推迟关门数小时（实际上是通宵），在此期间他们从货架上取下各种 VCR，连接到自己的设备，进行测试。他们把测试时弄脏的 VCR 清洗干净，并请经理共进晚餐以示谢意。

当一切完成时，他们测试了大约 150 种不同的 VCR，可以认为这是家用 VCR 非常充分的等价划分了。

- 如果预算充足，就和项目经理一起与专业配置和兼容性测试实验室联系外协测试。这些公司专门进行配置测试，拥有几乎所有知名的 PC 硬件。也许没有那么多，但是真的不少。

这些实验室可以根据自身的经验帮忙选择合适的测试硬件。再者，他们允许软件测试员到他们那里去使用他们的设备，或者提供完全的交钥匙服务。给他们提供软件、一步一步的测试过程以及预期结果。他们会接着干，执行测试并报告哪些通过、哪些失败。当然，这可能很贵，但是远比自己购买硬件，或者更糟糕的不测试让客户来发现问题要划算得多。

8.4 明确硬件标准

如果喜欢进行一点静态黑盒分析——审查硬件公司用于制造产品的说明书——可以到几个地方去找。了解硬件说明书的一些细节，有助于做出更多清晰的等价划分决定。

对于 Apple 机硬件，访问 Apple 硬件网站 http://developer.apple.com/ hardware。

从中会找到在 Apple 机上进行软件开发、硬件及其设备驱动程序测试的信息和链接。另外一个 Apple 链接 http://developer.apple.com/testing 提供特定的测试信息，包括到进行配置测试的测试实验室的链接。

对于 PC，最好的链接是 http://WWW.microsoft.com/whdc/system/platform。该网站为设计在 Windows 上运行的硬件的开发人员和测试人员提供技术实现指导、技巧和工具。

Microsoft 公司发布了一套软件和硬件接受 Windows 徽标的标准。详情见 http:// msdn.microsoft.com/certification/ 和 http://www.Microsoft.com/whdc/whql。

8.5 对其他硬件进行配置测试

假如不测试运行于 PC 或者 Mac 机上的软件会怎样？本章岂不是在浪费时间？不会！本章所讲的所有知识可以运用到通用系统测试上，同样可以运用到特殊系统上。无论硬件是什么，也不管连接的是什么，只要有内存大小、CPU 速度等的变化，只要连接其他硬件，配置问题就要测试。

如果要测试工业控制器、网络、医疗设备或者电话系统软件，考虑的问题与测试台式机软件是相同的：

- 何种外部硬件运行该软件？
- 硬件有哪些型号和版本可用？
- 硬件支持哪些特性或者可选项？

根据从设备使用者、项目经理或者销售人员那里获得的信息来建立硬件的等价划分。开发测试用例，收集所选硬件，执行测试。配置测试用的是以前所学的测试技术。

📍 小 结

本章讲述如何进行配置测试。这是软件测试新手经常被指派的工作，因为它容易定义；是基本组织技能和等价划分技术的入门；是与其他项目小组成员合作的任务；是经理快速验证结果的手段。缺点是有可能很繁杂。

如果读者受命为项目进行配置测试，就静下心来，深呼吸一口气，重读本章，仔细计划工作，花一些时间去做。工作完成之后，老板就会提出新的工作要求：兼容性测试，即下一章的主题。

⊙ 小测验

以下是帮助读者加深理解的小测验。答案参见附录 A——但是不要偷看!

1. 部件和外设有何区别?

2. 如何辨别发现的软件缺陷是普通问题还是特定的配置问题?

3. 如何保证软件永远不会有配置问题?

4. 有些公司购买通用的硬件,贴上自己公司的名称,然后当作自己的产品来卖。在电脑超市里经常看到这些低价的外设在销售。同样"翻版"的外设可能在不同的商店里冠以不同的名称在销售。**判断是非**:选择测试的配置的时候只需考虑一种翻版的声卡。

5. 除了年头和流行程度,对于配置测试,配置测试中用于等价划分硬件的其他原则是什么?

6. 能够发布具有配置缺陷的软件产品吗?

第 9 章

兼容性测试

第 8 章"配置测试"讲述了硬件配置测试，以及如何保证软件在其设计运行和连接的硬件上正常工作。本章主要讲述与其类似的交互测试领域——检查软件是否能够与其他软件正确协作。

随着用户对来自各个厂商的各种类型程序之间共享数据能力和充分利用空间同时执行多个程序能力的要求，测试程序之间能否协作变得越来越重要了。

以前，程序可以作为独立的应用来开发，在已知的、了解的、平稳的环境中运行，与导致崩溃的因素隔离开来。现在，这些程序大多需要向其他程序导入和导出数据，在各种操作系统和 Web 浏览器上运行，与同时运行在同一种硬件上的其他软件交叉操作。软件兼容性测试工作的目标是保证软件按照用户期望的方式进行交互。

本章重点包括：

- 软件兼容性的含义
- 定义兼容性的标准
- 平台是什么，平台对兼容性意味着什么
- 为什么在软件应用程序之间传输数据的能力是兼容性的关键

9.1 兼容性测试综述

软件兼容性测试（software compatibility testing）是指检查软件之间是否能够正确地交互和共享信息。交互可以在同时运行于同一台计算机上的两个程序之间，甚至在相隔几千公里、通过因特网连接的不同计算机上的两个程序之间进行。交互还可以简化为在软盘上保存数据，然后拿到其他房间的计算机上。

兼容软件的例子如下：

- 从 Web 页面剪切文字，在文字处理程序打开的文档中粘贴。
- 从电子表格程序保存账目数据，在另一个完全不同的电子表格程序中读入。
- 使照片修饰软件在同一操作系统下的不同版本正常工作。

- 使文字处理程序从通信录管理程序中读取姓名和地址，打印个性化的邀请函和信封。
- 升级到新的数据库程序，读入现存所有数据库，像老程序一样对其进行处理。

兼容性对于软件的意义取决于开发小组决定用什么来定义，以及软件运行的系统要求的兼容性级别。独立的医疗设备软件使用自己的操作系统，在自己的存储器里存储数据，不与任何其他设备连接，它没有兼容性问题。然而，某个文字处理程序的第 5 版（见图 9-1）就有一大堆兼容性问题，它从其他文字处理程序读写各种文件，并允许多个用户通过因特网编辑，支持嵌入来自不同应用程序的图片和电子表格。

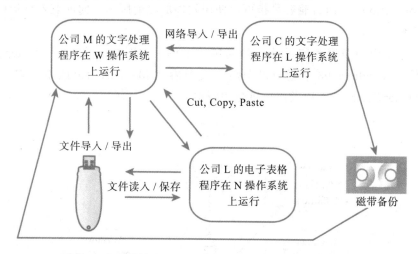

图 9-1 各种软件应用程序之间的兼容性很快变得非常复杂

如果受命对新软件进行兼容性测试，就需要解答以下问题：

- 软件设计要求与何种其他平台（操作系统、Web 浏览器或者操作环境）和应用软件保持兼容？如果要测试的软件是一个平台，那么设计要求什么应用程序在其上运行？
- 应该遵守何种定义软件之间交互的标准或者规范？
- 软件使用何种数据与其他平台和软件交互和共享信息？

这些问题的答案是基本的静态测试——既有黑盒又有白盒，包括整体分析产品说明书和所有支持说明书。还需要与程序员讨论，尽可能深入审查代码以保证软件的所有链接内容得以确认。本章以下内容将详细讨论这些问题。

9.2 平台和应用程序版本

选择目标平台或者兼容的应用程序实际上是程序管理或市场定位的任务。软件设计用于某个操作系统、Web 浏览器或者其他平台要由熟悉客户基本情况的人来决定。他们还要明确软件的版本或软件需要兼容的版本。例如，软件包装或者启动画面上可能有如下通告：

Works best with AOL 9.0

Requires Windows XP or greater

For use with Linux 2.6.10

该信息是说明书的一部分，向开发者和测试小组说明软件的目标。每一种平台都有自己的开发标准，并且从项目管理的立场看，使平台清单在满足客户要求的前提下尽可能小是很重要的。

9.2.1 向后和向前兼容

关于兼容性测试的两个常用术语是*向后兼容*（backward compatible）和*向前兼容*（forward compatible）。向后兼容是指可以使用软件的以前版本；向前兼容是指可以使用软件的未来版本。

文本文件是向前兼容和向后兼容最简单的示例。如图 9-2 所示，用 Notepad 98 创建的文本文件在 Windows 98 上运行，向后一直兼容到 MS-DOS 1.0 版本。它还向前兼容 Windows XP service pack 2 以及以后可能的版本。

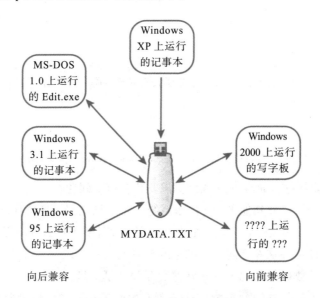

图 9-2 向前兼容和向后兼容定义软件或数据文件使用的版本

> **注意** 并非所有软件或者文件都要求向前兼容或者向后兼容。这是软件设计者需要决定的产品特性，而软件测试员应该为检查软件向前和向后兼容性所需的测试提供相应的输入。

9.2.2 测试多个版本的影响

测试平台和软件应用程序多个版本相互之间能否正常工作可能是一个艰巨的任务。假定对一个流行操作系统的新版本进行兼容性测试。程序员修复了大量软件缺陷，改善了性能，并在代码中增加了许多新特性。当前操作系统上可能有几万到几十万的现有程序。新操作系统的目标是与它们百分之百兼容，见图 9-3。

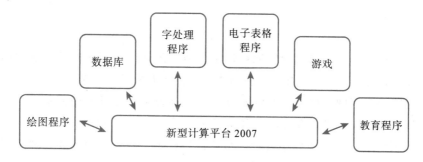

图9-3 如果对新平台进行兼容性测试，就必须检查现有程序使用它能否正常工作

这是一个庞大的任务，同时也是一个运用等价划分减少工作量的示例。

> 🔍 在开始兼容性测试任务之前，需要对所有可能的软件组合等价划分，使其成为验证
> 注意 软件之间正确交互的最小有效集合。

简言之，由于不可能在一个操作系统上全部测试数千个软件程序，因此需要决定测试哪些是最重要的。关键词是重要。决定要选择的程序的原则是：

- 流行程度。利用销售记录选择前100或1000个最流行的程序。
- 年头。应该选择近3年以内的程序和版本。
- 类型。把软件分为绘图、文字输入、财务、数据库、通信等类型。从每一种类型中选择要测试的软件。
- 生产厂商。另一个原则是根据制作软件的公司来选择软件。

与硬件配置测试一样，没有教科书式的标准答案。软件测试员和开发小组需要决定哪些最重要，然后根据上述原则建立需要测试的软件的等价划分。

上一个例子是关于新操作系统平台的兼容性测试的。测试新应用程序也是一样（见图9-4），需要决定在哪个平台版本上测试软件，以及和什么应用程序一起测试。

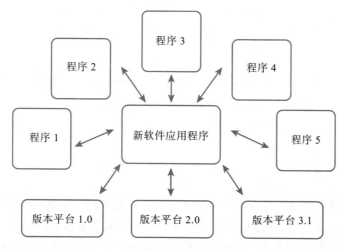

图9-4 对新应用程序的兼容性测试可能要求在多个平台上和多个应用程序上进行

9.3 标准和规范

至此，本章讲述了如何选择程序兼容性测试所需的软件。现在来看一下如何进行实际测试。第一步应该是研究可能适用于软件或者平台的现有标准和规范。

实际上这些要求有两个层次：高级和低级。说高级和低级可能用词不当，但在某种意义上，情况就是这样。高级标准是产品普遍遵守的规则，例如外观和感觉、支持的特性等。低级标准是本质细节，例如文件格式和网络通信协议等。两者都很重要，都需要测试以保证兼容。

9.3.1 高级标准和规范

软件要在 Windows、Mac 或者 Linux 操作系统上运行吗？是 Web 应用程序吗？如果是，运行于何种浏览器上？每一个问题都关系到平台，如果某个应用程序声称与某平台兼容，就必须遵守该平台自身的标准和规范。

图 9-5 Microsoft Windows 认证徽标表明
软件符合规范定义的所有细则

Microsoft Windows 认证徽标就是一个例子（见图 9-5）。为了得到这个徽标，软件必须通过由独立测试实验室执行的兼容性测试。其目的是确保软件在操作系统上能够稳定可靠地运行。

认证徽标对软件有以下几点要求：

- 支持三键以上的鼠标。
- 支持在 C：和 D：以外的磁盘上安装。
- 支持超过 DOS 8.3 格式文件名长度的文件名。
- 不读写或者以其他形式使用旧系统文件 win.ini、system.ini、autoexec.bat 和 config.sys。

这些看上去都是稀松平常的简单要求，但是这仅仅是长达 100 多页文档中的 4 项而已。虽然使软件符合认证徽标要求需要做大量工作，但是这样会使软件的兼容性更好。

> 注意 Windows 认证徽标的详情见 http://msdn.microsoft.com/certification/。Apple Mac 认证徽标的详情见 http://developer.apple.com/testing。

9.3.2 低级标准和规范

从某种意义上说，低级标准比高级标准更重要。假如创建一个运行在 Windows 之上的程序，与其他 Windows 软件在外观和感觉上有所不同。它不会获得 Microsoft Windows 认证徽标。用户虽然不会因为它与其他应用程序不同而感到激动，但是他们可能会使用该产品。

　　然而，如果该软件是一个图形程序，把文件保存为 .pict 文件格式（标准的 Macintosh 图形文件格式），而程序不符合 .pict 文件的标准，用户就无法在其他程序中查看该文件。该软件与标准不兼容，很可能成为短命产品。

　　同样，通信协议、编程语言语法以及程序用于共享信息的任何形式都必须符合公开的标准和规范。

　　此类低级标准常常不被重视，但是从测试员的角度来看必须测试。低级兼容性标准可以视为软件说明书的扩充部分。如果软件说明书说："本软件以 .bmp，.jpg 和 .gif 格式读写图形文件"，就要找到这些格式的标准，并设计测试来确认软件符合这些标准。

9.4　数据共享兼容性

　　在应用程序之间共享数据实际上是增强软件的功能。写得好的程序支持并遵守公开标准；允许用户与其他软件轻松传输数据，这样的程序可称为兼容性极好的产品。

　　程序之间最为人熟知的数据传输方式是读写磁盘文件。如上一节所述，严格遵守磁盘和文件格式的低级标准是实现此类共享的前提。虽然其他方式有时被想当然地接受，但仍然需要做兼容性测试。以下是一些例子：

- 文件保存和文件读取是人人共知的数据共享方法。把数据存入软盘（或者其他形式的磁介质和光介质存储器），然后拿到另外一台运行不同软件的计算机上读取。文件的数据格式只有符合标准，才能在两台计算机上保持兼容。
- 文件导出和文件导入是许多程序与自身以前版本、其他程序保持兼容的方式。图 9-6 给出了 Microsoft Word 程序的 File Open 对话框，以及可以导入文字处理程序的 23 种不同文件格式中的一部分。

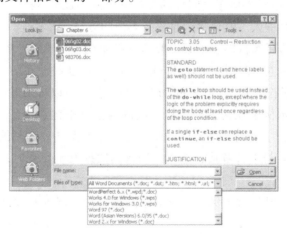

图 9-6　Microsoft Word 可以导入 23 种不同的文件格式

　　为了测试文件的导入特性，需要以各种兼容文件格式创建测试文档——可能要利用实现该格式的原程序来创建。这些文档需要等价划分可能的文本和格式，用于检查导入的代码是否正确转换为新格式。

● 剪切、复制和粘贴是程序之间无须借助磁盘传输数据的最常见的数据共享方式。在这种情况下，传输在内存中通过称为剪贴板（Clipboard）的即时程序实现。图 9-7 说明了这个传输过程。

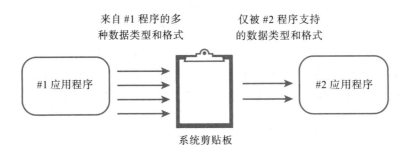

图 9-7　系统剪贴板是应用程序之间复制数据的临时存放处

剪贴板设计用于存放各种不同的数据类型。Windows 中常见的有文本、图片和声音。这些数据类型可以是各种格式——例如，文本可以是普通文本格式、HTML格式和丰富文本格式。图片可以是位图、图元文件或者 .tifs 文件。

当用户进行复制或者剪切时，所选数据被放进剪贴板中。当进行粘贴时，剪贴板中的数据就复制到目标应用程序中。一些应用程序可能只接受特定数据类型和格式——例如，绘图程序只接受图片，而不接受文本。

如果某种程序进行兼容性测试，就要确认其可以利用剪贴板与其他程序正确地相互复制数据。这个特性实在太常用了，以致人们想不起来其背后还有大量代码来保证正常工作，与众多不同软件保持兼容。

● DDE（发音为 D-D-E）、COM（Component Object Model）和 OLE（发音为 oh-lay）是 Windows 中在两个程序之间传输数据的方式。DDE 表示动态数据交换，而 OLE表示对象链接和嵌入。其他平台也支持类似的方法。

出于本书的写作目的，不必深究这些技术的细枝末节，在此仅介绍一下这两种方法和剪贴板的主要差别，DDE 和 OLE 数据可以实时地在两个程序之间流动。剪切和复制是手工操作，有了 DDE 和 OLE，数据传输可以自动进行。

这些技术的用法示例是在文字处理程序编制的报告中包含电子表格程序创建的饼图。如果报告的作者在报告中复制并粘贴该饼图，这就是数据某一时刻的快照。然而，如果作者把饼图作为一个对象与报告链接，那么，当饼图数据发生变化时，新图表就会自动出现在报告中。

这是很有意思的，但是对于保证所有对象正确链接、嵌入和数据交换的测试却是一个挑战。

🖐 小　结

本章介绍了兼容性测试的基本知识。实际上这个主题可以写整整一本书，单单一章不足以讲清楚。每一种平台和应用程序都是唯一的，一个系统上的兼容性问题与另一个系统可能完全不同。

  软件测试新手可能受命对软件进行兼容性测试。既然这是一个庞大而复杂的任务，因而由新手做显得有些奇怪，但是总要做其中的一些工作。如果测试对象是新操作系统，就可能只要求对文字处理程序和图形程序进行兼容性测试。如果测试对象是应用程序，就可能要求在多个不同的平台上进行兼容性测试。

  如果在进行测试时记住以下 3 点，就可以得心应手地处理上述每一种任务：

- 对兼容软件的所有可能选择进行等价划分，使其成为可以控制的范围。当然，项目经理要认可测试清单，并接受由于未完全测试而引起的风险。
- 研究适用于测试软件的高级 / 低级标准和规范。把它们当作产品说明书的补充内容。
- 测试软件程序之间不同的数据流动方式。其中的数据交换就是程序之间保持兼容的因素。

◎ 小测验

以下是帮助读者加深理解的小测验。答案见附录 A——但是不要偷看！

1. **判断是非**：所有软件必须进行某种程度的兼容性测试。
2. **判断是非**：兼容性是一种产品特性，可以有不同程度的符合标准。
3. 如果受命对产品的数据文件格式进行兼容性测试，应该如何完成任务？
4. 如何进行向前兼容性测试？

CHAPTER 10

第 10 章

外国语言测试

Si eres fluente en más de un idioma y competente probando programas de computadora, usted tiene una habilidad muy deseada en el mercado.

Wenn Sie eine zuverläßig Software Prüerin sind, und fließend eine fremd sprache, ausser English, sprechen können, dann können Sie gut verdienen.

翻译上述西班牙文和德文的意思是：如果你是有竞争力的软件测试员，并且熟练掌握除英语之外的一门外语，你就有了很有价值的技能。

当今大多数软件发布范围是全世界，而不仅仅是某一个国家、某一种语言。Microsoft 的 Windows XP 支持 106 种不同的语言和方言，从阿富汗语到匈牙利语到祖鲁语。大多数其他公司也这样做，因为意识到英语国家的市场不过是潜在客户的一小半。为在全球发布而进行软件设计和测试具有商业上的重大意义。

本章讲述如何测试为其他国家和语言编写的软件。这似乎是一个直接的过程，但是事实上不然，下面将讲述其原因。

本章重点包括：

- 为什么只进行翻译是不够的
- 单词和文本受何影响
- 足球和电话为什么重要
- 配置和兼容性问题
- 测试其他语言有多大的工作量

10.1 使文字和图片有意义

看到过按外语字面意思粗劣翻译过来的某个器械或者玩具的用户手册吗？"把第 5 个螺栓穿过绿杆拧紧在螺母上。"什么意思？

这就是粗劣的翻译（translation）。如果在制作外国语软件时不多花心思，则软件对于不讲英语的用户可能就是这样的感觉。逐字直译单词是容易的，但要想使整个操作提示意思明确、实用，就需要投入更多的时间和精力。

好的翻译工作者可以做到这一点，如果对两种语言都很熟练，就能够将外文翻译得读起来和原文一样。遗憾的是，在软件行业中甚至连一个像样的好翻译都找不到。

以西班牙文为例。把英语翻译成西班牙文应该是轻而易举的事，对吧？那么是指哪个国家的西班牙文？西班牙的西班牙文吗？哥斯达黎加、秘鲁或多米尼加共和国的西班牙文呢？它们都是西班牙语国家，但是语言有极大差异，为一个国家编写的软件不能被其他国家很好地接受。即使英语也有同样的问题。不仅有美国英语，还有加拿大、澳大利亚和英国英语。在文字处理程序中可以令人惊奇地找到 colour、neighbour 和 rumour 这样的单词。

除了语言，还需要考虑地域（region 或 locale）——用户的国家和地理位置。使软件适应特定地域特征，照顾到语言、方言、地区习俗和文化的过程称为本地化（localization）或国际化（internationalization）。测试此类软件称为本地化测试。

10.2 翻译问题

虽然翻译只是整个本地化工作的一部分，但是从测试角度看这是重要的一环，最明显的问题是如何测试用其他语言做的产品。那么，软件测试员或者测试小组至少要对所测试的语言基本熟悉，能够驾驭软件，看懂软件显示的文字，输入必要的命令执行测试。现在也许要申请一直没时间上的斯洛文尼亚语公共大学课程了。

> 软件测试小组一定要有人对测试的语言比较熟悉。当然，如果程序附带 32 种语言，难度就太大了。解决方法是委托本地化测试公司进行测试。全世界有许多这样的公司，它们几乎可以进行任何一种语言的测试。更多详情可以在因特网上查找"本地化测试"相关的主题。

不要求测试小组中的每一个人会说软件所用的当地语言，只需要有一个人会就行了。不知道单词如何说也可以检查许多内容。学会一点语言肯定会有帮助，但是从下面的讲述中可以看到没有特别流利的外语水平也可以进行许多测试工作。

10.2.1 文本扩展

可能出现的翻译问题中最直接的例子来自于文本扩展（text expansion）。虽然英语有时显得比较口罗唆，但是实践证明，当英语被翻译为其他语言，用来表达同一事物时往往需要加一些字符。图 10-1 显示了放置两个常用计算机用词的按钮被翻译成外国语时长度扩展的情形。一个好的大拇指规则是每个单词长度预计增加 100%——例如一个按钮上；语句和短小段落长度预计增加 50%——通常是在对话框和错误提示信息中的短语。

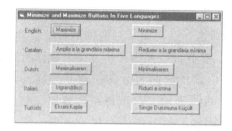

图 10-1　单词 Minimize 和 Maximize 翻译成其他语言时长度发生很大的变化，
迫使用户界面被重新设计以容纳它们

因为这些扩展现象，所以必须仔细测试可能受到变长了的文本影响的软件部分。要找出没有正确换行、截断的和连字符位置不对的文本，这种现象可能出现在任何地方——屏幕、窗口、框体和按钮等。还要找到虽然文本有足够的扩展空间，但这是通过把其他的文本挤出去来实现的情况。

变长了的文本还可能导致主程序失败，甚至系统崩溃。程序员可能为英语文本信息分配了足够的内存，但是对于翻译文本字符串就不够了。软件的英文版可能工作正常，但是德文版可能在显示信息时崩溃。白盒测试员即使不认识任何外语单词，也可以发现这个问题。

10.2.2　ASCII、DBCS 和 Unicode

第 5 章"带上眼罩测试软件"简要地讨论了 ASCII 字符集。ASCII 只能表示 256 种不同的字符——远不足以表示所有语言的全部字符。当开始为不同语言开发软件时，就需要找到克服该限制的解决方案。在 MS-DOS 时代常用的一个方法是使用称为代码页（code pages）的技术，而且今天仍然在沿用。代码页实质上是 ASCII 表的替换，每一种语言用一个不同的代码页。如果在法国的 PC 上软件在用魁北克语运行，就会读入并使用支持法文字符的代码页。俄罗斯对西里尔字符使用另一个不同的代码页，依此类推。

这个方法虽然有点笨，毕竟对少于 256 个字符的语言还是可行的，但是像中文、日文等包含数千个象形字符的语言就会出现问题。某些软件使用称为 DBCS（双字节字符集）的系统提供对超过 256 个字符的语言的支持。用两个字节代替一个字节来表示最多可容纳 65 536 个字符。

代码页和 DBCS 在许多情况下已经足够了，但是会遇到一些问题，最重要的是兼容性的问题。如果在德国计算机上运行英国文字处理程序，读入一个希伯来文档，结果可能乱七八糟。没有相应的代码页或者相互之间的转换，字符就不能正确解释，甚至根本认不出来就不能解释。

解决这个麻烦的方法是使用 Unicode 标准。

Unicode 为每一个字符提供唯一编号，

无论何种平台，

无论何种程序，

无论何种语言。

——"Unicode 是什么"引自 Unicode 学会网站 www.unicode.org

因为 Unicode 是由主要软件公司、硬件生产厂商和其他标准组织所支持的世界标准，所以它变得更加通用。大多数主要软件应用程序都支持它，图 10-2 给出了 Unicode 支持的多种字符。如果软件终究需要进行本地化，软件测试员和程序员就应该摆脱"古老 ASCII 的"的束缚，而转向 Unicode，以节省时间、减少烦恼和软件缺陷。

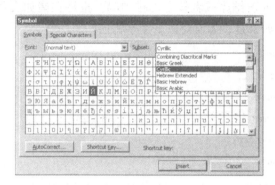

图 10-2 Microsoft Word 对话框显示了 Unicode 标准支持

10.2.3 热键和快捷键

英语单词 Search 用法语说是 Réhercher。如果在软件的英语版中选择 Search 的热键是 Alt+S，那么在法文版中需要进行改变。

在软件的本地化版本中，需要测试所有热键和快捷键工作是否正常，而且使用起来不困难——例如，需要按第 3 个键。同时，不要忘记检查英文热键和快捷键是否被禁用。

10.2.4 扩展字符

本地化软件，甚至非本地化软件中存在的一个常见问题是扩展字符（extended character）的处理。回顾古老的 ASCII 码表，扩展字符是指普通英文字母 A~Z 和 a~z 之外的字符。这样的例子有重音字符（例如 José 中的 é 和 EI Niño 中的 ñ），还包含许多在键盘上见不到的象形字符（如☺ ♥ ♪等）。如果软件中使用 Unicode 或者正确地组织代码页或者 DBCS 来编写，这就不成问题，但是软件测试员从来不假设，因此这值得检查。

测试扩展字符的方法是找出软件中所有接受字符输入和输出之处。在每一处都尝试使用扩展字符，看能否与常规字符一样处理。对话框、登录画面和所有文本域都是合适的对象。通过调制解调器可以收发扩展字符吗？能使用扩展字符命名文件，甚至在文件中包含扩展字符吗？它们能否正确打印？在程序之间剪切、复制和粘贴扩展字符会怎样？

> 技巧 测试扩展字符是否被正确处理的最简单的方法是，把它们加入测试的标准字符所在的等价划分中。和处于 ASCII 表边界上容易导致软件缺陷的字符一起，加进一个 Æ、一个 Ø 和一个 β。

10.2.5　字符计算

与扩展字符有关的问题是软件在对其进行计算时如何解释。关于这方面的两个例子是文字排序和大小写转换。

测试的软件对文字列表排序或者按字母排列吗？也许在诸如文件名、网站地址等可选项目的列表框中进行？如果是，如何对以下文字排序？

Kopiëren	*Reiste*
Ärmlich	*Arg*
Reiskorn	*résumé*
Reißaus	*kopieën*
reiten	*Reisschnaps*
reißen	*resume*

如果测试的软件在亚洲地区销售，那么是否意识到排序的依据是书写字符的笔画次序？上面的列表如果用中文写，排列次序就完全不同。要弄清楚测试的语言采用什么样的排序规则，并开发测试用例专门检查排列次序的正确性。

扩展字符计算打破的另一个领域是大小写转换。这是一个问题，因为许多程序员在学校学会的大小写转换"技巧"是在字母的 ASCII 值上加 / 减 32 实现大小写转换。在 A 的 ASCII 值上加 32，就得到 a 的 ASCII 值。遗憾的是，这不适用于扩展字符。如果对 Apple Mac 扩展字符集运用该技术，就会把 Ñ（ASCII 值为 132）转换为 §（ASCII 值为 164），而不是 ñ（ASCII 值为 150）——不是预期的结果。

分类和按字母顺序排列只是两个例子。仔细查看软件确定是否还有对字母或文字进行计算的其他情况，比如拼写检查？

10.2.6　从左向右和从右向左读

翻译中有一个大难题是某些语言（例如希伯来文和阿拉伯文）从右向左读，而不是从左向右读。想象一下把整个用户界面镜像翻转是什么情形。

幸好大多数主要操作系统提供了处理这些语言的内部支持。如果没有这一点，完成任务几乎是不可能的。即便如此，翻译这样的文本也不是容易的事。利用操作系统的特性来实现这些需要大量的编程工作。从测试的角度看，把它当作全新的产品，而不仅是本地化产品比较稳妥。

10.2.7　图形中的文字

另一个翻译问题是处理图形中的文字。图 10-3 给出了几个例子。

图 10-3 中的图标是选择粗体、斜体、下划线和字体

图 10-3　Word 2000 中有难以翻译的位图文字的一些例子

颜色的标准图标。由于它们使用英文字母 B、I、U 和 A 表示，因此对不讲英文的日本人毫无意义。它们还借助外观表达含义——B 有一点黑，I 是倾斜的，U 下方有一条线——但是软件不是猜谜。

它的影响是当软件本地化时，每一个图标都要改变，以反映新的语言。如果有不少这样的图标，本地化程序就会耗资巨大。要在开发周期的早期找出图形文本软件缺陷，而不要留到最后发现。

10.2.8　让文本与代码脱离

最后要讨论的翻译问题是白盒测试问题——让文本与代码脱离。这句话的意思是说所有文本字符串、错误提示信息和其他可以翻译的内容都应该存放在与源代码独立的文件中。应该杜绝如下代码：

```
Print "Hello World"
```

大多数本地化人员不是程序员，也没有必要是。让他们修改源代码，进行语言翻译，既没有把握又有风险。他们要修改的是称为资源文件（resource file）的简单文本文件，该文件包含软件可以显示的全部信息。当软件运行时，通过查找该文件来引用信息，不管信息的内容是什么。无论信息是英文或丹麦文，都按照原文显示。

这就是说，对于白盒测试员来说，检查代码，确保没有任何嵌入的字符串未出现在外部文本文件中很重要。如果在西班牙语程序中的一个重要错误提示信息以英语的方式出现将是很令人尴尬的。

这个问题的另一个变化形式是当代码动态生成文本信息时。例如，它可能用一些文本碎片拼凑成一个大的提示信息。代码可能把以下 3 个字符串

1）"You pressed the"

2）包含用按键名称的变量字符串

3）"key just in time!"

放在一起组成一条提示信息。如果变量字符串的值为 stop nuclear reaction，整条信息就是：

You pressed the stop nuclear reaction key just in time!

问题在于各种语言的文字顺序是不一样的。虽然在英文中可以很好地拼在一起，但是用中文甚至德文独立翻译每一个短语，拼在一起就会发生混乱。所以不要把字符串直接放进代码，也不要用代码来连接字符串。

10.3　本地化问题

如前所述，翻译问题只是全部问题的一半。翻译文字和允许字符串包含不同字符和长度都不难。难的是修改软件使其适应国外市场。

提示 还记得第 3 章"软件测试的实质"中的一些术语（精确、准确、可靠性和质量）吗？

经过准确翻译和仔细测试的软件是精确和可靠的，但是如果程序员不考虑本地化的问题，程序就可能不够准确和高质量。一个软件可能外观和感觉很佳、容易理解、极其稳定，但是对于其他地方的人来说，它可能是完全错误的。首先保证产品正确地本地化，才能谈到下一步。

10.3.1 内容

如果用美国英语编写的新软件百科全书包含如图 10-4 所示的内容，美国人会怎么想？

英国足球　　　　　女王　　　　　　电话亭　　　　　左侧行驶

图 10-4　美国百科全书中包含这些内容样本是不可思议的

在美国，soccer ball（美式足球）与 football（英式足球）不是一回事！司机不能左侧行驶！这些对美国人来说可能不对，但是在其他国家则可能是千真万确的。如果测试将要本地化的产品，就需要仔细检查内容，以确保其适应使用该软件的地区。

这里所说的内容是指产品中除了代码之外的所有东西（参见第 2 章"软件开发的过程"）。以下清单给出了解决本地化问题要仔细审查的各类内容。不要把它当作完整清单，根据具体产品还有更多例子。考虑一下软件如果输送到其他国家还会有哪些内容可能出问题。

范例文档　　　　　　　　图标
图片　　　　　　　　　　声音
视频　　　　　　　　　　帮助文件
有边界争端的地图　　　　市场宣传材料
包装　　　　　　　　　　Web 链接

鼻子太长

1993 年，Microsoft 公司发布了两个儿童产品 Creative Writer 和 Fine Artist。这两个产品用一个名叫 McZee 的助手形象来指导孩子使用软件，为选择 McZee 的外貌、肤色、举止和个性等，公司进行了大量研究。最后他变成了一个面目奇特的家伙，龅牙、深紫色皮肤、大鼻子。

遗憾的是，花费巨大精力绘制完这个将在屏幕上出现的动画人物之后，从 Microsoft 国外办事处来了一个电话。他们曾经拿到了该软件的预览版，经过审查之后认为无法接受。原因如下：McZee 的鼻子太长了。在他们的文化中，有大鼻子的人不是一般人，大鼻子总是令人与各种反面人物形象联系起来。他们说除非该产品针对该地区进行本地化，否则根本没人买。

由于为每一个市场单独创造不同的 McZee 形象代价太高了，因此大鼻子的 McZee 艺术形象被抛弃，而采用第一次为他设计的鼻子形象。

最后要说的是，软件中包含的内容无论是文字、图形、声音还是别的，都特别容易引起本地化问题。在测试有关内容的这些问题时，如果对使用软件的地区文化不了解，一定要找一个熟悉该地区文化的人帮忙。

10.3.2 数据格式

不同的地区在诸如货币、时间和度量衡上使用不同的数据单位格式。与内容一样，这些是本地化问题，而不是翻译问题。一个用美国英语发布，使用英寸的程序不能只靠文本翻译变为使用厘米，而是需要修改代码，以改变基本的公式和网格线等。

表 10-1 给出了在测试本地化软件时需要熟悉的不同种类的单位。

表 10-1　本地化软件的数据格式问题

单 位	问 题
度量单位	米制还是英制：米和英尺（1 英尺 =0.3048 米）
数字	逗号、小数点或者空白分隔符；负数表示法；＃号对数字的表示；1.200,00 和 1200.00 或 –100 和 (100)
货币	不同的符号及其位置：30？和？30
日期	年月日的顺序；分隔符；前导零；长格式和短格式：dd/mm/yy 和 mm/dd/yy 或 May 5,2005 和 15 de mayo 2005
时间	12 小时制还是 24 小时制；分隔符：3:30pm 和 15:30
日历	不同的日历和起始日期：在有的国家星期天不是一周的第一天
地址	行次序；使用的邮政编码：98072 和 T2N 0E6
电话号码	圆括号还是短线分隔符：(425)555-1212 和 425-555-1212 和 425.555.1212
纸张大小	不同的纸张和信封尺寸：美式信封和 A4

幸运的是，大多数设计用于多个地区的操作系统都支持这些不同的单位及其格式，图 10-5 给出了一个取自 Windows 的例子。有了这种内置支持，程序员编写本地化软件就容易多了，但是也并非绝对安全。

> **注意** 软件内部处理单位的方式并不需要和单位的显示方式一致。例如，在区域设置程序中的日期选项卡上显示了短日期格式 m/d/yy。这并不是说操作系统只处理两位数字的年份（这样会出现千年虫问题）。在这种情况下，该设置仅意味着显示两位数字的年份，操作系统仍然支持 4 位数字的年份的计算。这是测试时要多考虑的一件事。

如果测试本地化软件，就需要对当地使用的度量单位非常熟悉。为了正确测试软件，需要从原版软件创建的测试数据中建立不同的等价划分。

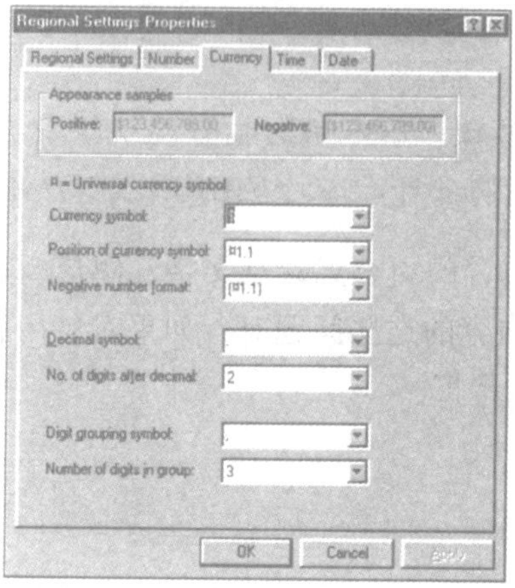

图 10-5　Windows 的区域设置选项允许用户选择数字、货币、时间和日期的显示方式

10.4　配置和兼容性问题

第 8 章 "配置测试" 和第 9 章 "兼容性测试" 中关于配置和兼容性测试的信息，对于软件本地化版本测试相当重要。测试软件与各种硬件和软件交互时出现的问题在遇到全新且不同的组合时会愈发扩大。此类测试不一定更加困难，只是任务量更大了。这也对寻找和获取用于测试的国外版本硬件和软件的后勤准备工作提出了更多的任务。

10.4.1　国外平台配置

Windows XP 支持 106 种不同的语言和 66 种不同的键盘布局，通过 Control Panel 的 Keyboard Properties 对话框来设置，如图 10-6 所示。选择语言的下拉列表从阿富汗语到乌克兰语，包括美国英语之外 8 种版本的英语（澳大利亚、英格兰、加拿大、加勒比、爱尔兰、牙买加、新西兰和南非）、5 种德语分支和 20 种西班牙语分支。

图 10-6　Windows 通过 Keyboard Properties 对话框支持使用不同的键盘和语言

图 10-7 给出了设计用于不同国家的三种键盘布局的示例。请注意每一种键盘都有自己语言的专用键，同时也有英文字母键。这很正常，因为英语是许多国家的第二语言，这样就允许该键盘用于同时使用当地语言和英语的软件。

图 10-7　阿拉伯、法国和俄罗斯键盘支持本国语言的专用键（www.fingertipsoft.com）

键盘也许是语言依赖性最大的硬件，但是根据测试内容，还有很多其他硬件也是如此。例如，打印机需要打印出软件发送的所有字符，并且在不同国家使用的各种规格纸张上以正确格式输出结果。如果软件使用调制解调器，就可能存在与电话线或者通信协议差异有关的问题。从根本上讲，软件可能会用到的任何外设都要在平台配置和兼容性测试的等价划分中考虑。

> 在设计等价划分时，不要忘了应该考虑构成平台的所有硬件和软件，包括硬件本身、设备驱动程序和操作系统。在 Mac 机上使用法文打印机、英文操作系统以及德文版的软件，有可能是一种非常合理的用户配置。

10.4.2　数据兼容性

与平台配置测试一样，当增加了本地化问题之后，数据的兼容性测试也具有了全新的意义。图 10-8 说明了在两个应用程序之间转移数据可能会变得非常复杂。在该例中，使用公制单位和扩展字符的德文应用程序可以通过读写磁盘或者剪切、粘贴操作把数据移至法文程序中。然后法文应用程序可以导出数据，再导入英文应用程序中，英文程序使用英制单位和非扩展字符，然后再把数据移回原来的德文应用程序中。

在这个循环往复的数据传输过程中，由于存在所有的度量单位和扩展字符转换和处理，因此很多地方可能有软件缺陷。其中一些软件缺陷可能源于设计上的判断，例如，在应用程序之间移动数据时如果需要改变格式会怎样？格式会自动转换，还是会提示用户做出判断？会显示错误提示还是坚持移动数据并更改单位？

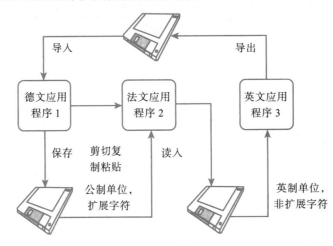

图 10-8   本地化软件的数据兼容性测试可能会变得非常复杂

在测试本地化软件的兼容性之前需要回答这些重要的问题。一旦明确了这些问题，就可以正常进行兼容性测试了——只需要在等价划分中增加一些测试用例。

10.5   测试量有多大

围绕本地化测试的不确定问题是软件测试工作量究竟有多大。假如花了 6 个月测试美国英文版，那么测试法文本地化版本也要花 6 个月吗？会不会因为配置和兼容性问题增加而花费更多时间？

这个复杂的问题落到了两个问题上：

- 项目从一开始就计划本地化了吗？
- 本地化版本中更改程序代码了吗？

如果软件从一开始设计就考虑到了本章所述的问题，那么本地化版本中包含更多软件缺陷和增大测试量的风险就很小。相反，如果软件专门为美国英语市场编写，后来决定本地化为其他语言，那么明智的做法是把软件当作需要进行全部测试的全新版本。

> 🔍 注意   本地化测试量的要求是一个有风险的抉择，与所有的测试一样。随着测试经验的增长，就会知道决定过程中有哪些变数。

另一个问题关系到整个软件产品中什么需要改变。如果本地化工作只限于修改诸如文本和图形等内容——不是代码——测试工作可能只是对改动进行合法性检查。但是，如果因为低劣的设计或者其他问题，基本代码必须改变，就要考虑测试代码，并且检查功能和内容。

软件本地化了吗？

计划要对软件产品进行本地化的开发小组采用的一个方法是测试本地化能力（localizability）。也就是说，他们测试产品的第 1 个版本，假设它最终被本地化。白盒测试员检查代码中的文本字符串、度量单位处理、扩展字符以及其他代码级问题。他们甚至会创建"伪"本地化版本。黑盒测试员仔细审查说明书和产品本身，检查诸如图形、文本和配置等本地化的问题。他们会利用"伪"版本进行兼容性测试。

最终，当产品本地化时，许多在后面才会出现的问题已经被找出并修复了，本地化工作变得比较轻松，费用也不高。

小 结

Ha Ön egy rátermett és képzett softver ismer?, és folyékonyan beszél egy nyelvet az Angolon kívül, Ön egy nagyon piacképes szakképzett személy.

这段话与本章开始的一段一样——不过这回是用匈牙利文写的。看不懂没关系。从本章所述可知，了解语言只是整个本地化产品测试的一部分。通过检查产品的本地化能力和测试不依赖语言的领域，可以做很多的工作。

假如读者熟练掌握除英语之外的另一种语言，请继续阅读本书，学会在软件测试中所有可以做的工作。随着经济全球化和计算机技术在世界范围的广泛应用，你将会像匈牙利习语中说的那样"具有相当满足市场需求的技能"。

关于 Windows 的本地化编程和测试的详情，请访问 www. microsoft.com/globaldev。对于 Mac 系统，请参见 Apple 的网站 www.developer.apple.com/intl/localization/tools. html。Linux 程序员和测试员在站点 www.linux.com/howtos/HOWTO-INDEX/otherlang. shtml 可以找到本地化的内容。

小测验

以下是帮助读者加深理解的小测验。答案参见附录 A——但是不要偷看！

1. 翻译和本地化有何区别？
2. 要了解他国语言才能测试本地化产品吗？
3. 什么是文本扩展，由此可能导致什么样的常见软件缺陷？
4. 指出扩展字符可能导致问题的一些领域。
5. 使文本字符串与代码脱离为什么重要？
6. 说出在本地化程序之间可能变化的一些数据格式类型。

第 11 章

易用性测试

软件编出来是要用的。这是明摆着的,但是有时在忙于设计、开发和测试复杂产品时就会忘记这一点。开发小组在编写代码的技术方面投入了太多的时间和精力,然而却忽视了软件最重要的方面——最终的使用者。软件是嵌入微波炉、电话交换站还是因特网股票交易网站其实无所谓,最终那些位和字节要呈现在需要交互的活生生的用户面前。易用性(Usability)是交互的适应性、功能性和有效性的集中体现。

大家可能听说过人体工程学(ergonomic)这一术语,这是一门将日常使用的东西设计为易于使用和实用性强的学科。人体工程学的主要目标是达到易用性。

本章短短十几页不会使读者获得 4 年人体工程学学位的知识,也没有必要这样做。记住第 1 章"软件测试的背景"中构成软件缺陷的第 5 条规则:软件难以理解、不易使用、运行缓慢或者从测试员的角度看最终用户会认为不好。这就是易用性测试的空白检查。

软件测试员也许是除程序员以外第一个使用软件的人。我们已经熟悉了产品说明书,调查了客户是哪些人。如果在测试过程中,测试员使用软件都出现问题,客户也会有同样的问题。

因为有众多不同类型的软件,所以不可能细讲所有软件的易用性问题。核反应堆关闭顺序的易用性与语音信箱菜单系统的易用性大不相同。本章讲述寻找目标的基本方法——倾向每天在 PC 上使用的那些软件。然后,把从中所得运用到任何要测试的软件上。

本章重点包括:

- 易用性测试包括什么
- 在测试用户界面时要找什么
- 有残疾障碍的人员需要哪些特殊的易用性功能

11.1 用户界面测试

用于与软件程序交互的方式称为用户界面或 UI。所有软件都有某种 UI,纯粹主义者可能会说这不对,像汽车中控制发动机空燃比的软件就没有用户界面。事实上,它只是没有传统的 UI，但是施加力量、拉动风门并从排气管听到噼啪的响声就是真正的用户界面。

大家都熟悉的计算机 UI 随着时间推移发生了变化。早期的计算机有触发开关和发光二极管。纸带、穿孔卡和电传打字机是 20 世纪 60 年代和 70 年代最流行的用户界面。接着出现了视频监视器和简单的行编辑器，例如 MS-DOS。现在我们使用的个人计算机都有复杂的图形用户界面（GUI）。很快我们将可以像和人进行语言交流一样对 PC 讲，听 PC 说。

虽然这些 UI 各不相同，但是从技术上讲，它们与计算机进行同样的交互——提供输入和接受输出。

11.2 优秀 UI 由什么构成

许多软件公司花费大量时间和金钱研究设计软件用户界面的最佳方法。他们用上了由人体工程学专家运作管理的专业易用性实验室。这些实验室装备了单向透光镜和视频摄像机记录用户使用软件的情况。对用户（主体）所做的任何行为，从按下哪个键，如何使用鼠标，到犯什么样的错误，对什么感到困惑，都加以分析，以改进 UI 的设计。

那么，软件测试员对如此细致和科学的过程能做些什么呢？在说明和编写软件时，就应该有一个完美的 UI。但是，如果真是这样，为什么有那么多 VCR 莫名其妙地闪烁显示 12:00 字样呢？

首先，并非每一个软件开发小组都那么科学地设计界面。许多 UI 是程序员胡乱拼凑的——他们可能善于编写代码，但是不一定是人体工程学专家。其他原因可能是技术局限或者时间限制，使 UI 成了牺牲品。如第 10 章"外国语言测试"所述，原因也许是软件没有正确本地化。总之，软件测试员要负责测试软件的易用性，包括其用户界面。

软件测试员可能没有意识到自己在测试 UI 方面受到了正确的培训，但事实确实这样。记住，软件测试员不需要去设计 UI，只需要把自己当作用户，然后去找出 UI 中的问题。

下面是优秀 UI 具备的 7 个要素。无论 UI 是电子表还是 Mac OS X 界面，它们都适用。

- 符合标准和规范
- 直观
- 一致
- 灵活
- 舒适
- 正确
- 实用

如果阅读有关 UI 设计的书籍，还会看到其他一些重要的特性，其中大多数来源于或者附属于这 7 个要素。例如，"容易学习"没有在上面列出，但是如果既直观又一致，就容易学习。假如软件测试员专心于保证软件的 UI 符合这些原则，就能得到修补得好的界面。以下各节详细讨论每一个要素。

11.2.1   符合标准和规范

最重要的用户界面要素是软件符合现行的标准和规范——或者有真正站得住脚的不符合的理由。如果软件在 Mac 或者 Windows 等现有的平台上运行，标准是已经确立的。Apple 的标准在 Addison-Wesley 出版的《 Macintosh Human Interface Guidelines 》一书中定义，也可在线获得，站点为 developer.apple.com/documentation/mac/HIGuidelines/HIGuidelines-2.html。而 Microsoft 的标准在 Microsoft Press 出版的《 Microsoft Windows User Experience 》一书中定义，在线版本的站点为 msdn. microsoft.com/library/default.asp?url=/library/ en-us/dnwue/html/welcome.asp。

两本书都详细地说明了该平台上运行的软件对用户应该有什么样的外观和感觉。每一点都进行了定义，从何时使用复选框而不是单选按钮（即何时两种选择状态是完全相反的或者不清楚），到何时使用提示信息、警告信息或者关键信息，如图 11-1 所示。

图 11-1   曾经注意到 Windows 中有 3 种级别的信息吗？ Windows 用户界面标准中定义每一种信息使用的时机和方式

> 注意　如果测试在特定平台上运行的软件，就需要把该平台的标准和规范作为产品说明书的补充内容。像对待产品说明书一样，根据它建立测试用例。

这些标准和规范由软件易用性专家开发（但愿如此）。它们是经由大量正规测试、使用、尝试和错误而设计出的方便用户的规则。如果软件严格遵守这些规则，优秀 UI 的其他要素就自然具备。因为开发小组可能想对标准和规范有所提高，或者规则不能完全适用于软件，所以并不会完全遵守这些规则。在这种情况下，软件测试员就需要真正注意易用性问题。

平台也可能没有标准，也许测试的软件就是平台本身。在这种情况下，设计小组可能成为软件易用性标准的创立者。不能想当然地接受别人制定的规则，并且优秀用户界面的其余要素更有必要遵守。

11.2.2   直观

1975 年，第 1 台个人计算机 MITS（微型仪器遥测系统）Altair 8800 面世了。它的用户界面（见图 11-2）除了开关和指示灯外一无所有——使用起来特别不直观。

Altair 是为计算机爱好者设计的，他们对于用户界面问题极其宽容。今天，用户对软件的要求远比 Altair 8800 所能提供的高多了。每一个人——从老太太到小孩子到专家博士都在日常生活中使用计算机。具有极其直观 UI 的计算机就是人们甚至没有意识到自己正在使用的那种计算机。

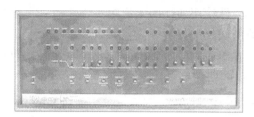

图 11-2 MITS Altair 8800 及其不直观的用户界面（照片取材于美国计算机博物馆 www.computer-museum.org）

在测试用户界面时，考虑以下问题，以及如何用来衡量软件的直观程度：

- 用户界面是否洁净、不唐突、不拥挤？UI 不应该为用户使用制造障碍。所需功能或者期待的响应应该明显，并在预期出现的地方。
- UI 的组织和布局合理吗？是否允许用户轻松地从一个功能转到另一个功能？下一步做什么明显吗？任何时刻都可以决定放弃或者退回、退出吗？输入得到确认了吗？菜单或者窗口是否太深了？
- 有多余功能吗？软件整体抑或局部是否做得太多？是否有太多特性把工作复杂化了？是否感到信息太庞杂？
- 如果其他所有努力失败，帮助系统真能帮忙吗？

11.2.3 一致

被测试软件本身以及与其他软件的一致是一个关键属性。用户使用习惯了，希望对一个程序的操作方式能够带到另一个程序中。图 11-3 给出了本应符合一个标准，但却不一致的两个 Windows 应用程序的例子。在记事本程序中，Find 命令通过 Search 菜单或者按 F3 键访问。在与其非常类似的写字板程序中，Find 命令通过 Edit 菜单或者按 Ctrl+F 组合键访问。

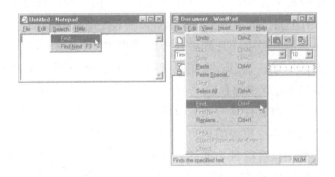

图 11-3 Windows 记事本程序和写字板程序在 Find 特性的访问方式上不一致

像这样的不一致会使用户从一个程序转向另一个程序时有挫折感。同一个程序中的不一致就更糟糕。如果软件或者平台有一个标准，就要遵守它。如果没有，就要注意软件的特性，确保相似操作以相似的方式进行。在审查产品时想一想以下几个基本术语：

- 快速键和菜单选项。在语言信箱系统中，按 0 键，而不按其他数字，几乎总是代表接通某人的"拨出"按钮。在 Windows 中，按 F1 键总是得到帮助信息。

- 术语和命名。整个软件使用同样的术语吗？特性命名一致吗？例如，Find 是否一直叫 Find，而不是有时叫 Search？
- 听众。软件是否一直面向同一级别的听众？带有花哨用户界面的趣味贺卡程序不应该显示泄露技术机密的错误提示信息。
- 诸如 OK 和 Cancel 按钮的位置。大家是否注意到 Windows 中 OK 按钮总是在上方或者左方，而 Cancel 按钮总是在下方或者右方？键盘上对应按钮的等价按键也应该一致。例如，Cancel 按钮的等价按键通常是 Esc，而 OK 按钮的等价按钮通常是 Enter。

11.2.4　灵活

用户喜欢选择——不要太多，但是足以允许他们选择想要做的和怎样做。Windows 计算器程序（见图 11-4）有两种视图：标准型和科学型。用户可以决定用哪个来完成计算，或者选择最喜欢用哪个。

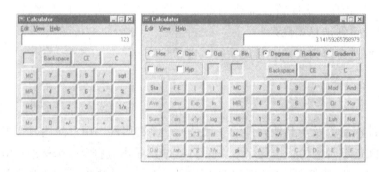

图 11-4　Windows 计算机程序通过两种视图体现了灵活性

当然，灵活性也带来了复杂性。在计算器例子中，两个视图就需要比只有一个视图进行更多测试。灵活性对于测试的影响主要在第 5 章所讲的状态和数据：

- 状态跳转。灵活的软件在实现同一任务上有更多种选择和方式。结果是增加了通向软件各种状态的途径。状态转换图将变得更加复杂，软件测试员需要花费更多时间决定测试哪些相互连接的路径。
- 状态终止和跳过。当软件具有用户非常熟悉的超级用户模式时，显然能够跳过众多提示或者窗口直接到达想去的地方。能够直接拨到公司电话分机的语音信箱系统就是一个例子。测试具有这种功能的软件时，如果中间状态被跳过或提前终止，就需要保证在跳过所有状态或提前终止时变量被正确设置。
- 数据输入和输出。用户希望有多种方法输入数据和查看结果。为了在写字板文档中插入文字，可以用键盘输入、粘贴、从 6 种文件格式读入、作为对象插入，或者用鼠标从其他程序拖动。Microsoft Excel 电子表格程序允许用户以 14 种标准和 20 种自定义图形的形式查看数据。谁知道到底有多少可能的组合？测试进出软件的各种方式，将极大增加必要的工作量，使等价划分难以抉择。

11.2.5 舒适

软件用起来应该舒适，而不应该为用户工作制造障碍和困难。软件舒适性是相当讲究感觉的。研究人员花费了大量的精力设法找出软件舒适的正确公式。这是难以量化的概念，但是可以找到如何鉴别软件舒适性好坏的一些好想法：

- **恰当**。软件外观和感觉应该与所做的工作和使用者相符。金融商业应用程序不应该用绚丽的色彩和音效来表现出狂放的风格。相反，太空游戏可以不管这些规则。软件对于想执行的任务既不要太夸张也不要太朴素。

- **错误处理**。程序应该在用户执行关键操作之前提出警告，并且允许用户恢复由于错误操作而丢失的数据。现在大家认为 Undo/Redo 特性是想当然的，但是在不久之前这些特性根本没有。

图 11-5 状态条显示已经完成了多少工作，还有多少工作没做

- **性能**。快不见得是好事。不少程序的错误提示信息一闪而过，无法看清。如果操作缓慢，至少应该向用户反馈操作持续时间，并且显示它正在工作，没有停滞。如图 11-5 所示的状态条是实现这一点的流行方式。

11.2.6 正确

舒适性要素被公认为是模糊的，要看怎么解释。然而，正确性却不然。测试正确性，就是测试 UI 是否做了该做的事。图 11-6 给出了一个不正确 UI 的例子。

该图显示了一个流行的 Windows 页面扫描程序的消息框。该消息框在扫描开始时出现，旨在为用户提供中止扫描过程的方式。遗憾的是，这行不通。请注意光标是一个沙漏，沙漏意味着（根据 Windows 标准）软件正

图 11-6 软件有一个完全无用的 Abort 按钮

在忙，无法接受输入。那么，为什么还要有一个 Abort 按钮呢？在整个扫描过程中尽可以单击 Abort 按钮，可能会花一分钟或更长的时间，但什么也不会发生。扫描完成之前不会中断。如果用沙漏状的光标单击 Abort 按钮，中止了扫描过程，这是不是个缺陷呢？当然肯定是！

此类正确性问题一般很明显，在测试产品说明书时就可以发现。然而，以下情况要特别注意：

- **市场定位偏差**。有没有多余的或者遗漏的功能，或者某些功能所执行的操作与市场宣传材料不符？注意不是拿软件与说明书比较，而是与销售材料比较。这两者通常不一样。

- **语言和拼写**。有些程序员的拼写和写作水平低劣，常常制造一些非常有趣的用户信息。下面是来自一个流行电子商务网站的订单确认信息——希望读者在阅读时改正它：

下列信息如有不符，请立即与我们联系，以确保及时得到预订的产品。

- **不良媒体**。媒体是软件 UI 包含的所有图标、图像、声音和视频。图标应该同样大，并且具有相同的色调。声音应该具有相同的格式和采样率。在 UI 上选择时应该显示出相应正确的媒体来。
- WYSIWYG（所见即所得）。保证 UI 显示的就是实际得到的。当单击 Save 按钮时，屏幕上的文档与存入磁盘的完全一样吗？从磁盘读出时，与原文档完全相同吗？打印时，输出的文档与屏幕上预览的文档完全匹配吗？

11.2.7　实用

是否实用是优秀用户界面的最后一个要素。请记住，这不是指软件本身是否实用，而仅指具体特性是否实用。软件业界描述不必要或者不合理特性的术语是"跳动的腊肠"（dancing bologna）。想想屏幕上跳来跳去的腊肠——完全没有必要。

在审查产品说明书、准备测试或者执行测试时，想一想看到的特性对软件是否具有实际价值。它们有助于用户执行软件设计的功能吗？如果认为它们没必要，就要研究一下找出它们存在于软件中的原因。有可能存在没有意识到的原因，或者它们就是跳动的腊肠。这些多余的特性，不论是在单人纸牌游戏程序或者心脏监视器中，对用户都是不利的，同时还意味着需要更多的测试工作。

11.3　为残障人士测试：辅助选项测试

易用性测试中的一个严肃主题是辅助选项测试（accessibility testing），也就是为残障人士测试。1997 年度美国普查局的家庭调查机构（SIPP）的报告显示，该国中大约 5300 万人（接近 20% 的人口）有不同程度的残疾。表 11-1 给出了具体年龄分布。

用另一种方法来划分数据显示出，有 770 万人阅读报纸上的文字有困难，有 180 万人是盲人，800 万人听力有障碍。

随着人口老龄化和技术逐步渗透到生活的方方面面，软件易用性日益重要了。

表 11-1　残疾人年龄分布

年　　龄	残疾人百分比
0~24	18%
25~44	13%
45~54	23%
55~64	36%
65~69	45%
70~74	47%
75~79	58%
80 +	74%

残疾有许多种，但只有下列几种残疾对使用计算机和软件会造成极大的困难：

- **视力损伤**。色盲、严重近视和远视、弱视、散光、白内障是视力缺陷的例子。有一种或者多种视力缺陷的人使用软件时存在着独特的困难。想象一下试图看清鼠标的位置或者屏幕上出现的文字或者小图形的情形。如果根本看不见屏幕会怎么样呢？
- **听力损伤**。某些人是全聋或者半聋，听不到特定频率的声音，无法在背景音中分辨出特别的声音。这种人听不到伴随视频的声音、语音帮助和系统警告。

- **运动损伤**。疾病和受伤可以致使人的手或者手臂丧失部分或者全部运动能力。某些人难以正确使用键盘或者鼠标，甚至完全不行。例如，他们可能做不到一次按多个键，甚至不能每次只按一个键，连准确移动鼠标也做不到。
- **认知和语言障碍**。诵读困难和记忆问题可能造成某些人使用复杂用户界面困难。想一想本章前面列出的问题，以及认知和语言障碍对人的影响。

11.3.1　法律要求

幸亏开发残疾人可以使用的用户界面的软件不仅仅是好想法、规范或者标准—而常常是法律。在美国，有 3 条法律适用于该领域，其他国家正在考虑采用类似的法律：

- 美国公民残疾人条例（ADA）声明，15 人以上的商业机构必须在合理范围迁就残疾人就职或者预备就职。ADA 最近应用到了商业因特网网站，强制这些网站要能被公众访问到。
- 居民条例第 508 款与 ADA 非常相同，适用于任何接受联邦基金资助的机构。
- 通信条例第 255 款要求通过因特网、局域网或者电话线传输信息的所有硬件和软件必须能够由残疾人使用。如果不能直接使用，也必须与现有的硬件和软件辅助选项兼容（见第 8 章"配置测试"和第 9 章"兼容性测试"）。

11.3.2　软件中的辅助特性

软件可以有两种方式提供辅助。最容易的方式是利用平台或者操作系统内置的支持。Windows、Mac OS、Java 和 Linux 都在一定程度上支持辅助选项。软件只要遵守启用辅助选项与键盘、鼠标、声卡和显示器通信的平台标准就行了。图 11-7 给出了一个 Windows 辅助选项设置控制面板的例子。

如果测试的软件不在这些平台上运行，或者本身就是平台，就需要定义、编制和测试自己的辅助选项。

后一种情况显然比前一种多出不少测试量，但是也不要轻易相信内置支持。两种情况都需要测试辅助特性，以确保符合要求。

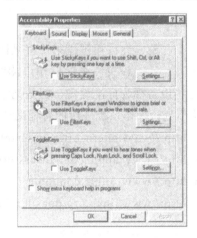

图 11-7　Windows 辅助选项在这个控制面板中设置

🔍 **注意**　如果正在测试产品的易用性，一定要专门为辅助选项建立测试用例。该领域完全测试之后感觉一定不错。

虽然每个平台提供的特性略有不同，但是它们都致力于使软件应用程序更容易启用辅助选项。Windows 提供了以下能力：

- 粘滞键，允许 Shift、Ctrl 或者 Alt 键持续生效，直至按下其他键。
- 筛选键，主要防止简短、重复（无意地）击键被认可。
- 切换键，在 Caps Lock、Scroll Lock 或者 NumLock 键盘模式开启时播放声音。
- 声音卫士，每当系统发出声音时，给出可视警告。
- 声音显示，让程序显示其声音或者讲话的标题。这些标题需要在软件中编制。
- 高对比度，利用为便于视力损伤者阅读而设计的颜色和字体设置屏幕。图 11-8 给出了一个这样的例子。

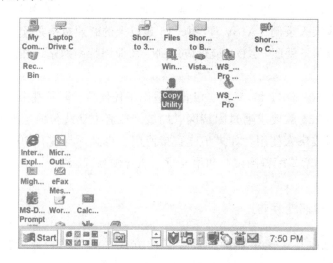

图 11-8　Windows 桌面可以切换为这种高对比度模式，以方便视力损伤者观看

- 鼠标键，允许用键盘来代替鼠标操作。
- 串行键，设置一个通信端口读取来自外部非键盘设备的击键。虽然操作系统会将这些设备视为标准键盘，但是把它们加入配置测试的等价划分是个好主意。

关于流行操作系统平台内置辅助选项的详情，请参见以下网址：

- http://www.microsoft.com/enable
- http://www.apple.com/accessibility
- http://www-3.ibm.com/able
- http://www.linux.org/docs/ldp/howto/Accessibility-HOWTO

小 结

记得第 1 章对软件缺陷的定义吗？软件难以理解、不易使用、运行缓慢或者——从测试员的角度看——最终用户认为不好。

作为检查软件产品易用性的软件测试员，可能是第一个用各种方式使用软件的人，第一个看到软件按照既定的最终形式汇总的人。如果软件对于测试员来说都难以使用或者没有意义，客户也会有同样的问题。

　　总之，不要让易用性测试的模糊性和主观性阻碍测试工作。易用性测试的模糊和主观是固然的，即使设计用户界面的专家也会承认有的地方是这样的。如果测试某个新产品的UI，那么参考本章定义优秀 UI 的列表。如果 UI 不符合这些原则，就是软件缺陷，而如果是易用性缺陷，则可能仅仅是法律上的原因。

小测验

以下是帮助读者加深理解的小测验。答案参见附录 A——但是不要偷看！

1. **判断是非**：所有软件都有一个用户界面，因此必须测试易用性。
2. 用户界面设计是一门科学还是一门艺术？
3. 既然用户界面没有明确的对与错，怎样测试呢？
4. 列举熟悉的产品中设计低劣或者不一致的 UI 例子。
5. 哪 4 种残疾会影响软件的易用性？
6. 如果测试将启用辅助选项的软件，哪些领域需要特别注意？

第 12 章

文 档 测 试

第 2 章 "软件开发的过程"讲述了软件产品由大量工作和为数不少的非软件部分组成。非软件部分主要是文档。

过去，软件文档最多是拷贝到软件安装软盘中的 readme 文件，或者是塞进包装箱的一小张纸。现在软件文档变得越来越大，有时甚至需要投入比制作软件本身还要多的时间和精力。

软件测试员通常不限于仅测试软件，而要负责组成整个软件产品的各种部分。保证文档的正确性也在职责范围之内。

本章讲述测试软件文档的技术，以及如何在整个软件测试工作中将其包含在内。本章重点包括：

- 软件文档的不同类型
- 文档测试为什么重要
- 在测试文档时要找什么

12.1 软件文档的类型

如果软件文档除了简单的 readme 文件再没有其他内容，测试倒不是什么大事。要保证该文档包含应有的所有材料，全部内容从技术角度讲准确无误，还要进行拼写检查和磁盘病毒扫描（为了得到好的评价），这就是文档测试的内容。但是，文档仅由 readme 文件组成的日子已一去不复返了。

现在，软件文档要占到整个产品的一大部分。有时产品看上去好像除了文档之外没什么东西，只有一点点软件放在里面。

以下是可以归类于文档的软件组成部分。显然，每一个软件不一定非要有所有这些部分不可，但是可能会有：

- 包装文字和图形。包括盒子、纸箱和包装纸。文档可能包含软件的屏幕抓图、功能列表、系统要求和版权信息。

- 市场宣传材料、广告以及其他插页。这些常常是人们随手丢弃的纸，但是它们是用于促进相关软件销售的重要工具，同时提供补充内容和服务联系方式等。对于严肃对待它们的客户而言，这些信息必须正确。

- 授权／注册登记表。这是客户注册软件时填写并寄回的卡片，也可以作为软件的一部分，显示在屏幕上让用户阅读、认可，并完成联机注册。

- EULA。发音为"you-la"，代表最终用户许可协议。这是要客户同意条款的法律文书，其中要求用户同意不得复制软件，如果受到软件缺陷的侵害，也不得向生产厂商起诉。EULA 有时打印在装有电子媒体——软盘或者光盘的信封上。它也可能在软件安装过程中弹出显示在屏幕上。图 12-1 给出一个这样的例子。

图 12-1　EULA 是软件文档的一部分，解释使用软件的法律条款

- 标签和不干胶条。它们可能出现在媒体、包装盒或者打印材料上。它们还包括序列号不干胶条和封 EULA 信封的标签。图 12-2 给出了一个磁盘标签的例子，其中所有信息都要检查。

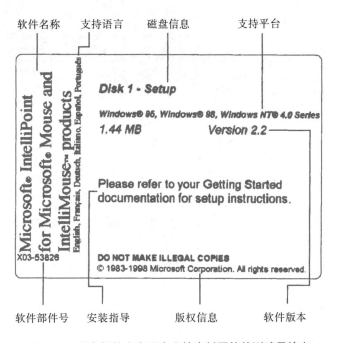

图 12-2　磁盘标签上有不少文档资料要软件测试员检查

- 安装和设置指导。有时该信息直接打印在磁盘上，也可以印在 CD 袋上或插到超薄型 CD 盒中，对于复杂软件，还可以是完整的手册。
- 用户手册。联机手册的实用性和灵活性使打印的手册不如以前常用了。现在大多数

软件附带简明的"入门"类小手册，而详细信息变成了联机形式。联机手册可以发布在软件媒体、网站上或者两者都有。

● 联机帮助。联机帮助一般可以和用户手册互换使用，有时甚至取代用户手册。联机帮助有索引和搜索功能，用户查找所需信息更加容易。许多联机帮助系统允许自然语言查询，因此，用户可以输入 Tell me how to copy text from one program to another 并得到相应的响应。

● 指南、向导和 CBT(计算机基础训练)。这些工具将编程代码和书写文档融合在一起。它们一般是内容和类似宏的高级编程的混合体，通常捆绑在联机帮助系统中。用户可以提出问题，然后由软件一步步引导完成任务。Microsoft 的 Office 助手，有时称为"剪纸朋友"(见图 12-3)，是此类系统的一个例子。

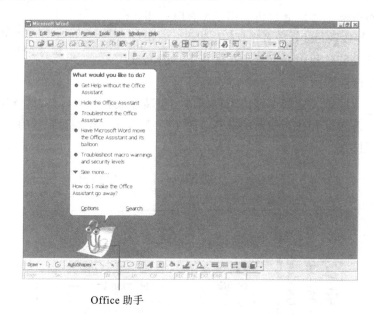

Office 助手

图 12-3　Microsoft Office 助手是一个精美的帮助指南系统的例子

● 样例、示例和模板。例如某些文字处理程序带有表单或者样例，用户只需填写内容即可快速创建具有专业外观的结果。编译器可能用一小段代码来演示如何使用编程语言的某些方面。

● 错误提示信息。这些在本书中作为常常忽略的部分多次讨论过，它们最终属于文档一类。

12.2　文档测试的重要性

软件用户把这些独立的非软件部分当作整个软件的一部分。他们不管这些东西是由程序员、作家还是图形艺术家创建的，他们关心的是整个软件包的质量。

> **注意** 如果安装指导有误，或者不正确的错误提示信息把用户引入歧途，他们就会认为这是软件缺陷——软件测试员应该发现这些问题。

好的软件文档以下述 3 种方式确保产品的整体质量：

- 提高易用性。还记得第 11 章"易用性测试"所讲的与产品易用性有关的所有问题吗？易用性大多与软件文档有关。
- 提高可靠性。可靠性是指软件稳定和坚固的程度。软件是否按照用户预期的方式和时间工作？如果用户阅读文档，然后使用软件，最终得不到预期的结果，这就是可靠性差。本章下面将讲到，软件和文档相互测试是找出两者之中缺陷的好方法。
- 降低支持费用。第 2 章讲过客户发现问题比早在产品开发期发现并修复的费用要高出 10 到 100 倍。其中的原因是用户有麻烦或者遇到意外情况就会请示公司的帮助，这是很贵的。好的文档可以通过恰当的解释和引导用户解决困难来预防这种情况。

> **注意** 作为软件测试员对待软件文档要像对待代码一样给予同等关注和投入。它们对用户是一样的。如果没有要求测试文档，一定要把此作为问题提出来并在整个测试计划中包括这部分。

12.3 审查文档时要找什么

测试文档有两个等级。如果是非代码，例如打印的用户手册或者包装盒，测试就是与第 4 章"检查产品说明书"和第 6 章"检查代码"所述类似的静态过程。可以视之为技术编辑或技术校对。如果文档和代码紧密结合在一起，例如超级链接的联机手册或者提供帮助的剪纸朋友，就要进行动态测试，利用第 5 章"带上眼罩测试软件"和第 7 章"带上 X 光眼镜测试软件"的技术进行检查。这种情况属于真正的软件测试。

> **注意** 无论文档是不是代码，像用户那样对待它都是非常有效的测试方法。仔细阅读，按照每个步骤操作，检查每个图形，尝试每个示例。如果有简单的代码，测试代码是否按照描述的方式运行。利用这个现实的简便方法，可以找出软件和文档的缺陷。

表 12-1 是构建文档测试用例基础的简化检查清单。

最后，如果文档是软件驱动的，就要像软件其余部分一样进行测试。检查索引表是否完整，搜索结果是否正确。超级链接和热点是否跳转到正确的页面。利用等价划分技术确定尝试哪些测试用例。

表 12-1 文档测试检查清单

检查内容	考虑的问题
通用部分	
听众	文档内容是否针对了恰当的听众，不低也不高？
术语	术语适用于听众吗？用法一致吗？如果使用首字母或者其他缩写，是否是标准的或需要定义？公司的首字母缩写一定不能与术语完全相同。所有术语可以正确索引和交叉引用吗？
内容和主题	主题合适吗？有丢失的主题吗？不应该包含在内的主题如何处理，例如功能从产品中砍掉，但是未通知手册撰写者？材料深度是否合适？
正确性	
紧扣事实	所有信息真实并且技术正确吗？查找由于过期产品说明书和销售人员夸大事实而导致的错误。检查目录、索引和章节引用。尝试网站 URL。产品支持电话号码对吗？打一个试试
逐步执行	慢慢地仔细阅读文字。完全根据提示操作，不要做任何假设。耐心补充遗漏的步骤；客户不会知道遗漏的是什么。将执行结果与文档描述进行比较
检查的内容	
图表和屏幕抓图	检查图表的准确度和精确度，其图像来源和图像本身对吗？确保屏幕抓图不是来源于已经改变的预发行版。图表标题对吗？
样例和示例	像客户那样载入和使用每一个样例。如果是代码，就复制并执行它。样例如果不能执行太丢人了——这时有发生！
拼写和语法	在理想情况下，不会遇到此类软件缺陷。拼写和语法检查器太常见了，不会不使用的。然而，某些人可能会忘记检查，专业或者技术术语也可能在检查中跳过。有些检查还要手动执行，例如屏幕抓图或者绘制图形中的文字。不要想当然

12.4　文档测试的实质

在结束本章之前，有必要介绍使文档开发和测试区别于软件开发的原因。第 3 章标题为"软件测试的实质"。以下这些问题可以称作文档测试的实质：

- 文档常常得不到足够的重视、预算和援助。一般心理认为软件项目第一位、最重要，而其他不那么重要。实质上，人们购买的是软件产品，所有其他的东西至少都和位与字节那样重要。如果负责测试软件中的一个领域，一定要为伴随代码的文档测试做出预算，像对待软件一样给予关注，如果发现软件缺陷，就报告出来。
- 编写文档的人可能对软件做什么不甚了解。正如不必让财会专家测试电子表格程序一样，文档作者也不必是软件功能方面的专家。其结果就是，不能依靠编写内容的人员理顺编写劣质的产品说明书，或者复杂的、不清晰的产品功能。与文档作者密切合作，以保证文档包含所需信息，并随着产品设计更新。最重要的是，指出发现的代码中难以使用或者难以理解之处，让他们在文档中更好地解释。
- 印刷文档制作要花不少时间，可能是几周，甚至几个月。由于这个时间差，软件产品的文档需要在软件完成之前完稿——锁定。如果在这个关键时期改变了软件的功能或者发现了软件缺陷，那么文档将无法反映更改。这正是发明 readme 文件的原因，它是将最后改动通知用户的方式。该问题的解决方法是找一个好的开发模式来遵循。使文档保持到最后一刻发布，并且以电子格式随软件一起发布尽可能多的文档。

小 结

　　但愿本章为读者讲清楚了软件产品比程序员编写的代码多出多少内容。由编写作者、插图设计人员和索引编者等以各种形式创建的软件文档在开发和测试工作量上很容易超过实际软件。

　　从用户的角度看，它们都是同样的产品。联机帮助索引遗漏一个重要条目，安装指导中存在错误步骤，或者出现显眼的拼写错误，都属于与其他软件失败一样的软件缺陷。如果正确地测试文档，就可以在用户使用之前发现这些缺陷。

　　下一章讲述应用测试技术到一个几乎每天在新闻里都提到的领域——软件安全。这是一个从早一些的代码、说明书审查到文档的测试，测试员执行的每个任务都需要特别关注的领域。

小测验

以下是帮助读者加深理解的小测验。答案参见附录 A——但是不要偷看！

图 12-4　在 Windows 画图程序中可以找到什么文档例子

1. 启动 Windows 画图程序（见图 12-4），找出应该测试的文档例子。应该找什么？
2. Windows 画图程序帮助索引包含 200 多个条目，从 airbrush tool 到 zooming in or out。是否要测试每一个条目才能够到达正确的帮助主题？假如有 10 000 个索引条目呢？
3. 判断是非：测试错误提示信息属于文档测试范围。
4. 好的文档以哪 3 种方式确保产品的整体质量？

第13章

软件安全性测试

计算机的安全问题似乎每天都在出现。黑客、病毒、蠕虫、间谍软件、后门程序、木马、拒绝服务攻击都成了常见的术语了。每个计算机用户都遇到过这些麻烦的事情，在受到攻击后，丢失了重要的数据，浪费宝贵的时间在系统的恢复上。2005年1月14日，《洛杉矶时报》Joseph Menn撰文，标题为"没有更多的互联网给他们"，披露许多人都受够了，他们受到挫折，他们愤怒，他们断开连接——为了重新获得对其PC的控制。对于计算机产业的健康发展来说，这不是一个好现象。

因为这些原因，软件安全存在于每一个程序员的大脑中（如果要保住这份工作，至少应该这样），并且涉及软件开发过程的每一个方面。软件测试关联到了另外一个领域，本章将介绍这些重要和时尚的话题。

本章重点包括：

- 为什么有人想攻击计算机
- 哪些类型的攻击是常见的
- 如何与开发小组协作确认安全问题
- 为什么软件安全问题与软件缺陷是同一回事情
- 软件测试员在发现安全漏洞方面可以做哪些事情
- 作为新的领域的计算机取证与软件安全性测试有何关系

13.1　战争游戏——电影

计算机攻击首次进入公众视野的例子之一是1983年的电影《战争游戏》（WarGames）。这部电影中，Mathew Broderick的天才少年形象——David Lightman，使用他的IMSAI 8080家用计算机和一个300波特的音频Modem攻入了美国政府的北美防空联合司令部（NORAD）计算机系统。进入后，他偶然发现一个战争游戏叫作"全球热核战争"，他认为仅仅是个游戏，并和电脑系统玩起了该游戏，但哪知这是一个真实场景的模拟，由此几乎引起了第三次世界大战。

David Lightman 是如何获得访问权限的？很简单，他在自己的电脑上编了一个程序，顺序地从例如 555-0000 到 555-9999 进行拨号，并监听对方计算机 Modem 的应答。如果对方是个人在应答，计算机就挂机。他的程序是自动运行的，而程序运行的同时他在学校里创建了一个"热线"号码清单。放学后，David 使用该清单上的有限号码逐一拨号，看哪台计算机允许他登录。

在碰到北美防空联合司令部的计算机时，David 经过了一些迂回曲折，发现了其中一个政府程序员的名字以及该程序员去世的儿子的名字。David 在登录密码输入区输入了该程序员儿子的名字——JOSHUA，获得了对该军方"高度安全"的计算机系统的完全访问权限。

20 年后，技术已经变化了，但是技巧和过程还是一样的。软件和计算机系统目前的互连更广泛，不幸的是，黑客更多了。也许有人会说电影《战争游戏》比电影里提到的又具有了新的意义，即黑客在玩游戏，同时软件产业在与其进行一场战争。软件安全性，更确切地说，软件缺少安全性，已经成为一个巨大的问题。

> **驾驶攻击**
>
> 随着在城域网中普及无线高保真（WiFi）网络，经验丰富的黑客发现他们可以寻找开放的计算机网络，就像 Mathew Broderick 在《战争游戏》电影里的天才少年形象一样。他们仅仅是带着笔记本电脑和廉价的 sniffer 开着车在城市的街道上兜圈子，坐在企业建筑物的边上，路过咖啡店或餐厅，就可以搜索到未受保护的无线网络。这种技术从这部电影中得到了一个名字，叫作"驾驶攻击"。

13.2 了解动机

在电影《战争游戏》的例子中，黑客的动机在于好奇并且希望能使用一台比自己的功能强大得多的安全计算机。虽然他认为他的行为不是恶意的，因为他并没有计划破坏系统，但他的行为导致连锁的反应并带来了严重的结果。作为软件测试员很重要的一点是要了解为什么有人要攻击你的软件。

了解动机能帮助软件测试员考虑到测试的软件中有哪些安全方面的漏洞。

安全产品是指产品在系统的所有者或管理员的控制下，保护用户信息的保密性、完整性、可获得性，以及处理资源的完整性和可获得性。

www.microsoft.com/technet/community/chats/trans/security/sec0612.mspx

安全漏洞是指使产品不可行的缺陷——即使是正确地使用产品——防止攻击者窃取系统的用户权限、调节操作、破坏数据，或建立未授权的信任。

http://www.microsoft.com/technet/.archive/community/columns/security/essays/vulnrbl.mspx

黑客是指精通计算机编程和使用的人、电脑玩家，使用编程技能来获得对计算机网络或文件的非法访问的人。

www.dictionary.com

黑客想获得系统访问权限的 5 个动机是：

- 挑战 / 成名。最简单和良性的黑客攻击是，纯粹为了挑战性的任务或在黑客同行中形成成功者的威望而攻进一个系统。在这些行为中并没有更险恶的意图，驾驶攻击就是这类行为。虽然看起来这没有多大的问题，但是想想如果一个开锁匠为练习开锁技能每天晚上在邻居家随意开锁，然后向他的朋友吹嘘哪些家的锁很容易开的话，没有人会感到安全——准确地说确实是这样。

- 好奇。下一个动机是好奇。在这种心理下，黑客不会停止在仅仅获得访问权限上。一旦进入后，他会进一步去看里面有什么。好奇就是动机，黑客会在系统中找有兴趣的东西。一个软件系统可能有安全漏洞使黑客获得访问权限（出于挑战 / 成名的动机），但是其安全度仍然足以阻止黑客对任何有价值数据的进一步访问。

- 使用 / 借用。这个动机下黑客的行为就不仅仅是攻击和进入了。实际上黑客为自己的目的会尝试使用系统。前面谈到的电影《战争游戏》就是使用 / 借用的例子。一个现实的例子就是当家用 PC 被 E-mail 病毒攻击后，会使用存储在 PC 上的 E-mail 地址来发送更多的病毒邮件。黑客使用许多计算机的分布式处理能力可以比仅仅使用自己的计算机能完成更多的事情。另外，黑客使用这些被黑的计算机进行攻击能更有效地掩饰其痕迹。

- 恶意破坏。一想到恶意破坏，请记住三个 D：丑化（Defacing）、破坏（Destruction）和拒绝服务（Denial of Service）。丑化是改变网站的外观来展示黑客的意见和想法——见图 13-1。破坏以删除或修改存储在系统上的数据为表现形式。一个例子是某个大学生改变他的分数或删除期末考试成绩。拒绝服务是阻止或妨碍被黑的系统执行正常的操作。一个例子是使用大量的传输流攻击一个电子商务站点，使其不能处理正常的传输，阻止客户下单购买东西。更糟的是，黑客可能使系统崩溃，其结果是数据的丢失和数天的停机。

- 偷窃。最严重的黑客攻击行为可能就是偷窃了。其动机是找出可以使用和出卖的有价值的东西。信用卡号、个人信息、商品和服务，甚至登录 ID 号和 E-mail 地址，所有这些对于黑客来说都有用。2003 年，一个 24 岁的计算机黑客获得访问权限并偷盗了 9200 万个 AOL 登录 ID 号。这些 ID 号后来向信息兜售者卖了几次，总售价达 10 万美元！对于几天的工作来说这个收入很不错。

图 13-1　丑化一个站点是黑客进行的破坏类型之一

感到害怕了吧？可能。每天都有无数的黑客尝试攻击那些理论上安全的系统。而且，很多都成功了。现在知道了为什么黑客想要攻击系统，下面我们将继续讨论软件安全性测试，归纳出软件测试员在协助开发小组创建安全的软件产品上可以做的工作。

13.3 威胁模式分析

在 Michael Howard 和 David LeBlanc 所著的一本优秀书籍《Writing Secure Code》（微软出版社，2003 年，第 2 版）中，讨论到一个过程，叫作威胁模式分析（threat modeling），用于评估软件系统的安全问题。可以把威胁模式分析看作第 6 章"检查代码"中讨论的正式审查的一个变形。在这个过程中，目的是由评审小组查找产品特性设置方面可能会引起安全漏洞的地方。根据这些信息，小组可以选择对产品做修改，花更多的努力设计特定的功能，或者集中精力测试潜在的故障点。最终，这些做法会使产品更加安全。

> 注意 除非产品开发小组中的每个人——是指每一个人：项目经理、程序员、测试员、技术文档写作员、市场人员、产品支持——都理解和认同可能存在的安全威胁，否则小组不可能开发出安全的产品来。

执行威胁模式分析并非软件测试员的责任。这个责任应该落到项目经理的任务清单上，并且项目小组的每个成员都要参与。基于此，我们仅讨论过程的共性。需要了解威胁模式分析的更详细信息，可以访问 msdn.microsoft.com/library，搜索"threat modeling"。

图 13-2 显示了一个虚构的复杂电子商务系统的物理拓扑图。注意，该系统具有多种用户访问方式。用户可以通过 PDA 访问系统，通过无线连接访问系统，通过标准 PC 访问系统。系统连接到 Internet 并且具有来自不同厂家的服务器软件。系统在一个通过 Internet 连接可以直接访问的数据库里保存支付信息，这个系统的初始设计要求进行全面的威胁模型分析来确保投入运行后的安全。

图 13-2 中所示的软件和系统的复杂程度与大家正在开发的软件和系统比起来是否更高在这里其实并没有任何关系。威胁模型分析过程的步骤都是一样的。以下步骤摘自 msdn.microsoft.com/library。

- 构建威胁模型分析小组。我们已经谈到了该问题。除了标准的小组成员外，小组中加入一个具有深厚的软件安全背景的人至关重要。对一个规模小的小组来说，方式上可能是在设计阶段让外部的咨询人员介入。对于大公司，这类人员往往来自于从一个项目转到另外一个项目、为项目提供专业咨询的一群专家。对于小组来说，重要的一点是了解他们的最初目标不是解决安全问题，而是确定安全问题。在后期可以举行一些由小规模的特定团队参加的会议（例如，由几个程序员和测试员参加的会议），以隔离安全威胁，设计解决方案。

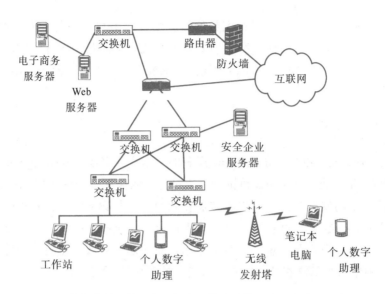

图 13-2　一个复杂的系统要求进行全面的威胁模型分析来确认安全漏洞

- 确认价值。考虑系统所有的东西对于一个入侵者说价值有多大。系统是否有客户的个人信息？是否有信用卡号码？系统计算能力如何？是否有人想偷偷利用你的系统来向你的客户发送商业信息？如果你的公司网站被黑掉，不管是丑化还是替换，是否会带来业务的损失？

- 创建一个体系结构总体图。在这个步骤中要确认计划用在软件中以及如何实现互连的技术。小的威胁模型分析小组会创建一个体系结构图表示出主要的技术模块和它们之间如何通信。创建体系结构图一个重要的方面是，确认在不同技术和其证明之间的信任边界（trust boundary）以及为了访问数据必须进行的授权。

- 分解应用程序。这是一个格式化的过程，用来确认数据所在位置以及如何通过系统。理想情况下，该步骤应基于设计的数据流图和状态转换图。如果这些图不存在，需要创建这些图。想想作为容器的数据以及哪些使容器安全。进入容器来查看数据的手段是什么？数据加密了吗？口令保护了吗？

- 确认威胁。一旦完全理解了所有的部分（价值、体系结构、数据），威胁模型分析小组可以转向确认威胁。每一个部分都应该考虑为威胁目标，并且应假设它们会受到攻击。想想是否每一部分都可能被不正确地看待。每一部分是否能被修改？黑客是否能阻止授权用户使用系统？是否有人能获得系统的访问权限并控制系统？

- 记录威胁。每个威胁都必须用文档记录，并且应进行跟踪以确保其被解决。文档是一种简单方式，用于描述威胁（用一句或更少）、目标、攻击可能采用的方式、系统对于防御攻击有哪些手段。在第 19 章 "报告发现的问题" 中将讲述如何跟踪发现的软件缺陷。使用相同的系统可以帮助小组管理发现的安全威胁。

- 威胁等级评定。最后，理解并非所有的威胁生来就平等这一点很重要。软件数据可能用国防部 128 位加密算法保护，用超级计算机需要 20 多年才能破解。使用如此安全等级保护的数据会受到安全威胁吗？当然可能。这种威胁等级比一个连接到管理员的计算机的自动应答电话 Modem 更高吗？可能不会。威胁模型分析小组需要确定每个威胁的等级。一个简单的办法是，使用在 msdn.microsoft.com/library 上"提高 Web 应用安全"那一章中定义的恐怖公式（DREAD Formula）。DREAD 表示：

- 潜在的损害——如果这部分被黑了，损害有多大？（物理上、金钱上、整体性上等。）
- 可反复性——黑客不间断利用漏洞的容易度如何？每次尝试都能成功，还是 100 次尝试成功一次，或 100 万次尝试成功一次？
- 可利用性——获得对系统或数据访问的技术难度有多大？是可以通过互联网用电子邮件发送，或用几行简单的 BASIC 写的宏代码，还是需要具有专业编程技能的人员来实现？
- 受影响的用户——如果黑客成功入侵，有多少用户会受到影响？是单个用户，还是像偷盗 AOL 屏幕上的用户名一样，有 9200 万用户？
- 可发现性——黑客发现漏洞的可能性有多大？一个保密的"后门"登录口令可能不会被发现，除非心怀怨恨的雇员被解雇后把这些信息贴到 Web 上。

简单地用 1 表示低，2 表示中等，3 表示高，并将此应用到以上描述的五类评估分析的每一类，然后加起来，获得 5 到 15 之间的一个值，该值就可以以数值的方式来评估每一个威胁的安全等级。据此，小组可以首先计划对最严重的问题进行设计和测试，然后在时间允许的情况下继续对其他低级的威胁进行设计和测试。第 19 章将讲述评估软件缺陷的更多内容以及确认软件缺陷被修改的一些技术。

13.4 软件安全是一项功能吗？软件漏洞是一个缺陷吗

到目前为止，我们都希望得出这样的结论，即软件安全可以简单地看作软件产品或系统的另外一项功能。大多数人可能都不愿意其个人财务数据被黑客公开。他们可能认为他们的电子表格软件能保护个人私有信息是一项必需的功能。该功能是可以使软件成为质量优良的产品的一个功能（记得第 3 章"软件测试的实质"中我们讨论的质量和可靠性吗？），如果软件"失败"并让黑客看到了个人的银行资金情况和信用卡信息，大多数用户会简单和绝对地将其视为软件缺陷。

这里，再重述一次第 1 章"软件测试的背景"中关于缺陷的定义：

提示 1）软件未实现产品说明书要求的功能。

2）软件出现了产品说明书指明不应该出现的错误。

3）软件实现了产品说明书未提到的功能。

4）软件未实现产品说明书虽未明确提及但应该实现的目标。

5）软件难以理解、不易使用、运行速度慢，或者软件测试员认为最终用户会认为不好。

　　然后，再重新看看我们在第 5 章"带上眼罩测试软件"中讨论的通过性测试和失效性测试：

在进行通过性测试时，实际上是确认软件至少能做什么，而不会考验其能力。软件测试员并不需要想尽办法让软件崩溃，仅仅运用最简单、最直观的测试用例即可。确信软件在普通情况下正确运行之后，就可以采取各种手段搞垮软件来找出软件缺陷了。

　　软件测试员可能会负责测试软件的整个安全性，或者可能仅仅负责测试被分配测试的功能是安全的。不管怎样，软件测试员需要考虑到软件缺陷的以上 5 个定义。软件测试员不需要拿到一份清楚明白地定义软件安全性是如何实现的产品说明书。软件测试员也不能假设威胁模型分析是完全和准确的。基于这些原因，软件测试员需要带上"失效性测试"的帽子，像黑客一样攻击被测试的软件——假定每一项功能都有一个安全漏洞，并且作为测试员，这时你的工作是发现并利用它。

> **技巧**　测试安全缺陷是失效性测试行为，也常常覆盖产品中没有被完全理解和说明的部分。

13.5　了解缓冲区溢出

　　要在一章甚至一本书中充分全面地讲述攻击软件产品的所有可能方法是不可能的。总的来看，家庭无线网络共享的电子表格与多玩家的网络视频游戏或一台国防部的分布式计算机系统是相当不同的。操作系统和其他技术各有特点，因而其安全漏洞也各不相同。但是有一个共同性的问题，即在任何软件产品中都有一个安全问题——缓冲区溢出。

　　在第 6 章的通用代码审查清单中，我们了解到数据引用错误——使用没有被正确声明和初始化的变量、常数、数组、字符串或记录引起的缺陷。缓冲区溢出就是这种缺陷。这是由于编程质量低劣，加上许多编程语言（如 C、C++）都缺少安全字符处理函数。考虑清单 13-1 给出的简单 C 代码。

清单 13-1　简单缓冲区溢出的例子

```
1: void myBufferCopy(char * pSourceStr) {
2:    char pDestStr[100];
3:    int nLocalVar1 = 123;
4:    int nLocalVar2 = 456;
5:    strcpy(pDestStr, pSourceStr);
…
6: }
7: void myValidate()
8: {
9: /*
10:  Assume this function's code validates a user password
```

```
11:  and grants access to millions of private customer records
12:/*
13: }
```

看出问题没有？输入字符串 pSourceStr 的长度是不知道的。目的字符串 pDestStr 的长度是 100 字节。如果源字符串的长度大于 100 会发生什么事情？就像代码中写的一样，源字符串会复制到目的字符串中，不管长度为多少。如果源字符串超过 100 字节，就会填满目的字符串，并且会继续覆盖本地变量的值。

然而糟糕的是，如果源字符串足够长，就可能会覆盖掉函数 myBufferCopy 的返回地址并进而覆盖函数 myValidate() 执行代码的内容。在这个例子中，一个有点能力的黑客会输入一个超级长的口令，用手写的汇编代码替代数字和文字的 ASCII 字符串，并覆盖原本执行口令验证的函数 myValidate()——这就可能获得访问系统的权限。突然之间，第 6 章讲到的代码审查具有了全新的含义。

> 注意　这是一个极其简单的缓冲区溢出的例子，用于演示潜在的问题。虽然哪些数据和代码被覆盖到甚至被全部覆盖执行，仅依赖于编译器和 CPU，但是，黑客是知道的。

由于字符串的不正确处理引起的缓冲区溢出是目前为止最为常见的一种代码编写错误，其结果是导致安全漏洞，不过第 6 章中描述的任何错误等级都是潜在的问题。作为软件测试员，其工作是尽可能早地发现这些类型的缺陷。虽然代码评审可能会在开发周期的早期发现这些缺陷，但是还有更好的方法——在第一时间和地点就防止它们发生。

13.6　使用安全的字符串函数

2002 年，Microsoft 开始主动确认通用 C 和 C++ 函数中容易引起缓冲区溢出的编码错误。这些函数自身并不差，但是要安全地使用它们，需要程序员进行更为深入的错误检测。如果忽略了这种错误检测（经常发生此类事情），代码就会有安全漏洞。衡量一下这种疏忽带来的风险，最好还是开发或改进一组新的函数，即用强壮的、完全测试过的、文档齐全的新函数集替代这些容易引起问题的函数集。

这些新的函数，叫作安全字符串函数（Safe String Function），在 Microsoft 的 Windows XP SP1 版本、最新的版本 Windows DDK 和平台 SDK 中已经具有。常用的操作系统、编译器，处理器也具有其他很多实现了安全字符串的商用或免费的库。

以下解释了使用新函数的好处（摘自 msdn.microsoft.com/library 的文章 Using Safe String Functions）：

- 每个函数接收目标缓冲的长度作为输入。这样函数就能确保在写入时不会超过缓冲区的长度。
- 函数空字符中止所有的输出字符串，即使操作截断了预计的结果。这样，在返回字符串上进行操作的代码就能安全地假定其会最终遇到空字符——表示字符串的结束。在空字符前的数据是有效的，并且字符不会无穷尽地延长。

- 所有函数返回一个 NTSTATUS 值，该值只有一个可能成功的代码。调用函数能轻易地确定函数的执行是否成功。
- 每个函数都提供版本。一个支持单字节的 ASCII 字符，另一个支持双字节的 Unicode 字符。记住在第 10 章 "外国语言测试" 中讲到的，要支持多种外国语言的字符或象形文字，字符必须占用超过一个字节的空间。

表 13-1 显示了不安全函数及其替代函数的清单。项目小组在进行代码评审或者白盒测试时，注意关注不安全的函数及其使用。显然，小组程序员应该使用安全版本的函数。但是如果没有使用，代码评审就要更加严格地执行，以确保任何可能的安全漏洞都被发现并解决。

表 13-1 旧的 "不安全" C 字符串函数及其新的 "安全函数"

旧的 "不安全" 函数	新的 "安全" 函数	目　　的
strcat wcscat	RtlStringCbCat RtlStringCbCatEx RtlStringCchCat RtlStringCchCatEx	连接两个字符串
strncat wcsncat	RtlStringCbCatN RtlStringCbCatNEx RtlStringCchCatN RtlStringCchCatNEx	连接两个以字节计数的字符串，同时限制追加字符串的长度
Strcpy wcscpy	RtlStringCbCopy RtlStringCbCopyEx RtlStringCchCopy RtlStringCchCopyEx	将一个字符串复制到缓冲区
strncpy wcsncpy	RtlStringCbCopyN RtlStringCbCopyNEx RtlStringCchCopyN RtlStringCchCopyNEx	将一个以字节计数的字符串复制到缓冲区，同时限制复制的字符串的长度
strlen wcslen	RtlStringCbLength RtlStringCchLength	确定提供的字符串的长度
sprintf swprintf _snprintf _snwprintf	RtlStringCbPrintf RtlStringCbPrintfEx RtlStringCchPrintf RtlStringCchPrintfEx	创建一个格式化的文本字符串，该字符串基于一个格式字符串和一组附加的函数参数
vsprintf vswprintf _vsnprintf _vsnwprintf	RtlStringCbVPrintf RtlStringCbVPrintfEx RtlStringCchVPrintf RtlStringCchVPrintfEx	创建一个格式化的文本字符串，该字符串基于一个格式字符串和一个附加的函数参数

JPEG 病毒

比一幅图片更安全的是什么？总的看来，应是数据，而不是可执行代码。但这个错误的假设在 2004 年 9 月被推翻，当时发现一个病毒嵌入到几幅黄色图片中并上传到一个互联网新闻组上。在查看图片时，病毒下载到用户的 PC 上面。没有人认为这是可能的，但确实发生了。导致这个问题的原因在于对缓冲区溢出的利用。

JPEG 文件格式，除了存储图片数据外，还存储嵌入的注释和评论。许多编辑图片的软件包使用这种格式来注释图片——如"我们家在沙滩""出售住宅"等。这些注释域以十六进制值 0xFFFE 开头，接下来是两个字节的值。该值说明注释的长度，加上两个字节（注释域长度）。使用这种格式，不超过 65 533 个字节长度的注释都是合法的。如果没有注释，区域的值就应该是 2。问题在于如果此值为非法的 1 或 0，就会发生缓冲区溢出。

解释 JPEG 数据格式并将其转变为可见的图片的程序在读注释前，将文件长度减去 2，变为正常长度。解释程序的代码可以处理正整数，而把负整数 2 当作正的 4GB。这样下面 4GB 长的"注释"内容就被读入，从而不正确地覆盖了有效的数据和程序。如果"注释"数据被精心地构造、编码、编译，就可能用来获得系统的访问权限。Microsoft 曾经发布过一个关键更新，针对系统所有加载和查看 JPEG 图片的组件。

13.7　计算机取证

到目前为止，我们从积极的出发点讨论了软件的安全问题。我们看待软件安全的观点是：黑客可能利用软件，发现安全漏洞，利用漏洞来达到访问数据或控制系统的目的。另外一个观点是：要达到此目的并不需要这么困难。有时，对于那些知道数据保存位置的人来说，要查看数据可以说是信手拈来。

这方面的第一个例子就是在浏览网页时我们都熟悉的一些特性。图 13-3 给出一个通过 IE 浏览器下拉地址框显示出最近访问过的站点的历史清单的例子。对大多数用户来说这不是个问题；实际上还很有用，可以不需要重新输入 URL 全名就可以很快地回到访问过的站点。但是，如果这个屏幕是来自一个排队公共使用的终端的话，会怎样呢？排在你后面的人就可能知道你看的内容，仅需要单击一下鼠标。

> 用户变更时未被删除的保留数据叫作潜在数据。潜在数据是潜在的安全漏洞，需要
> 注意 在小组采用的任何威胁模型分析中进行讨论。也许这些数据不会被看成是产品的问
> 题，而被看成是一个大问题。

另外一个潜在数据的例子是 Google 工具条的自动填充功能，如图 13-4 所示。该功能允许存储姓名、地址、电话号码、E-mail 地址等信息，可以在显示出一个空的表单（例如电子商务的订货网页）时，仅通过一个单击就用此信息把所有的部分都填上。然而，在测试产品的安全性时，测试员需要从用户的角度考虑，以确定该项功能是否需要对数据进行隐藏或删除，使其他人看不到这些数据。

潜在数据的更复杂例子是计算机安全专家用来发现可以用作犯罪调查的证据。当数据写到磁盘上时，是以块的方式写的。这些块叫作扇区，其大小取决于操作系统的类型。MSDOS/Windows 使用 512 字节的扇区。根据所使用的文件系统，扇区组合成簇。Windows 的 FAT 文件系统使用 2048 字节大小的簇，每一个簇由 4 个 512 字节大小的扇区构成。

图 13-3 访问过的站点清单可能是个安全漏洞

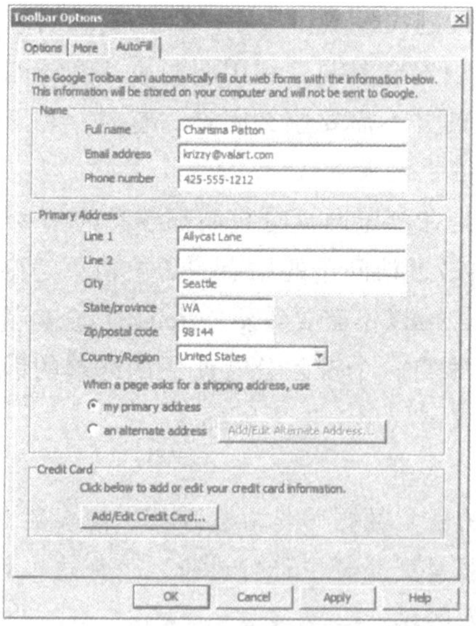

图 13-4 Google 工具条的自动填充功能存储的信息用于快速填写 Web 表单。是个安全问题吗

图 13-5 显示了当一个文本文件 readme.doc 被写入磁盘的两个簇上时的结构情况。文件大小为 2200 字节，由从第 1 扇区到第 5 扇区的点的白色区域表示出来。所以，如果文件是 2200 字节大，从第 5 扇区到第 8 扇区的灰色区域的内容是什么呢？这些信息就是*潜在数据*（latent data）。

如果文件有 2200 字节大，会占用 4.3 个 512 字节的扇区（2200/512=4.3）。在第 5 扇区，后半部分空间的数据叫作 RAM 损耗（RAM slack），因为这些区域的数据信息是在文件被创建时驻留在内存中的数据信息。可能什么都没有，也可能是管理员的口令或信用卡账号。虽然没有办法知道内容，但是知道的是除了文件中的数据外，计算机内存中的数据被写到了磁盘上。

余下的灰色区域，从第6扇区到第8扇区，叫作*磁盘损耗*（disk slack）。磁盘损耗存在的原因是文件系统以一个2048字节的簇来写磁盘，而我们的文件只能填充其中两个簇的部分区域。在磁盘损耗位置保存的数据是该文件被写入前的数据。可能是其他文件的残余数据，或者是一个以前的、更长的 readme.doc 文件。这些潜在的数据可能是个开头，或者包含被特意删除的文件，或者是很保密的信息。

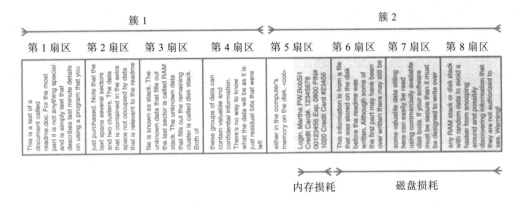

图 13-5　readme.doc 文件中的数据并非是唯一写到磁盘上的数据

> 注意　虽然这个例子使用磁盘驱动器来说明潜在数据的概念，但是 RAM 损耗和磁盘损耗带来的安全问题同样出现在可读写 CD、DVD、内存卡，以及事实上任何种类的存储介质上。

小　结

从本章中得到的一个体会应该是：没有计算机系统是安全的。我们应该假定计算机系统一直处于受攻击的状态，攻击者或者想控制计算机，或者想访问上面的数据。为帮助设计一个安全的系统，在产品设计的开始就必须注意安全的问题。测试员仅能测试软件的安全性，软件安全必须先计划、评审、设计，然后才是测试。使用具有反复性的软件开发过程，例如第2章"软件开发的过程"详细分析的螺旋模式，可以确保在整个开发过程中安全的问题被再次提到。

跟踪最新的计算机安全问题的最有参考价值的网站是 www.securityfocus.com。如果在负责软件安全的测试，或者甚至没有，定期浏览该网站是个好办法，看看黑客们在干什么，以及他们是如何破坏大大小小的系统的。

下一章将讲述另外一个时髦的话题——网站测试，会用到目前所学的所有技术，包括软件安全性测试。

◎ 小测验

以下是帮助读者加深理解的小测验。答案参见附录 A——但是不要偷看！

1. 在电影《战争游戏》中攻破北美防空联合司令部（NORAD）的计算机系统背后的动机是什么？

2. **判断是非**：威胁模型分析是一个由软件测试员执行的正式过程，用以确定在哪些地方最适合进行针对安全漏洞的测试。

3. JPEG 病毒是由一个缓冲区溢出缺陷产生的。回到第 6 章的通用代码审查清单，哪两类检查最能描述出这个溢出发生的原因？

4. 当尝试在标准的 Windows 应用程序中打开一个文件时出现最近使用过的文件清单，可能是安全漏洞中的哪一类数据的例子？

5. 哪两类额外和潜在不安全的数据在文件保存到磁盘上时被无意识地写入磁盘？

第14章

网 站 测 试

前面章节所述的测试技术已经相当通用了。这些技术通过使用诸如 Windows 写字板、计算器和画图等小程序来介绍，说明了测试的基础知识和使用方法。第三部分"运用测试技术"的最后一章转向测试一种特殊类型的软件——因特网 Web 页面。这是非常时尚的话题，是大家所熟悉的，同时也是运用目前所学技术一个很好的实战例子。

从本章中会看到，网站测试囊括许多领域，包括配置测试、兼容性测试、易用性测试、文档测试、安全性测试，并且假如网站是面向全球范围的浏览者，还包括本地化测试。当然，黑盒、白盒、静态和动态测试都是要用上的。

本章虽然不能算作测试因特网网站的完全指南，但是将会给出一个测试实际项目的直观而实用的例子，并为第一个工作就是在网站上查找缺陷的软件测试员开一个好头。

本章重点包括：

- 网页的哪些基本部分需要测试
- 在网页测试中要运用哪些基本的白盒测试和黑盒测试技术
- 如何运用配置测试和兼容性测试
- 为什么易用性测试是网页的主要问题
- 如何使用工具协助网站测试

14.1　网页基础

用最简单的术语说，因特网网页就是由文字、图片、声音、视频和超级链接组成的文档——非常类似于 20 世纪 90 年代中期流行的光盘多媒体标题。在这些程序中，网站用户可以通过单击具有超级链接的文字和图片在网页间浏览，搜索单词或者短语，查看找到的信息。

然而，因特网引入了两项针对多媒体文档概念的技术变革：

- 网页不像只保存在光盘上的数据，它并不受单独一台计算机的限制。用户可以在任何网站上通过整个因特网链接和搜索信息。

- 网页创作者不限于那些使用昂贵和专业技术化工具的程序员。一般的人可以像在文字处理程序中写封信那样，创建一个简单的网页。

但是，就像给某人一支画笔并不能使他成为艺术家一样，给一个人以创建网页的能力并不能使他成为多媒体发布的专家。随着新网页特性技术的不断增加，要想成为软件测试员，机会相当多。

图 14-1 给出了一个流行的新闻网站，演示了多种可能的网页特性。部分特性包括：

- 不同大小、字体和颜色（不过本书中看不到颜色）的文字。
- 图片和照片。
- 超级链接文字和图片。
- 不断滚动的广告。
- 下拉式文本选择框。
- 用户输入数据的区域。

图 14-1　具有众多可测试特性的典型网页

大量的功能也不那么明显，使网站更加复杂的特性如下：

- 自定义的布局，允许用户更改信息出现在屏幕上的位置。
- 自定义的内容，允许用户选择想看的新闻和信息。
- 动态下拉式选择框。
- 动态变化的文字。
- 取决于屏幕分辨率的动态布局和可选信息。
- 与不同网络浏览器、浏览器版本，以及硬件和软件平台的兼容性。
- 大量加强网页易用性的隐藏格式、标记和嵌入信息。

这还没说安全电子商务网站——也许是因特网上更复杂、特性更丰富的一种网页。如果具有测试员的思想（希望读者读到此书这里已具备），看到此类网页就会兴奋得急着跳进来开始查找缺陷。本章以下内容将提供从何处入手的线索。

14.2 黑盒测试

还记得前面第 4 章到第 7 章中，关于测试基础方面的内容吗？在这些极其重要的章节中，讲述了黑盒测试、白盒测试、静态测试和动态测试——都是软件测试员的基本技能。网页是印证所学内容的极佳方式。不必出去购买各种程序——只需跳转到某个喜爱的或者全新的网页，开始测试即可。

最容易的起步是把网页或者整个网站当作一个黑盒。不知道它是如何工作的，手里没有说明书，面对的仅仅是要测试的网站。应该查找什么呢？

图 14-2 给出了一幅相当直观而且典型的 Apple 公司网站 www.apple.com 的屏幕截图。它具有所有基本元素——文字、图片、指向站内其他网页的超级链接和指向其他站点的超级链接。某些网页具有用户可以输入信息的表单，还有一些网页播放视频。这个网站令人感兴趣的与众不同之处是它为 27 个不同的地区进行了本地化，从亚洲到英国。

如果可以访问因特网，现在就花一些时间浏览一下 Apple 公司的网站，考虑：如何对其进行测试，测试什么？等价划分是什么？不测试什么？

图 14-2 在如此直观的网站中要测试什么

浏览了一下网站之后，决定做什么？但愿你能意识到这是一项繁重的工作。如果看到站点地图（www.apple.com/find/sitemap.html），就会发现它链接了 100 多个子站点，每一个子站点都有几个网页。

> 注意 在测试网站时，首先应该建立状态表（见第 5 章"带上眼罩测试软件"），把每个网页当作不同的状态，超级链接当作状态之间的连接线。完整的状态图有利于对整个任务更好地进行审视。

谢天谢地，大多数网页相当简单，仅由文字、图片、链接以及少量表单组成。测试这些并不难。以下各节将给出查找网页缺陷的一些思路。

14.2.1 文本

网页文本应该当作文档对待，并依据第 12 章"文档测试"所述的方法进行测试。检查核实读者的水平、术语、内容以及题目素材、准确度——特别是可能过期的信息，经常不断地检查拼写。

> 不要依赖拼写检查工具来做，尤其是用在网页文本内容的检查上。拼写检查工具可能只检查常规文本，但不检查包含在图片、滚动块、表单等中的文字。用拼写检查工具执行完所谓的完全拼写检查之后，检查者可能认为检查很彻底，但事实中网页中仍然会有拼写错误。

如果有电子邮件地址、电话号码或者邮政编码等联系信息，要检查是否正确。保证版权声明正确、日期无误。测试每个网页是否都有正确的标题，标题文本出现在浏览器的标题栏（图 14-2 的左上角）并且当把网页添加到收藏夹或者书签时默认显示的内容就是标题文本。

常常被忽视的一种文本是文字标签（ALT text），用于替代文字（ALTernate text）。图 14-3 给出了一个文字标签的例子。当用户把鼠标光标移动到网页中的图片上时，可以看到弹出对图片语义信息的说明。不显示图片的浏览器使用文字标签代替图片显示。此外，借助文字标签，双目失明的用户可以浏览图片丰富的网站——有声阅读程序通过计算机的扬声器朗读文字标签。

图 14-3　文字标签为网页上的图片提供特征描述

> 并非所有的浏览器都支持显示文字标签。有的浏览器只在工具栏顶端显示标题文本，或者什么都不显示。由于这样限制了双目失明的用户浏览网站，所以应把此看成一个严重的访问缺陷。

通过大幅缩放浏览器窗口来检查文字布局问题。这样会发现由于设计人员或者程序员假定网页高度和宽度不变而引起的缺陷，还会发现写死的格式，例如换行在某些布局中显得正常而在其他布局中则不正常。

14.2.2 超级链接

链接可以与文字或者图片拴在一起。每一个链接都要检查，确保它跳转到正确的目的地，并在正确的窗口中打开。如果没有网站的说明书，就需要测试跳转是否正确。

超级链接一定要明显，文字链接一般有下划线，而鼠标指针经过任何类型的超级链接——文字或图片时应该发生变化（常常变成手形指针）。

如果链接打开电子邮件信息，就填写内容并发送，要确保能够得到回应。

查找孤页，它是网站的一部分，但是不能通过超级链接访问，因为网页作者忘记把它挂接上。这样就需要向网站设计人员索取网页清单，与自制的状态图进行比较。

14.2.3 图片

图片中可能出现的许多软件缺陷在易用性测试时被掩盖下来，但是利用简单的黑盒测试方法可以检查一些明显的地方。例如，所有图片都被正确载入和显示了吗？如果图片丢失或者名称不对，就无法载入，网页将在放置图片的位置显示错误提示（见图 14-4）。

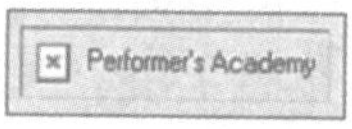

图 14-4　如果网页无法载入图片，就在其显示位置显示错误提示信息

如果网页中文本和图片交织在一起，要保证文字正确地环绕在图片周围。改变浏览器窗口的大小，看环绕是否有问题。

载入网页时的性能如何？网页是否有太多图片，导致传输和显示的数据量巨大，从而使网站速度过慢？用缓慢的电话拨号上网替代本地高速局域网时结果会怎样？

14.2.4 表单

表单是指网页中用于输入和选择信息的文本框、列表框和其他域。图 14-5 给出了 Apple 公司网站中的一个简单例子。这是 Mac 潜在开发人员的注册表单，含有用于输入姓名和电子邮件地址的域。该网页中有一个明显的软件缺陷——但愿读者看到这里时已经被修复了。

测试表单就像测试常规软件程序的域一样——还记得第 5 章吗？域的大小正确吗？是否接受正确数据，拒绝错误

图 14-5　保证网站的表单域位置正确。请注意在 Apple 公司的开发人员注册表单中中间名字域的位置不对

数据？在最后按 Enter 键时正确确认了吗？可选域是否真正可选并且要求的那个是否真正做到？如果输入 999999999999999999999999999 会怎样？

14.2.5 对象和其他各种简单的功能

网站可能包含诸如单击计数器、滚动文本选择框、变换的广告和站内搜索（不要与搜索整个互联网的搜索引擎混为一谈）等特性。在计划网站测试时，要仔细验明每个网页上的所有特性。把每一个特性按照常规程序的功能对待，并利用所学的标准测试技术分别进行测试。它有自己的状态吗？处理数据吗？有范围或者边界吗？运用什么测试用例，怎样进行等价划分？网页与其他任何软件是一样的。

14.3 灰盒测试

我们已经熟悉了黑盒和白盒测试，而另外一种测试灰盒测试（gray-box testing）是两者的结合——因此而得名。灰盒测试把黑盒测试和白盒测试的界限打乱了。仍然把软件当作黑盒来测试，但是通过简单查看（不是像白盒测试那样完整地查看）软件内部工作机制作为补充。

网页特点使其非常适合进行灰盒测试。大多数网页由 HTML（超文本标记语言）创建。清单 14-1 给出了用于创建如图 14-6 所示的网站的一些 HTML 代码行。

清单 14-1 HTML 示例显示在网页后台的一些内容

```
<html>
<head>
<meta http-equiv="Content-Type" content="text/html; charset=iso-8859-1">
<meta name="GENERATOR" content="Microsoft FrontPage 4.0">
<title>Superior Packing Systems</title>
<meta name="Microsoft Theme" content="sandston 111, default">
<meta name="Microsoft Border" content="t, default">
</head>
<body background="_themes/sandston/stonbk.jpg" bgcolor="#FFFFCC"
  text="#333333" link="#993300" vlink="#666633" alink="#CC6633">
<!--msnavigation--><table border="0" cellpadding="0" cellspacing="0"
  width="100%"><tr><td><!--mstheme--><font face="Arial, Helvetica">
<h1 align="center"><!--mstheme--><font color="#660000">
  <img src="_derived/index.htm_cmp_sandston110_bnr.gif" width="600"
  height="60" border="0" alt="Superior Packing Systems"><br>
  <br>
<a href="./"><img src="_derived/home_cmp_sandston110_gbtn.gif" width="95"
  height="20" border="0" alt="Home" align="middle"></a> <a href="services.htm">
  <img src="_derived/services.htm_cmp_sandston110_gbtn.gif" width="95"
  height="20" border="0" alt="Services" align="middle"></a>
  <a href="contact.htm"><img src="_derived/contact.htm_cmp_sandston110_gbtn.gif"
  width="95" height="20" border="0" alt="Contact Us" align="middle">
  </a><!--mstheme--></font></h1>
```

如果不熟悉建立网站的技术，就应该阅读一点相关主题的资料。诸如《Sams Teach
注意 Yourself to Create Web Pages in 24 Hours》之类的入门书是学习建网基本技术的好
途径，同时还有助于找到一些运用灰盒测试技术的方法。

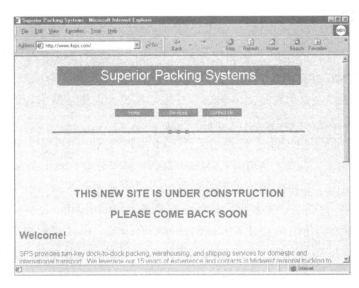

图14-6 该网页部分是由清单14-1中的HTML所创建的

　　HTML和网页可以视为灰盒子进行测试，因为HTML不是编译过且测试员又不知道内
容的编程语言——它是标记语言。在早期的文字处理程序中，不能仅仅选中文本就能使其
加粗或者倾斜，必须要在程序中嵌入标记，有时称为域标签。例如，要创建加粗的语句：

This is bold text.

就要在文字处理程序中输入以下命令：

[begin bold]This is bold text.[end bold]

　　HTML的工作原理与此一样。用HTML建立该语句要输入 <b> This is bold text.</b>。

　　HTML发展到现在，有了成百上千种标签和选项，从清单14-1的HTML语句可以
得到证明。但是，归根结底，HTML只是随意的具有旧文字处理程序风格的标记语言。
HTML与程序的区别在与HTML不能够执行或者运行，只能确定文字和图片在屏幕上显示
的方式。

要想查看网页的HTML源文件，只需右键单击网页的空白区域（不要在图片上）并
技巧 从菜单中选择 View Source（对IE浏览器）或 View Page Source（对Firefox浏览器）
命令即可。

　　由于HTML很容易被测试员查看，因此可以利用这点来对测试进行补充。对于黑盒测
试员，这是开始转向白盒测试的大好机会。

首先从学习建立自己的简单网页开始。了解常用的基本 HTML 标记。查看多种网页上的 HTML 语句，查看应用了哪些技术，以及这些技术在网页上面是如何把各种元素构建起来的。一旦熟悉了 HTML，就能够以全新的方式查看测试的网页，并提高测试效率。

14.4　白盒测试

在图 14-1 中，看到的是以文字和图片形式构成的诸多静态内容的网页示例。这些静态内容一般由 HTML 直接创建。同时，网页还包括可自定义和动态改变的内容。请记住，HTML 不是编程语言——它只是文字和图片的标记系统。创建这些附加的动态特性需要用可以执行和支持判断分支结构的程序代码来补充。

大家可能听说过可以创建此类特性的流行 Web 编程语言：DHTML，Java，JavaScript，ActiveX，VBScript，Perl，CGI，ASP 和 XML。如第 6 章"检查代码"和第 7 章"带上 X 光眼镜测试软件"所述，运用白盒测试不需要测试员一定成为这些语言的专家，而只要熟悉到能够阅读和理解这些语言，并根据代码的内容来确定测试用例即可。

本章不可能深入到使用白盒技术测试网站的所有细节，但是要利用白盒方法，一些特性的测试可能更为高效。当然，它们也可以当作黑盒来测试，但是潜在复杂性是，要真正找出重要的缺陷，要求对网站的系统结构和编程知识有一定的了解：

- **动态内容**。动态内容是根据当前条件发生变化的文字和图片——例如，日期时间、用户喜好或者特定用户操作。在 HTML 中嵌入 JavaScript 之类的简单脚本语言可以对这些内容编程，这称为*客户端*（client-side）编程。如果是这样，在检查脚本和查看 HTML 时可以运用灰盒测试技术。为了提高执行效率，大多数动态内容编程在网站服务器上进行，这称为*服务器端*（server-side）编程，需要具有 Web 服务器的访问权限才能查看源代码。
- **数据库驱动的网页**。许多显示分类目录或者货物清单的电子商务网页是数据库驱动的。HTML 提供 Web 内容的简单布局，而图片、文字说明、价格信息等则从网站服务器上的数据库中提取出来插入到网页中。
- **用编程方法创建的网页**。许多网页，特别是包含动态内容的网页是用编程方法（也就是说，HTML）创建的，甚至可能编程都是由软件创建的。网页设计者可能在数据库中输入数据项，把各种元素拖放到布局程序中，单击按钮，从而产生显示网页的 HTML。虽然看上去有点吓人，但是这实际上与计算机语言编译器创建机器码没有什么差别。如果测试此类系统，就必须检查这样产生的 HTML 与设计的想法是否一致。
- **服务器性能和加载**。流行的网站每天可能要接受数百万次点击。每一次点击都要从网站的服务器下载数据到浏览者的计算机上。如果测试一系统的性能和负载能力，就必须找到一种方法来模拟数百万个连接和下载。第 15 章"自动测试和测试工具"将介绍能用来实现该方法的技术和工具。

- **安全性**。正如前一章讲的那样，网站安全性问题常常在新闻中报道，诸如有黑客试图利用各种新型方法获得网站内部数据的访问权。金融、医疗和其他包含个人数据的网站风险特别大，需要密切了解服务器技术来测试其安全性。

14.5 配置和兼容性测试

现在回到我们能做的事情上，测试网页。回顾第 8 章 "配置测试" 和第 9 章 "兼容性测试"，了解配置测试和兼容性测试的内容是什么。配置测试是在各种硬件和软件平台类型以及其不同的设置情况下检查软件运行的过程。兼容性测试是检查软件和其他软件一起运行的过程。网页是运用此类测试的好例子。

假设要测试一个网站。需要考虑可能会影响网站运行和外观的硬件和软件配置。以下是需要考虑的内容清单：

- **硬件平台**。是 Mac 机、PC、PDA、MSNTV 还是无线保真（WiFi）手表？每一台硬件设备都有自己的操作系统、屏幕布局、通信软件等。每种设备都会影响网站在屏幕上的外观。
- **浏览器软件和版本**。Web 浏览器及版本都有多种。有些只能在一种硬件平台上运行，而有些可以在多种平台上运行。其中一些例子是 AOL 9.0、Firefox 1.0、Internet Explorer 5.0 和 6.0、Pocket IE、Netscape 7.2 和 Opera 7.54。

每一种浏览器和版本都支持不同的特性集。一个网站可能在某种浏览器表现极佳，但是在另一种浏览器中根本无法显示。Web 设计者可以选择使用最普通的特性设计站点，以便在所有浏览器中同样显示，也可以选择为每一种浏览器编写专用代码，使站点在每种浏览器中都以最佳方式工作。还可以选择只支持最为流行的几种浏览器。这对测试有何影响？

- **浏览器插件**。许多浏览器可以接受插件或者扩展来获得附加功能。其中一个例子是播放某些音频或者视频文件的功能。
- **浏览器选项**。大多数 Web 浏览器允许大量自定义。图 14-7 给出了一个这样的例子。可以选择安全性选项，选择文字标签如何处理，决定是否启用插件等。每个选项都对网站运行有潜在的影响——因而都是一个需要考虑的测试情形。
- **视频分辨率和色深**。许多平台可以在各种屏幕分辨率和颜色模式下显示。例如，运行 Windows 的 PC 屏幕尺寸可以是 640×480、

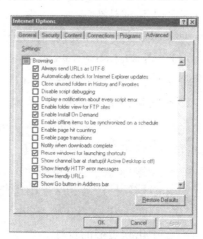

图 14-7 该例显示 Internet Explorer 浏览器的可配置性

800×600、1024×768、1280×1024 或者更大。移动设备的屏幕很小，分辨率就完全不同。网站可能在一种分辨率下显示异样，甚至显示错误，但是在另一种分辨率下就不会。文字和图片可能换行位置不同、截掉一部分，或者根本不显示。

平台支持的颜色数也会影响站点的外观。颜色数最小为 16 色，最多为 2^{32} 色。网站可以在只有 16 色的移动系统上使用吗？

- **文字大小**。是否知道用户可以更改浏览器中使用的文字大小？站点可以使用非常小或者非常大的文字吗？当站点在分辨率很低、文字很大的小屏幕上运行，结果会怎样？
- **调制解调器速率**。够用不能说成是性能。总有一天所有人都会具有与设计者查看网站数据一样快的高速连接。在此之前，必须测试站点以不同的调制解调器速率连接时工作是否顺利。

如果考虑到这里列举的全部可能性，那么即使测试最简单的网站也可能成为一项艰巨的任务。网站在本地计算机上看上去没问题是不够的——如果要保证很好地为预定的观众服务，就要研究他们可能拥有的配置。有了这个信息，可以建立自认为最重要的配置的等价划分去测试。

开展研究的最佳站点是 www.websidestory.com 和 www.upsdell.com/BrowserNews/stat.htm。这些站点经常更新有关技术、浏览器、视频分辨率等方面的调查报告。这在决定流行的配置有哪些以及其发展趋势上是重要的第一步。

14.6 易用性测试

易用性和网站有时是相互排斥的术语。毫无疑问，大家都见过难以导航的、过期的、显示速度慢的或者简陋不堪的网页。这些站点可能从未被软件测试员看到过并不足为奇。某个程序员或者设计经验甚少或没有的人（甚至设计经验很丰富的人）创建网页并上传使大家可以浏览，没有去想它们是否好用。

正如第 11 章 "易用性测试" 所述，易用性测试是难以定义的过程。一个人认为不行，另一个人可能认为很好——有人认为绒布上的猫王图案是艺术品。万幸的是，遵守并测试一些基本规则有助于使网站更加易用。

Jakob Nielsen（www.useit.com）是网站设计和易用性研究方面令人尊敬的专家，他对网站易用性进行深入的研究。以下清单摘自他的《Top Ten Mistakes in Web Design》：

- **盲目使用不成熟的新技术**。网站不应该靠吹嘘采用最新 Web 技术来吸引用户。这样可能会吸引一些不用脑子的人，但是主流用户会更加关心有用的内容以及站点为客户提供良好服务的能力。使用未发布的最新、最棒技术肯定会使用户受到打击；如果他们的系统在访问该网站时崩溃，那么可以断言大部分人不会再回来了。除非从事因特网产品和服务销售业务，否则最好等到该技术具有一些使用经验之后再采用。当桌面印刷刚开始流行时，人们在文档中放 20 种不同的字体，要设法避免在 Web 中出现类似的设计。
- **滚动文字、滚动块和不停运行的动画**。不要让网页上有不停移动的元素。移动的图像对人类的视觉太过刺激。网页不应该像纽约城的时代广场那样不断刺激人们的感官——让用户安安静静地看文字吧！
- **滚动显示的长页面**。当一个页面出现时，用户通常不喜欢滚动查看屏幕上看不见的信息。所有重要的内容和导航选项应该位于页面顶端。最近研究表明，与早期的 Web 应用相比，用户越来越喜欢滚动查看了，但是在导航页上减少滚动仍然是好的建议。

- 非标准的链接颜色。指向用户未曾看过的页面的超级链接应该是蓝色；指向已经看过的页面的链接应该是紫色或者红色。不要乱用这些颜色，因为大多数 Web 浏览器使用的少有几个标准导航辅助之一就是要能了解哪个链接已经点击过。告诉用户链接颜色的含义关键是一致性。

- 过期信息。开发小组应该有一个 Web "园丁" ——随着网站变化除草和栽花。遗憾的是，大多数小组宁肯花时间创建新内容也不愿意进行维护。实际上，维护是加强网站内容的经济之道，因为许多老的网页保持着原有的关联，应该与新的网页建立链接。当然，某些网页在终止日期之后最好从服务器上彻底删掉。

- 下载时间过长。传统的人为因素规范指出，0.1 秒是用户感觉系统反应迅速的极限；1 秒是用户思路不间断的极限；10 秒是用户完全丧失兴趣的最长响应时间。

  在 Web 上，用户已经被磨炼得能够忍受更长时间了，对于一些网页最长可接受时间增加到 15 秒。但是，不要以此为目标——把目标定得更短一些。

- 缺少导航支持。不要假设用户也知道站点的内容和站点设计者一样多。他们总是难以找到信息，因此需要以在结构和位置上给人强烈感觉的形式进行支持。站点设计应该从很好地了解信息空间的结构开始，并把结构明确地传达给用户。为用户提供站点地图，使其清楚目前的位置，以及可以到达哪里。站点还应该具有良好的搜索特性，因为即使最好的导航支持也不一定够用。

- 孤页。所有网页一定要包含本身所属网站的明确指示，因为用户可能不经过主页而直接访问网页。同样的原因，每个网页都应该与主页链接，以及它在信息空间结构的位置指示。

- 复杂的网站地址（URL）。像 URL 这样的机器寻址虽然永远不会显露在用户界面上，但是，经研究发现用户实际上在设法分析网页的 URL，以推断网站的结构。用户这样做是因为缺少导航支持（见前述）和不明网页在当前 Web 浏览器中的位置。因此，URL 应该包含反映网站内容的本质的便于人们阅读的名称。

  此外，用户还常常会输入 URL，因此网站设计者应该设法减少输入风险，诸如全部使用小写的短名称，且不用特殊的字符（许多人不知道怎样输入 ~ ）。

- 使用框架。框架是允许在一个网页中显示其他网页的 HTML 技术，框架由此得名——与图文框类似。把网页分割为框架可能会使用户迷惑，因为框架打破了网页的基本用户模式。突然之间当前网页不能加书签（书签指向另一个框架集），也不能返回了，URL 不再有效，打印输出发生困难。更糟糕的是，用户操作的预见性消失了——用户随时随地单击一个链接：谁知道会显示什么信息？许多网站设计者为了避免这些问题，放弃了使用框架，而只是简单地打开另外一个窗口。

如果测试网站，就要充分利用测试员的权限报告易用性方面的软件缺陷。回顾基本用户界面设计技术，了解良好易用性的组成要素。这方面好的资源是标题为："Improving Web Site Usability and Appeal" 的 Microsoft 研究文档。其网址是 msdn.microsoft.com/

workshop/ management/planning/improvingsiteusa.asp。该文档提供了 Microsoft 在设计其 MSN 网站内容时优秀的实际经验。不要因为该文档的日期是 1997 年就弃之不要。好的设计不受时间限制。

14.7 自动化测试简介

本章最后部分是本书下一章"自动测试和测试工具"的引言。

在阅读本章时读者可能会问，怎么可能有足够的时间对复杂的大型网站进行彻底的测试呢？简单地单击所有链接，验证其有效性就会花去大量时间，再加上测试网站特性的基本功能，进行配置和兼容性测试，设法模拟数千甚至数百万用户来测试性能和负载，任务太艰巨了。

幸好所有这些测试不必手工进行。有测试工具可用，既有免费的，也有收费的，这将使工作难度大幅降低。有些工具位于 www.netmechanic.com。该站点和其他类似的站点都提供极易使用的工具，自动检查网站并测试其对浏览器的兼容性、性能问题、断开的超级链接、HTML 标准符合程度和拼写。它们甚至能指出站点上哪个图片可能太大，可能影响显示速度。这些工具比通常的手工执行可以节省大量时间。看看它们可以对学习第 15 章有一些感性认识。

⊙ 小 结

本章是第三部分的糅合。第三部分涉及面很广——从视频卡设置到匈牙利本地化到简陋的网站。这些主题只是整个软件世界的一小部分。多样性为软件测试带来无限的挑战。每天都有新的软件发布，不断推进技术的进步，带来独特而有趣的测试问题期待解决。网站测试是本章合适的主题，但是谁知道将来会变成什么样。

但愿在阅读第三部分的各章时，读者能够认识到即使对于小规模软件产品或者网站进行测试，也会有大量的测试工作要做。一个程序员面对各种可能的平台、配置、语言和用户编写的上百行代码就需要数十甚至数百个测试员来进行完全的测试。排列组合是无限的，即使进行仔细的等价划分以减少测试用例的数目，测试任务仍然显得太大，难以处理。

以下两章将讲述如何合理调配工具和人员，将巨大任务简化为可以控制的程度。

⊙ 小测验

以下是帮助读者加深理解的小测验。答案参见附录 A——但是不要偷看！

1. 使用黑盒测试技术，网页的哪些基本元素可以轻易地测试到？
2. 什么是灰盒测试？
3. 为什么网站测试可以使用灰盒测试？
4. 为什么不能依赖拼写检查工具来检查网页的拼写？
5. 列出在进行网站兼容性测试和配置测试时需要考虑到的一些方面。
6. Jakob Neilsen 的 10 个常见网站错误中哪几个会导致兼容性和配置缺陷？

第四部分

测试的补充

如果一大群猴子在打字机上乱敲，它们可能会写出大英博物馆里的所有书籍。

——亚瑟·爱丁顿（Arthur Eddington）爵士，
英国天文和物理学家

要想出一个好点子的最好方法是想出许多的点子。

——莱纳斯·鲍林（Linus Pauling），
1954 年诺贝尔化学奖和 1962 年诺贝尔和平奖得主

CHAPTER 15
第15章

自动测试和测试工具

测试软件是一项艰苦的工作。如果在阅读本书的同时已经进行了一些测试，就会明白执行测试工作需要投入大量的时间和精力。诚然，可以多花一些时间对测试用例进行等价划分，减少执行的数量，但是随之就会冒更多风险，因为减少了测试覆盖范围，选择对某些重要的特性不进行测试。如果测试员需要做更多测试，但是没有时间，怎么办？

答案是采用人们在其他领域和行业中用了多年的办法——开发并使用工具，使工作更加轻松和高效。本章要讲的就是这方面的内容。

本章重点包括：

- 为什么测试工具和自动化是必需的
- 可用的简单工具例子
- 工具如何实现测试的自动化
- 如何饲养和照顾"猴子"
- 测试工具和自动化为什么不是灵丹妙药

15.1 工具和自动化的好处

回顾一下软件是如何创建的。在大多数软件开发模式中，软件发布之前要多次重复代码——测试——修复的过程。如果要测试某项特性，也许需要不止一次执行测试，而是重复多次。还要检查确认在前面的测试中发现的软件缺陷修复了，同时又没有引入新的软件缺陷。重复执行测试的过程称为回归测试。

如果一个小型软件项目有数千个测试用例要执行，时间可能只够执行一次测试。多次执行测试是不可能的，更不用说多次测试的单调和枯燥了。通过提供比手工测试更有效的手段，软件测试工具和自动化可以帮助解决这个问题。

工具和自动化的主要属性是：

- 速度。想一想手工尝试 Windows 计算器的数千个测试用例要花多少时间。也许大约平均每 5 秒执行一个测试用例。而自动化可能以 10 倍、100 倍甚至 1000 倍这样的速度来执行。

- **效率**。当测试员忙于执行测试用例时，他会无暇干别的。如果有一个测试工具减少了执行测试用例的时间，测试员就有更多时间进行测试计划，考虑新的测试用例。
- **准确度和精确度**。测试员尝试几百个测试用例之后，注意力可能会分散，并开始犯错误。而测试工具则会一如既往地每次执行同样的测试，并毫无差错地检查结果。
- **节省资源**。有时要执行一些测试用例基本上是不可能的，比如创建测试条件需要的人数或设备数目可能就不允许。测试工具可以用来模拟真实的情况，大大减少执行测试需要的物理资源。
- **仿真和模拟**。测试工具常用来代替正常情况下与产品连接的硬件或软件。这些"伪"设备或"伪"程序以选定的方式来驱动或响应软件——除此之外，实现起来可能困难。
- **坚持不懈**。测试工具和自动化永远不会劳累或者半途而废。它们就像电视广告中电动的小兔子——不停地跑啊跑……

所有这些听起来像重大新闻。测试工具可以代劳所有工作——轻松地使用工具，然后就静观结果。令人遗憾的是，事情并没有那么容易。即使木匠有电锯和钉枪，房屋也不会自动就建好。工具只能使工作更容易、工作结果的质量更高。软件测试工具的使用也是一样。

> 注意 软件测试工具不能代替软件测试员——它们只能帮助软件测试员更好地工作。

一定要注意使用测试工具不见得总是对的，有时手工测试是不可代替的。目前的任务是了解测试工具能做什么以及怎么做，考虑如何用它们来完成测试任务。本章最后将讲述在着手使用工具测试软件项目之前的一些限制和注意事项。

15.2 测试工具

软件测试员会面对一大堆测试工具。使用工具的类型取决于测试的软件类型，以及是进行黑盒测试还是白盒测试。

测试工具的好处是使用时并不是总需要深入了解工具在怎样做或者做什么。假设正在测试允许一台计算机同时与100万台计算机连接的网络软件。即使有可能，也很难用100万个真实的连接进行可以控制的测试。但是，如果有人提供能够模拟那些连接的专用工具，也许可以从1到100万调整连接的数目，就可以在不搭建实际连接环境的前提下进行测试。测试员不必了解工具是怎样做到的，只要知道它做得到就可以了——这就是黑盒测试。

另一方面，还可以建立工具监视和改变上百万计算机之间原始通信的工具。要有效使用这些工具，测试员需要具备一些白盒技能以及底层协议的知识。

> 注意 本例体现了两种工具——非入侵式工具和入侵式工具的重大差别。如果工具仅用于监视和检查软件而不对其进行修改，就认为是非入侵式工具。但是如果工具以任何方式修改了程序代码或者控制了操作环境，就属于入侵式工具。由于入侵的程度各有不同，测试员通常设法使用侵入性尽量小的工具，以减少工具影响测试结果的可能性。

下面将讨论测试工具的主要分类及其使用方式。有些例子的工具包含大多数编程语言；而另一些是单独销售的商用工具。然而，有时你会发现自己的软件或硬件很独特，必须自行开发或者让别人来开发符合特定要求的自定义测试工具。虽然如此，它们仍然属于这种分类之一。

15.2.1   查看器和监视器

查看器（viewer）或者监视器（monitor）测试工具能够看到正常情况下看不到的软件运行的细节。第 7 章"带上 X 光眼镜测试软件"讲述了代码覆盖率分析器是如何提供一种方式来查看哪些代码行得以执行、什么函数正在运行、执行测试时所运行的代码分支的。代码覆盖率分析器是查看工具的一个例子。大多数代码覆盖率分析器是入侵式工具，因为它们需要编译并链接到原程序中才能获得所需信息。

图 15-1 给出了另一种查看器的例子——通信分析器（communications analyzer 或 comm analyzer）。该工具允许查看通过网络或者其他通信电缆传输的原始协议数据。它只是监听线路，提取经过的数据，在另一台计算机上显示。在这个例子中，可以在 1 号机上输入测试用例，在 3 号机上确认产生的通信数据是正确的，并在 2 号机上检测相应的结果。利用该系统还可以观察软件缺陷为什么会产生。通过查看从线上提取的数据，就可以确定问题是出于创建数据（1 号机）还是解释数据（2 号机）。这种类型的系统对软件是非入侵式的。在网络中，这种监视器被称为嗅探器（sniffer），因为它像一个电子鼻，从空气中嗅探数据。

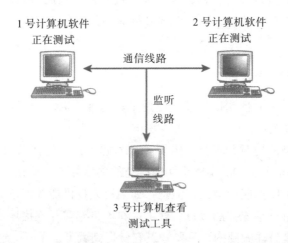

图 15-1   通信分析器可以查看两个系统之间传输的原始数据

大多数编译器附带的代码调试器也可以看作查看器，因为它们允许程序员或者白盒测试员查看内部变量值和程序状态。任何能够洞察系统，看到一般用户看不到的数据的工具都可以归类为查看测试工具。

15.2.2   驱动程序

驱动程序是控制和操作被测试软件的工具。最简单的驱动程序例子是批处理文件

（batch file），即依先后顺序执行的程序或命令的一个简单清单。在 MS-DOS 时代，这是测试员执行测试程序的流行方式。他们会创建包含测试程序名称的批处理文件，启动运行批处理文件，然后返回。在现今的操作系统和编程语言下，执行测试程序有更多复杂的方法。例如，Java 和 Perl 脚本可以取代老的 MS-DOS 批处理文件，并且 Windows 任务调度程序（见图 15-2）可以在全天 24 小时的任意时刻执行各种测试程序。

图 15-2　Windows 任务调度程序可以调度程序
或批处理文件在 PC 上的运行时间

图 15-3 给出了驱动程序工具的另一个例子。假设正在测试的软件的测试用例需要输入大量数据。随着硬件的一些变更和软件工具的使用，可以用另一台计算机取代原来的键盘和鼠标作为驱动程序来测试。在这台作为驱动程序的计算机上可以编写简单的程序自动产生相应的击键和鼠标移动操作来测试软件。

读者可能会想为什么要这么麻烦使用如此复杂的设置？为什么不是简单地运行一个程序，在第 1 个系统中执行向被测试软件发送击键信息呢？其中有两个潜在的问题：

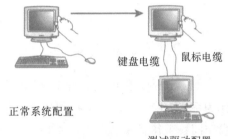

图 15-3　一台计算机可以作为驱动程序测试
工具取代被测试系统的键盘和鼠标

- 软件或者操作系统可能不是多任务的，同时运行另一个驱动程序是不可能的。

- 通过从外部计算机发送击键和鼠标移动信息，被测试系统处于非入侵状态。如果测试软件时在同一个系统中执行驱动程序，它就是入侵式的，这种测试情况可能不允许。

在设法驱动被测试的软件时，想一想从外部控制程序的所有可行方法。然后，想方法用自动提供测试输入的方式代替外部控制。

15.2.3　桩

桩和驱动程序一样，属于第 7 章所述的白盒测试技术。桩与驱动程序本质上是相反的，桩不控制或者操作被测试软件；相反，它接收或者响应软件发送的数据。图 15-4 给出的例子有助于澄清这一点。

如果测试向打印机发送数据的软件，一种方法是输入数据并打印，然后查看打印输出结果。这样虽然可行，但是太慢、没有效率、易发生错误。怎样分辨输出是缺了一个像素还是一点点色差？如果换成用运行桩软件的另一台计算机来代替打印机，读取并解释打印数据，就可以非常快捷并且准确地检验测试结果。

正常系统配置 测试桩配置

图 15-4 一台计算机可以作为桩，代替打印机，以便对测试输出进行更有效的分析

当软件需要与外部设备进行通信时经常要用到桩。一般在开发过程中不能得到这些设备，或者这些设备很少。桩就可以使测试在没有硬件的条件下进行，使测试更加有效。

> **注意** 大家可能听说过仿真器（emulator）这个术语。仿真器是在实际使用中用来替代真正设备的设备。把 PC 当作一台打印机，像一台真正打印机一样解释打印机编码并响应软件指令，这时 PC 就是一台仿真器。仿真器和桩的区别在于桩还给测试程序提供手段来查看和解释发送给它的数据，桩是仿真器的超集。

15.2.4 压力和负载工具

压力（stress）和负载（load）工具用于向被测试软件增加压力和负载。文字处理程序如果作为系统上唯一运行的应用程序，有足够的内存和磁盘空间，工作状况就可能相当好。但是，如果系统资源不足，就极有可能碰到许多潜在软件缺陷。虽然可以通过复制文件使磁盘占满，运行大量程序耗尽内存等，但是这些方法效率不高，而且不够恰当。为此专门设计的压力工具可以使测试更加容易。

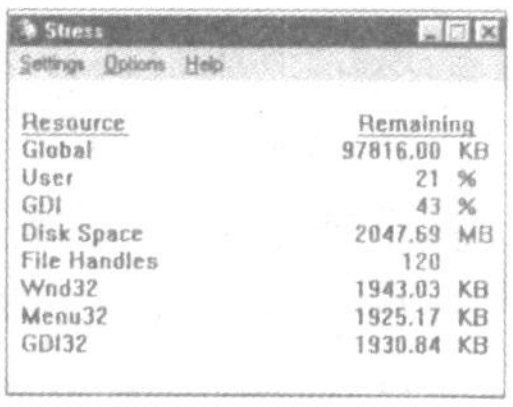

图 15-5 Microsoft 压力工具软件可以设置被测试软件可用的系统资源

图 15-5 显示了 Microsoft 编程语言开发的压力工具软件。其他操作系统和语言也有类似的工具软件。压力程序可以分别设置内存量、磁盘空间大小、文件数量，以及在该机器上运行软件的其他可用资源。

把这些值设置为零或者近似为零，会使软件执行不同的代码分支以试图处理这种紧迫限制。理想情况是软件运行不发生崩溃或者数据丢失。它可能运行得很缓慢，或者宣布在内存不足情况下运行，但是无论如何它会正确地运行，或者正常地降级运行。

负载工具和压力工具的相似之处是，它们为软件创造了用其他方式难以创造的环境条件。例如，运行在 Web 服务器上的商用程序可以通过模拟一定数量的连接和单击次数来增大负载，使其不堪重负。利用它可以检查 10 000 个模拟用户和每天 100 万次单击能否得到处理而不延长响应时间。有了负载工具，就可以方便地设置到该级别、执行测试、观看结果。

15.2.5 干扰注入器和噪声发生器

另一类工具是干扰注入器（interference injector）和噪声发生器（noise generator）。它们类似于压力和负载工具，但是在行为上更具有随机性。例如，压力工具具有随机更改可用资源的执行模式。某个程序可能在内存充足条件下运行良好，也能应付内存不足状况，但是如果可用内存不断变化，就可能有问题。压力工具的执行模式可以暴露此类软件缺陷。

类似地，可以对如图 15-1 所示的查看器工具设置进行一点改动，建立如图 15-6 所示的测试设置。在这种情况下，查看器由硬件和软件代替，不仅允许查看通信线路上的数据，而且允许更改。这就成为一个干扰注入器。这样的设置

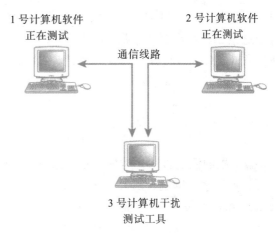

图 15-6 挂在通信线路上的干扰注入器可以测试软件能否处理由超声引起的错误情况

可以模拟所有由数据中断、噪声或者电缆损坏等因素导致的通信错误。

决定在哪里和如何使用干扰注入器和噪声发生器时，考虑何种外部因素会影响测试软件，然后设法改变和操纵这些影响因素看软件如何应付。

15.2.6 分析工具

最后一类工具称为分析工具（analysis tool），是余下的一组最佳工具。大多数软件测试员利用以下常用工具使日常工作简化。它们不一定像前面的工具一样吸引人。虽然它们常常不受重视，但是它们能够促进测试，节省大量时间。

- 文字处理软件
- 电子表格软件
- 数据库软件
- 文件比较软件
- 抓屏和比较软件
- 调试器
- 二进制 – 十六进制计算器
- 秒表
- 录像机或者照相机

当然，软件的复杂性和方向性总是在变。要视具体情况来决定最有效的工具是什么，以及如何运用它们。

15.3 软件测试自动化

虽然测试自动化（test automation）只是另一类软件测试工具，但是它是值得特别考虑的。到目前为止，所学的软件测试工具虽然确实有效，但是仍然需要手工操作或者监视。假如这些工具结合起来，启动、执行几乎不用人工干预会怎样？它们可以执行测试用例、查找软件缺陷、分析看到的信息、记录结果。这就是软件测试自动化。

本章以下几节将介绍不同类型的自动化，从最简单的过渡到最复杂的。

15.3.1 宏录制和回放

最基本的测试自动化类型是录制第一次执行测试用例时的键盘和鼠标操作，然后在需要重新执行这些测试时回放一次。如果测试的软件是运行在 Windows 或 Mac 上的，录制和回放宏是相当容易的过程。在 Mac 系统上可以使用 Quickeys 程序；在 Windows 上共享程序 Macro Magic 是上佳之选。由于有许多宏录制和回放程序可用，因此尽可以广泛收罗共享软件，从中找出最符合要求的。

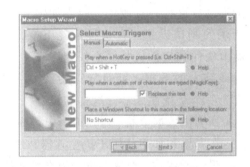

图 15-7　Macro Magic 设置向导可以配置录制的宏如何触发和回放（图片摘自 Iolo Technologies，见 www.iolo.com）

宏录制器和播放器是一种驱动程序工具。如前所述，驱动程序是用于控制和操作被测试软件的工具。利用宏程序，测试员可以这样做——回放录制的宏，重复执行测试软件的操作。

图 15-7 给出了 Macro Magic 设置向导的一个画面，引领用户进行一步一步配置和捕捉宏所必需的步骤。

Macro Magic 设置向导可以设置宏的如下选项：

- 名称。为宏命名以便以后辨认。即使对于小型软件项目，也可能要编写数百个宏。
- 重复次数。重复测试是找出软件缺陷的好方法。可以设置宏在运行时重复或者循环的次数。
- 触发条件。设置宏如何启动，可以按热键（例如 Ctrl + Shift + T）、输入一串字符（例如 run macro 1）、单击快捷方式、当某个窗口显示出来时（例如，一旦计算器启动）或者当系统闲置一段时间之后来启动。
- 捕捉对象。可以选择只捕获（记录）键盘操作或键盘以及鼠标的移动和单击都记录。
- 回放速度。宏回放的速度比最初录制时最多慢 20%，最多快 500%。这对于软件性能可以变化的情形很重要。假如测试的软件变得有点慢，而宏单击的按钮还未出现在屏幕上，结果会怎样？
- 回放位置。该选项确定鼠标移动和单击位置与某个窗口的位置是绝对的还是相对的。

如果测试某个可能在屏幕上改变位置的应用程序，使鼠标移动相对于应用程序是个好主意；否则鼠标单击位置可能不是预期的位置。

现在该实验宏的录制和回放了。寻找和下载一些宏软件，在几个简单程序（例如计算器和记事本）上反复试用，验证想法。要像测试员那样思考！通过实验可以发现虽然宏可以进行一些自动测试，使重新执行测试更加容易和迅速，但是效果并不理想。最大的问题是缺乏验证。宏无法检验软件是否以预期方式进行。宏虽然可以在计算器中输入 100–99，但是不能测试结果是否为 1——测试员仍然要测试。诚然，这是一个问题，但是许多测试员乐于宏消除了所有重复输入和鼠标移动。只观察宏的执行，确认得到预期结果是非常轻松的。

回放速度是宏的另外一个难题。即使可以调整回放的速度，也不见得总能保持宏同步执行。网页可能需要 1 秒或者 10 秒来加载。虽然可以根据预计最差情形降低宏的速度，但是它的执行速度就会一直慢，即使软件运行速度变快了也无济于事。此外，如果网页加载意外地用了 15 秒，宏仍然会出现混乱——在错误时刻单击错误的位置。

> 注意 在使用宏录制器捕捉鼠标移动和单击时要小心。程序并非总是在屏幕上的同一位置启动和出现。把回放位置设置为相对于程序窗口比设置为屏幕的绝对位置更好，但是即便如此，GUI 的一丁点变化也会扰乱捕捉的步骤。

除了这些限制之外，录制和回放宏是自动执行简单测试任务的流行方式，同时也是测试员学习如何让测试自动化的好的起点。

15.3.2 可编程的宏

可编程的宏是在简单录制和回放的变化上的一大进步。与其通过录制第一次执行测试时的操作来创建可编程的宏，不如在创建时编写回放系统遵循的简单指令。清单 15-1 给出了一个非常简单的宏程序（Macro Magic 设置向导创建）。此类宏可以通过从菜单中选择独立的操作方式来编程——甚至不必输入命令。

清单 15-1 在 Windows 计算器程序上进行测试的简单宏

```
1: Calculator Test #2
2: <<EXECUTE:C:\WINDOWS\SYSTEM32\Calc.exe~~~~>>
3: <<LOOKFOR:Calculator~~SECS:5~~>>
4: 123-100=
5: <<PROMPT:The answer should be 23>>
6: <<CLOSE:Calculator>>
```

第 1 行是标识测试任务的注释行。第 2 行执行 Windows 计算器程序 Calce.exe。第 3 行最多用 5 秒等待计算器启动。通过暂停等待标题上显示 Calculator 的窗口出现。第 4 行输入 123–100=。第 5 行显示信息提示答案应该为 23。第 6 行关闭窗口，结束测试。

注意，此类可编程的宏与录制的宏相比，具有真正的优势。尽管仍然无法验证测试的结果，但是它可以暂停执行，向测试员提示预期结果，并询问测试是通过还是失败（见图15-8）。

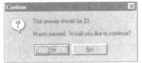

可编程的宏还可以解决录制宏的许多时序问题，不是依靠绝对延时，而是等待特定条件成立才继续执行。在计算器例子中，宏等待程序加载之后继续进行测试——这是比较可靠的方法。

图 15-8 简单编程的宏不能验证测试结果，但是可以提示测试员进行确认（图片摘自 Iolo-Technologies，见 www.iolo.com）

到目前为止，一切顺利。有了可编程的宏，就可以进军自动测试了。现在有一个简单的宏语言、驱动软件的通用命令，以及提示信息的方式。对于许多测试任务，这已经够用了，按这种方式自动测试可以节省大量时间。

然而，在进行复杂测试时还遗漏了两个重要之处。首先，可编程的宏限于直接执行命令行——只能循环和重复。在常规编程语言中可以见到的变量和决策语句不能使用，而且没有自动检查测试结果的能力。因此，需要向全面的自动测试工具发展。

15.3.3 完全可编程的自动测试工具

如果具有成熟编程语言的能力，加上驱动被测试软件的宏命令，以及进行验证的能力，结果会怎样？就可以得到从根本上具备查找软件缺陷能力的工具！图 15-9 给出了此类工具的一个例子。

图 15-9 可视化测试，最初由 Microsoft 公司开发，现在由 IBM 支持，是在一个软件包中提供编程环境、宏命令和验证能力的工具例子

像可视化测试程序这样的自动测试工具为软件测试员创建强大测试提供了手段。许多工具基于 BASIC 编程语言，即使非程序员也可以轻松地编写测试代码。

如果想输入 10 000 遍字符串“Hello World！”，就可以编写如下所示的几行代码来实现：

```
FOR i=1 TO 10000
PLAY "Hello World!"
NEXT I
```

如果要在 640×480 的屏幕上把鼠标指针从左上角移到右下角，然后双击，就可以编写如下语句实现：

```
PLAY "{MOVETO 0,0}"
PLAY "{MOVETO 640,480}"
PLAY "{DBLCLICK}"
```

测试语言还可以提供比单纯单击某个屏幕区域或者发送单个击键操作更好的控制特性。例如，要单击 OK 按钮，可以使用以下命令：

```
wButtonClick ("OK")
```

不必知道 OK 按钮在屏幕上的位置。测试软件可以找到它并单击——和用户操作一样。类似地，还有菜单、复选框、单选按钮和列表框等命令。此类命令为编写测试用例提供了极大的便利，使其可读性和可靠性更好。这些自动化工具具有的最重要特点是进行验证的能力，实际上就是检查软件是否以预期方式运行。实现这一点有以下几种方式：

- 屏幕捕获。首次执行自动测试时，可以在肯定正确的关键点捕捉并保存屏幕图像。在以后进行测试时，自动化工具可以利用保存的屏幕画面与当前屏幕画面进行比较。如果两者不同，就说明出现意外，自动化工具会把它标记为软件缺陷。

  注意，使用屏幕捕获进行测试有相当大量的工作要进行维护。即使一个像素点的变化都会导致屏幕比较失败。除非软件的用户接口不变化，否则在每次测试时进行手工捕获和比较，那就违反了自动测试的目的了。

- 控件值。比屏幕捕获更进一步，可以检查软件窗口中各种控件的值。如果测试计算器程序，自动化工具就会从显示区域读取数值，与预期结果进行比较。还可以判断是否单击了按钮或者选中了复选框。在测试程序中使用自动化工具可以轻松实现这一点。

- 文件和其他输出。同样，如果软件把数据保存在文件中——例如文字处理程序——自动化工具就能在建立文件之后将其读出，与已知正确的文件比较。该技术同样适用于通过调制解调器或者网络发送数据的被测试软件。自动化工具可以配置为读回数据与预期数据进行比较。

  和屏幕捕获一样，文件比较也有问题。如果文件或文件格式包含日期、计数器或其他变化值，文件比较就会失败。这时需要修改自动测试工具，忽略这些差别。

验证是自动测试要克服的最后一个大难题。一旦具备该能力，就可以对绝大多数测试用例进行验证，以更加容易或者完全自动化的方式执行测试用例。

关于市面上流行的测试自动化产品的更多信息，请访问以下网站：

- Software Development Technologies at www.sdtcorp.com
- Mercury at www.mercury.com
- Segue Software at www.segue.com

这些软件包对于个人使用可能有点昂贵，因为它们主要针对的是企业的测试小组。但是，如果对获得它们的一些使用经验有兴趣，可以和相应的公司联系，索取评估版；假如你是学生，可以申请学生打折优惠。大多数软件工具公司都会提供帮助，使你喜欢它们的产品，并最终推荐给其他人。

15.4 随机测试：猴子和大猩猩

到目前为止，我们学习的测试自动化工具和技术主要是使软件测试员的工作更加轻松和富有成效。其设计目标是帮助测试员执行测试用例，或者在理想状态下，自动执行测试用例，而不必管它。

出于该目的，使用工具和自动化有助于找出软件缺陷；在工具忙着进行回归测试时，软件测试员就有更多时间计划新的测试，设计新奇有趣的用例。然而，另一类自动测试不是为帮助执行或者自动执行测试用例而设计的，其目标是模拟用户可能的操作。此类自动化工具称为测试猴子（test monkey）。

测试猴子的说法来源于一个想法，如果让100万只猴子在100万只键盘上敲100万年，从统计的角度讲，它们最终就可能写出莎士比亚话剧《Adventures of Curious George》（好奇乔治历险记）等巨著。胡乱敲键可能无意间碰到正确的字母组合，这样猴子瞬间变得才华横溢，如图15-10所示。

图 15-10　只要不停电，偶尔能够得到香蕉，测试猴子就会永远测试下去

当软件公开发布后，可能会有成千上万的人使用。除非尽最大努力设计测试用例，查找缺陷，否则有些软件缺陷就会漏掉，而被这些用户发现。在产品发布之前，如果用模拟这些用户可能的操作的方式来补充测试用例，结果会怎样？这就有可能发现以其他测试方式会漏掉的软件缺陷。这正是测试猴子做的工作。

> 注意　利用测试猴子模拟客户使用软件的方式没有一点暗示或映射计算机用户和猿猴有关的意思。

15.4.1 笨拙的猴子

最简单最直接的测试猴子是笨拙的猴子。笨拙的猴子一点也不了解被测试软件：只是随机地单击鼠标或者敲击按键。清单15-2给出了随机单击鼠标和按键10 000次的可视化测试代码例子。

清单 15-2　只需几行代码即可创建笨拙的猴子

```
1: RANDOMIZE TIMER
2: FOR i=1 TO 10000
3: PLAY "{CLICK "+STR$(INT(RND*640))+", "+STR$(INT(RND*480))+" }"
4: PLAY CHR$(RND*256)
5: NEXT i
```

第 1 行初始化随机数。第 2 行从 1 到 10 000 开始循环。第 3 行从屏幕的（0，0）位置到（639，479）（VGA 分辨率）位置随机选择一个屏幕点单击。第 4 行从 0 到 255 随机挑选一个字符输入。

PC 上运行的软件不知道上面这个程序与真人操作之间的区别——除了程序的运行速度非常快之外。该程序在正常速度的 PC 上运行只需几秒。可以想象一下如果通宵运行该程序，将会得到多少随机输入！

记住，笨拙的猴子绝对不会进行验证。它只是单击鼠标和敲击按键，直至两件事件之一发生——或者完成循环，或者软件、操作系统崩溃。如果被测试的软件崩溃，笨拙的猴子并不会知道，它还会继续地单击鼠标和敲击按键。

> 如果不相信笨拙的猴子可能会发现严重缺陷，就试试在平时喜爱的计算机游戏或者
> 注意　多媒体程序上执行笨拙的猴子。这些程序极有可能支持不了几个小时就会崩溃。

只依靠单击鼠标和敲击按键来发现软件缺陷也许没有什么意义，但是这样做有如下两个原因：

- 如果有足够的时间和精力，就像猴子写莎士比亚名著一样，随机输入最终可能打出程序员和测试员没有想到的奇特序列。也许猴子输入了一些数据马上又删除了，或者在该输入短字符串的地方输入了长字符串。谁会想到呢？但是猴子能找到。
- 不停重复和使用笨拙的猴子可能会暴露内存泄漏等软件缺陷，这类缺陷要在正常使用软件数小时或者数天之后才能出现。如果用过随着使用时间长变得越来越不稳定的软件，就见到了利用笨拙的猴子发现的问题。

15.4.2　半聪明的猴子

笨拙的猴子可能特别有效，它们易于编写，可能会发现导致崩溃的严重缺陷。然而，它们缺乏一些使其更加有效的重要特性。增加这些特性来提高猴子的智商，使其成为半聪明的猴子。

假设测试猴子运行了几个小时，在软件崩溃之前记录了成千上万种随机输入。软件测试员可能知道其中有问题，但是无法向程序员说清楚如何重现它。可以用同样的随机序列重新运行猴子，但是如果花了几个小时又使软件失败了，就只是在浪费宝贵的时间。解决方法是在测试猴子中增加日志，将测试猴子所有的操作记录到一个文件中。当测试猴子发现软件缺陷时，只需查看日志文件，找出在失败之前做了些什么。

> 技巧　另外一个解决跟踪测试猴子行为的办法是用摄像机录下屏幕上的内容。当发现软件出现故障时，就倒回去重新看看。

编写猴子程序，只在被测试的软件上运行也是一个好想法。如果猴子程序在屏幕上到处随机单击，就会（最终会）单击到退出命令终止程序。由于猴子不知道程序关闭了，因此它还会继续运行。想一想如果猴子在计算机屏幕上到处单击，结果会怎么样——哦！大多数可编程自动化工具提供了一种方式，使测试总是针对某个特定应用程序，或者在应用程序关闭了停止工作。

使猴子变聪明的另一个优点是崩溃辨认能力。如果启动猴子程序，通夜运行，但测试员一走出房间它就发现了一个软件缺陷，就会浪费很多宝贵的测试时间。如果为猴子编写新功能，使其能识别发生了崩溃，并重新启动计算机，然后重新开始测试，每晚就可能多找出几个软件缺陷。

15.4.3　聪明的猴子

半聪明的猴子再继续进化就成为聪明猴子。这样的猴子从它不够聪明的兄弟那里获得随机测试的结果，并增加了对环境的认知能力。它不单单随机乱敲键盘——而是有目的地敲。

真正聪明的猴子知道：

- 它在哪里
- 在那里能干什么
- 它能到哪里
- 它曾经在哪里
- 所见到的是否正确

这个清单是否有点熟悉？是的。聪明猴子会阅读软件的状态转换图——第 5 章"带上眼罩测试软件"所讲述的那种图。如果猴子可以看懂描述软件的全部状态信息，它就可以像用户那样试用软件，只是使用速度更快，而且可以验证遇到的情况。

聪明猴子测试 Windows 计算器（见图 15-11）能知道有哪些按钮可以单击，存在哪些菜单项，在哪里输入数字。如果它单击 Help 菜单的 About Calculator 选项，就知道唯一的退出方法是单击 OK 按钮或者 Close 按钮。它不会在屏幕上到处随机单击，最终意外命中目标。

关闭按钮

OK 按钮

图 15-11　聪明猴子应该知道如何关闭 About Calculator 对话框

聪明猴子也不仅限于查找崩溃缺陷。它同时查看数据、检查操作结果、找出其与预期结果的差别。如果在测试用例中编程设计聪明猴子，它可以随机执行、查找软件缺陷、记录结果。太酷了！

图 15-12 显示了一个叫 Koko 的聪明猴子，名字来源于会说符号语言的猿猴。要想编程设计 Koko，就得提供通过定义所有状态来描述软件的状态表、该状态中可以执行的操作，以及决定操作执行结果是否正确的声明。

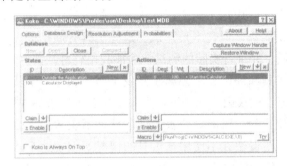

图 15-12　聪明猴子 Koko 可以编写成知道自己在哪里，可以干什么

当 Koko 运行时，它驱动软件到已知状态，根据模拟实际情形的权衡结果，随机选择一个操作，执行该操作，然后检查结果。如果该操作导致软件改变状态，Koko 就会知道，并使用适用于新状态的一组新操作。

有了这样的系统，就可以模拟软件的实际使用，把数千个小时的使用时间压缩为几个小时。聪明猴子是真正的寻找缺陷机器！

 Koko 是作者开发的一个适度聪明的猴子，并不用于商业应用。
注意

15.5　使用测试工具和自动化的实质

在满怀喜悦地准备开始在测试中使用测试工具和自动化之前，需要阅读本节并记在心里。测试自动化不是万能的。如果正确规划和执行的话，工具和自动化可以使测试效率大大提高并且能发现其他方式不能发现的缺陷。然而，如果自动化和工具步入歧途，会导致无数的自动化测试的努力被放弃，并且使项目成本大大增加。

在开始使用本章所述的技术之前，应该对以下这些重要的问题加以考虑：

- 软件变更。产品说明书从未修复过。后期增加了新特性。产品名称在最后一刻被更改。如果录制了数千个宏执行全部测试，而在产品发布的前一周，软件改为启动时多显示一屏，结果会怎样？所有录制的宏都将运行失败，因为它们不知道多出一屏。这时，需要编写的自动化程序具备灵活性，在需要时能够方便快捷地改变。

- 人眼和直觉是不可替代的。编出来的聪明猴子的聪明有限。它们只能执行人交给它们的测试。它们永远不可能看到什么说："呀，这很有趣。我还要做更多检查。"——至少目前不会。

- 验证难以实现。如果测试用户界面，验证测试结果最简单、最显然的方法是捕捉和比较屏幕画面。但是，屏幕画面是大型文件，而且这些屏幕画面在产品开发过程中不断变化。要保证测试工具只检查需要的画面，而且能够在产品开发过程中高效处理变化。

- 容易过分依赖自动化。永远不要因为执行了全部自动化测试没有发现软件缺陷，就认为没有软件缺陷要找了。软件缺陷仍然有，这是杀虫剂怪现象。
- 不要花费太多时间使用达不到测试软件目的的测试工具和自动化。开始编写宏和聪明猴子虽然轻松愉快，但这不是测试。这些工具有助于提高效率，但是需要在软件运行时使用它们，并进行实际的测试，才能找出软件缺陷。
- 编写宏、开发工具和编制猴子都属于开发工作。软件测试员应该遵守要求程序员遵守的标准和规范。仅仅因为你是测试员不意味着可以破坏规则。
- 某些工具是入侵式的，可能导致被测试的软件不正常地失败。如果使用工具发现了一个软件缺陷，要设法在不使用该工具的情况下重现这个软件缺陷。结论可能是一个简单的可重现的软件缺陷，也可能是工具引起的问题。

小 结

软件测试工具和自动化可以用于任何软件类型的测试。本章所示的大多数示例是关于图形用户界面的测试的，但是同样的技术可以运用到编译器、网络和 Web 服务器的测试中。好好想一想需要执行的测试任务，如何利用软件使其更加容易和快速实现——这正是自动化的领域。

人们有时徒手干，有时使用苍蝇拍，有时（也许不太雅观）使用锤子。清楚何时使用工具和使用哪一种工具是软件测试员的重要技能。创建、使用测试工具和测试自动化是有趣的工作。看到计算机自己在运行、光标来回闪烁、字符自动输入的感觉很酷。当你躺在床上，或者出去喝一杯时，自动化工具吱吱地工作，查找软件缺陷，你会感到相当地满意。

小测验

以下是帮助读者加深理解的小测验。答案参见附录 A——但是不要偷看！

1. 说出使用软件测试工具和自动化的一些好处。
2. 在决定使用软件测试工具和自动化时，要考虑哪些缺点或者注意事项？
3. 工具和自动化之间有何差别？
4. 查看工具和注入工具有何异同？
5. **判断是非**：入侵式工具是最佳类型，因为其操作与测试的软件最贴近。
6. 最简单但很有效的测试自动化类型是什么？
7. 说出可以增加到问题 6 所述的测试自动化中，使其更有效的一些特性。
8. 聪明猴子比宏和笨拙的猴子有什么优点？

第 16 章

缺陷轰炸和 beta 测试

第 15 章"自动测试和测试工具"讲述了采用工具和自动化形式的技术如何帮助测试员提高效率。利用软件测试软件是加快工作进展的绝佳方式，有助于找出其他方式可能遗漏的软件缺陷。

成为高效测试员的另一条途径是借助他人的力量。如果能让更多的人在软件发布之前查看软件，即使他们不是专业测试员，也能够找出专业测试员看不到的软件缺陷。

本章重点包括：

- 让他人测试为什么重要
- 如何使他人查看自己的软件
- beta 测试是什么，测试员如何参与
- 如何有效外包测试工作

16.1　让别人测试你的软件

图 16-1 给出了两个基本相同的场景视图。拿出秒表，定时 1 分钟，仔细检查两幅图片，找出两者之间的差别。按照找到的顺序列出差别清单。

图 16-1　在 1 分钟之内，尽量找出两幅场景的差别（图片取材于 www.cartoonworks.com）

　　观察结束后，请几位朋友也找一找，与自己的清单比较。你会发现每个人得出的结果相差很大。他们找到差别的数量不同，发现的顺序不同，甚至找到的差别也不同。期望的效果是，如果合并所有清单，舍弃重复的，可望得到全部差别的完整清单——但是，即便如此，仍然可能漏掉一些。

　　软件测试也是如此。也许一个软件测试员严格遵守进度安排，在有限的时间内尽可能多地找出软件缺陷。但是另一个测试员可能加入进来，测试同样的代码，找出另外的软件缺陷。此情此景令人泄气。经过努力工作之后，会这样想："我怎么会遗漏这么明显的软件缺陷呢？"不要担心，这是正常的。对此有以下原因和对策：

- 让其他人检查软件有助于打破杀虫剂怪现象。如图 16-1 所示，不同的人注意不同的事物。从你的角度看总是发现不了的软件缺陷可以被项目小组的其他人一眼看出。这就像"皇帝的新衣"寓言。
- 类似地，人们互相之间不仅看到的不同，而且测试方法也不同。任凭你投入多大的努力审查软件说明书，确定测试用例，新来的人利用你想不到的方法仍然可能找到软件缺陷——按不同的键，更快地单击鼠标，以其他方式启动功能等。这又是杀虫剂怪现象。
- 让别人帮忙测试有助于消除烦躁心情。反复使用同样的软件特性，不断地反复执行同样的测试，会使测试工作变得相当单调。烦躁情绪还会令人注意力涣散，开始遗漏明显的软件缺陷。
- 观察别人解决问题的方式是学习新测试技术的上佳方法。总有不同的新测试方法可以收入囊中。

　　人们很容易落入希望自己单独负责测试软件的陷阱中，不要这样做。借助他人帮助会有很多收获。

16.2　测试共享

　　可能的话，除非软件项目特别小，否则至少有几个测试员来测试软件。即使只有几个人，也可以多让几个人来查找缺陷。

　　一个常用方法是在一定时间内简单互换测试任务，可以理解为"你执行我的测试，我执行你的测试"。双方都得以独立查看软件，同时完成基本测试任务。双方还会了解自己不熟悉的软件领域——从而可能会想出其他的测试用例来测试。至少可以让他人花时间审查等价划分和测试用例。他们可以根据自身经验为测试提供新的或不同的思路。

　　共享测试任务的有趣方法是安排缺陷轰炸（bug bash）。缺陷轰炸是在一段时间（一般为几个小时）内整个测试小组停下指定的常规测试任务，参加轰炸。在缺陷轰炸中，选择软件中某一区域，所有测试员集中测试这个区域或者这组特性。选择区域可能是软件缺陷聚集之处，看是否还有更多潜伏的问题；也可能是怀疑不存在软件缺陷的区域。利用缺陷轰炸可以确定普通测试是否会遗漏软件缺陷，代码编写质量如何。选择区域虽然有不少内在规则，但是最终要用缺陷轰炸让许多人从特定的软件区域寻找软件缺陷。

　　请求协助寻找软件缺陷的最佳伙伴是产品支持或者客户服务小组——他们在客户打电话或者通过电子邮件咨询问题时与客户交谈。这些人显然对软件缺陷非常敏感，是用来协助你测试的一个巨大资源。找到产品发布后提供支持的人，请他们参加测试共享活动。他们帮忙找到的软件缺陷会出人意料。

> 注意　产品支持人员接到的最常见求援电话可能是易用性问题。许多打来电话的人只是想知道软件怎样使用。因此较好的做法是让产品支持小组在设计早期协助测试，以指出和修复易用性软件缺陷。

16.3　beta 测试

　　这里所述的测试共享想法已经成为内部方法，也就是说，协助共享测试的人要么来自测试小组，要么来自产品开发小组。另一种让他人验证和确认软件的常用过程称为 beta 测试（beta testing）。

　　beta 测试是用于描述外部测试过程的术语。在该过程中，软件分发给选定的潜在客户群，让他们在实际环境中使用软件。beta 测试一般在产品开发周期行将结束时进行，理想情形下只是确认软件准备向实际客户发布。

　　beta 测试的目标可能很广泛，从让新闻媒体报道软件初期使用印象到用户界面确认到最后一步寻找软件缺陷。软件测试员要让管理 beta 测试的人知道 beta 测试的目标。

　　从测试角度看，在计划或者依赖 beta 测试时，有几个问题需要考虑：

- 谁是 beta 测试者？由于 beta 测试可能有不同的目标，因此有必要了解谁参加 beta 测试。例如，测试员也许想要指出软件中残留的易用性缺陷，但是 beta 测试者可能全是有经验的技术人员，更关心底层操作，而不是易用性。如果测试员测试的软件部分要进行 beta 测试，一定要在过程中指定所需的 beta 测试者类型，以便从中获得最大收获。

- 同样，怎样知道 beta 测试者使用过软件呢？如果 1000 个 beta 测试者拿到软件一个月后，报告没有发现问题，那么是没有软件缺陷，还是看到软件缺陷却没有报告，还是邮寄的磁盘丢失了呢？ beta 测试者先把软件放上几天才开始试用的现象并不少见，当他们开始试用时，使用时间和特性都很有限。执行 beta 程序的测试员或者其他人一定要跟踪参加 beta 测试者，以保证他们在使用软件并符合计划的目标。

- beta 测试可以成为寻找配置和兼容性软件缺陷的好方法。如第 8 章"配置测试"和第 9 章"兼容性测试"中所述，明确和测试能代表所有实际硬件和软件设置的典型样本是非常困难的。如果 beta 测试者挑选得明智，能够代表目标客户，他们就会帮大忙，找出配置和兼容性软件缺陷。

- 易用性测试是 beta 测试能有所作为的另一个领域。条件是精心挑选参加者——有经验的用户和无经验的用户的完美结合。他们第一次看到软件，将会轻松地找出不清楚或者难于使用之处。

- 撇开配置、兼容性和易用性，beta 测试在寻找软件缺陷方面竟然出人意料地差。由于参加者一般没有足够的时间使用软件，因此他们只能找出明显的大问题——测试员可能已经知道的。此外，因为 beta 测试一般在开发周期行将结束时进行，所以没有太多时间修复找到的软件缺陷。

> 🔍 **注意** 试图依靠 beta 测试来代替实际测试是软件产品开发的主要误区之一，不要这样做！如果这样做可行，为什么软件设计和编程不这样做呢？

- beta 测试程序会耗费测试员大量时间，测试新手的常见任务是与 beta 客户一起，帮助解决他们的问题，回答提问，确认他们找到的软件缺陷。如果受命执行该任务，还需要和其他测试员合作，以了解软件缺陷是怎样溜到 beta 测试者那里的，以及如何改善测试用例，使得软件缺陷将来能够在内部发现。所有这些可能是满负荷的工作，留给自己亲自做实际测试的时间几乎没有。

如果软件测试员和测试小组计划拥有一个 beta 测试程序，就要提前做安排，最好在定义产品进度的时候。一定要使 beta 测试的目标与预期目标吻合，而且要和管理 beta 程序的人（或者小组）紧密合作，使测试的结果为人所知。

经证实，beta 测试是使独立、翔实的测试数据回归软件的好方法，但是必须正确定义和管理才有效——几乎可以说这也需要测试。

16.4 外包测试

许多公司采用的一种常用做法是向擅长各方面软件测试的其他公司外包或提交部分测试工作。虽然这看上去比由产品小组的测试员来完成要更麻烦、更昂贵，但是如果做得好，这可能成为共享测试的有效途径。

配置和兼容性测试通常是外包测试的理想选择。这些测试一般需要拥有众多不同硬件和软件组合的大型测试实验室，以及一些人员来管理。大多数小型软件公司无法承受维护这些测试实验室的开销，因此，向专门从事配置和兼容性测试业务的公司外包测试很有意义。

本地化测试是另一个通常被外包测试的例子，除非拥有相当庞大的测试小组，否则配备能懂产品支持的各种语言的测试员是不可能的。小组中拥有一批讲外语的测试员来查找基本的本地化问题虽然很有好处，但是外包特定语言的测试可能更加有效。专门从事本地化测试的公司拥有能讲各种语言，而且具备测试经验的测试员。

作为测试新手，虽然不要求决定外包哪些测试任务，但是如果外包的测试是你负责测试的软件部分，你就需要与外包公司一起工作。外包任务的成败很大程度上取决于软件测试员。以下是有助于使任务执行更顺利需要考虑，并与测试经理或者项目经理探讨的问题：

- 测试公司究竟要执行哪些测试任务？谁来定义？谁来批准？
- 他们遵守哪个进度？谁来制定进度？如果超过最后期限会怎样？
- 为测试公司提供哪些内容？例如软件说明书、阶段性软件更新以及测试用例。
- 测试公司提供哪些内容？至少要提供他们找出的软件缺陷。
- 如何与测试公司联系？是电话、电子邮件、因特网、中心数据库，还是每大登门造访，谁是两边的联络点？
- 怎样知道测试公司是否满足期望？他们怎样知道是否满足期望？

这些不是严格的科学课题，但是在匆忙外包测试任务时常常被忽视。把软件扔过去要测试公司"测试它"是一种老毛病。然而，花一些时间提前计划能使外包成为非常有效的测试手段，否则由于资源限制无法处理测试。

⊙ 小 结

本章和第 15 章得出的结论是应该学会使用任何方式使测试更加有效。一种情况可能决定使用技术，另一种可能要求增加人手，还有一种可能只需要靠蛮力手工测试。每一个软件测试问题都是唯一的，每次测试都能够学到新知识。试验、尝试不同方法，看其他人怎么做，不断努力找到使测试更具成效、更好地找出软件缺陷的最佳方式。

本章围绕着全书如何进行软件测试的主题展开，它是有趣的事。我们已经了解了软件开发的过程、软件测试的基本技术、如何运用技巧、如何进行加强等。第五部分"使用测试文档"将讲述如何把目前所学的知识融合起来：如何计划和组织测试任务、如何正确记录跟踪发现的缺陷，如何保证软件缺陷被修复。

⊙ 小测验

以下是帮助读者加深理解的小测验。答案参见附录 A——但是不要偷看！

1. 描述杀虫剂怪现象，如何找到新人查看软件来解决它？
2. 对软件进行 beta 测试程序有哪些正面作用？
3. 对于 beta 测试程序有哪些注意事项？
4. 如果正在为小型软件公司测试，为什么外包配置测试是个好主意？

第五部分

使用测试文档

仅仅尽最大努力是不够的。你必须知道要做什么，然后再尽最大努力。

——爱德华·戴明（W. Edward Deming）博士，
统计和质量控制专家

没有记录就不能断定什么事件确实发生过。

——弗吉尼亚·伍尔芙（Virginia Woolf），
英国小说家、杂文家和批评家

第17章

计划测试工作

本章是第五部分"使用测试文档"的开始。到目前为止,本书已给出了软件测试的概貌,并且寻找软件缺陷的基础也讲述过了——到哪里去找、如何测试、如何有效地测试。第五部分各章将把这些知识联系起来,说明和软件测试有关的所有工作是如何计划、如何组织以及如何和项目小组之间进行交流的。

> 不要忘了软件测试员的目标是:
> 提示 软件测试员的目标是尽可能早地找出软件缺陷,并保证其得以修复。

利用精心组织的测试计划、测试用例和测试报告,对测试工作进行正确的记录以及交流,将使达到目标变得更有可能。

本章着重讲述测试计划,即工作中会遇到的最基本测试文档。测试新手一般不会被安排为项目建立全面测试计划——这是由测试负责人或者经理来做,而测试员一般是协助建立测试计划,因此需要了解计划测试工作包括哪些内容,测试计划需要哪些信息。通过这种方式,测试员为计划过程做出了努力,并利用掌握的信息组织自己的测试任务。此外,过不了多久就可以编制自己的软件测试计划了。

本章重点包括:

- 测试计划的目的
- 为什么计划是一个过程而不是一个结果,有什么重要性
- 计划过程中需要考虑的问题
- 测试新手在测试计划中的作用

17.1 测试计划的目标

测试过程不可能在真空中进行。如果程序员编写代码而不说明它干什么、如何工作、何时完成,执行测试任务就很困难了。同样,如果测试员之间不交流计划测试的对象,需

要什么资源，进度如何安排，整个项目就很难成功。软件测试计划（software test plan）是软件测试员与产品开发小组交流意图的主要方式。

IEEE 829—1998 关于软件测试文档（Software Test Documentation）⊖的标准以如下方式表达软件测试计划的目的：

规定测试活动的范围、方法、资源和进度；明确正在测试的项目、要测试的特性、要执行的测试任务、每个任务的负责人，以及与计划相关的风险。

根据该定义和 IEEE 的其他标准，我们注意到测试计划采用的形式是书面文档。这虽然并不奇怪，但却是非常重要的一点，因为尽管最终结果只是一页纸（或者联机文档，或者网页），但是这页纸不是测试计划的全部内容。

测试计划只是创建详细计划过程的一个副产品，重要的是计划过程，而不是产生的结果文档。

本章的标题是"计划测试工作"，而不是"撰写测试计划"。两者的区别显而易见。撰写的测试计划通常最终成为一个空架子——束之高阁的文档（shelfware），以后再不会有人看。如果计划工作的目标从建立文档转移到建立过程，从撰写测试计划转移到计划测试任务，就不存在空架子问题了。

这并不是说描述和总结计划过程结果的最终测试计划文档就不需要了，相反，仍然需要有一个测试计划作为参考和文档归档——在一些行业这是法律的要求。重要的是计划是个副产品，并非计划过程的根本目的。

测试计划过程的最终目标是交流（而不是记录）软件测试小组的意图、期望，以及对将要执行的测试任务的理解。

如果和项目小组一起，花一些时间研究本章下面所列的主题，确保所有人都了解测试小组的计划，最终就可以达到这个目标。

17.2 测试计划主题

许多软件测试的书籍介绍了测试计划模板或者样本测试计划，可以随意修改，建立针对具体项目的测试计划。该方法的问题是容易把重点放在文档上，而不是计划过程上。大型软件项目的测试负责人和经理拿起测试模板的副本或者原有测试计划，花上几个小时剪切、复制、查找和替换，从而得到当前项目的"独特"测试计划。他们认为自己做了一件大事，仅用几个小时就建立了其他测试员要花几周或者几个月才能建立的测试计划。然而，他们没有抓住重点，当产品小组中没有人知道测试员在干什么，或者为什么那么干的时候，测试项目的弊端就显露出来了。

因此，本书中看不到测试计划模板。取而代之的是要遵循一系列重要主题的清单，该清单应该在整个项目小组——包括所有测试员中全面讨论、相互沟通并达成一致。该清单也许不能完全适用所有项目，但是因为它列出了常见的与重要测试相关的问题，所以比测

⊖ IEEE 829—1998 标准可以从 standards.ieee.org 站点购买到电子或打印文档。

试计划模板更实用。由于从本质上讲计划是一个动态过程，因此如果发现列出的问题不适应具体情况，就可以自行调整。

当然，测试计划过程的结果是某一种文档。如果行业或者公司有自己的标准，格式可以预先定义。软件测试文档的 IEEE 829—1998 推荐了一种常用格式。除此之外，格式可由项目小组来决定，应该能够非常有效地交流工作成果。

17.2.1　高级期望

测试过程中的第 1 个论题是定义测试小组的高级期望。虽然这是项目小组全部成员必须一致同意的基本论题，但是常常被忽视。它们可能被认为"太过明显"，并且想当然地假定每个人都了解——但是，优秀的测试员知道永远不要假定任何事。

- 测试计划过程和软件测试计划的目的是什么？测试员本人知道进行测试计划的理由——好吧，就算很快会知道——但是程序员知道吗？技术文档作者知道吗？管理部门知道吗？更重要的是，他们同意和支持这个测试计划过程吗？

- 测试的是什么产品？当然你相信它是 Ginsumatic v8.0 版，但是真能够确定吗？这个 v8.0 版计划是完全重写的还是仅仅维护升级的？它是一个独立程序还是由几千个小程序组成的？它是自行开发的还是第三方开发的？还有，Ginsumatic 究竟是什么东西？

  为了使测试工作成功，必须完全了解产品是什么，以及其数量和适用范围。从说明书得到产品描述是一个好的开端，但是将其给小组其他人看就会发生奇怪的现象。测试员并不希望程序员宣称："我写的代码不执行这样的功能！"

- 产品的质量和可靠性目标是什么？这是大家争论的焦点，但是使所有人一致同意这些目标是绝对必要的。销售代表会说软件运行要尽量快；程序员会说软件要使用最酷的技术；产品支持会说软件不能有引起任何冲突的缺陷。他们不可能都对。怎样权衡快和酷？怎样向产品支持工程师解释软件有可能携带导致崩溃的缺陷？由于测试小组将会测试产品的质量和可靠性，因此要知道目标是什么；否则怎么知道软件是否达到目标呢？测试计划过程的结果必须是清晰的、简洁的、在产品质量和可靠性目标上一致通过的定义。目标必须绝对，以免说不清是否达到目标。如果销售人员想快，就让他们定义基准——能够每秒处理 100 万个事务，或者比对手 XYZ 执行同样的任务快一倍。如果程序员喜欢出色的技术，就说清技术是什么。不要忘了，不成熟的技术就是软件缺陷。至于软件缺陷，不能保证全能找到——这是不可能的。但是，可以说目标是自动猴子测试员运行 24 小时不崩溃，或者执行全部测试用例而找不到新的软件缺陷，等等。要有针对性。随着产品发布日期临近，质量和可靠性目标不应该再有不同的意见了。每一个人都应该知道这一点。

17.2.2　人、地点和事

测试计划需要明确在项目中工作的人，他干什么，怎样和他联系。在小项目中这似乎没有必要，但是即使是小项目，小组成员也可能分散在很远的地方，或者人员变动，为跟踪谁做什么造成困难。大型团队可能有数十或数百个联络点，测试小组很可能要和所有人打交道，知道他们是谁和如何联系是非常重要的。测试计划应该包括项目中所有主要人员的姓名、职务、地址、电话号码、电子邮件地址和职责范围。

同样，文档存放在哪里（测试计划放在哪个文件夹或服务器上），软件从哪里可以下载，测试工具在哪里等都需要明确。考虑邮件地址、服务器和网站地址。

如果在执行测试时硬件不可缺少，那么它放在哪里、如何得到？如果有进行配置测试的外部测试实验室，那么它们具体在哪里？它们的进度是怎样安排的？

该论题最好的描述是"测试新手问题指南"。这通常是要测试新手负责的好的测试计划部分。找到所有问题的答案，并把发现记录下来。你想知道的也是别人想知道的。

17.2.3 定义

让项目小组中的全部成员在高级质量和可靠性目标上达成一致是一件困难的事情。不幸的是，这只是软件项目中需要定义的用词和术语的开始。回顾第 1 章 "软件测试的背景" 中关于软件缺陷的定义：

1）软件未实现产品说明书要求的功能。

2）软件出现了产品说明书指明不应该出现的错误。

3）软件实现了产品说明书未提到的功能。

4）软件未实现产品说明书虽未明确提及但应该实现的目标。

能确认小组全部成员知道、理解——更重要的是——同意该定义吗？项目经理知道软件测试员的目标吗？如果不是这样，测试计划的过程就是保证他们要理解和同意。

这是项目小组中最大的问题之一——忽视在开发产品中这些常用术语应用时的含义。程序员、测试员和管理部门对术语都有各自的理解。如果程序员和测试员对软件缺陷是什么的基本理解未能达到一致，可以想见争执在所难免。

测试计划过程就是定义小组成员的用词和术语。对差异要进行鉴别，并得到一致的同意，使全体人员说法一致。

以下是一些常用术语和相当松散的定义。不要把它当作完整或者定义明确的清单。它取决于具体项目、开发小组遵循的开发模式，以及小组成员的经验。该清单列出的术语只是在应该为项目定义哪些内容的考虑上开拓思路，并说明使全体人员了解其含义的重要性。

- 构造。程序员放在一起需要测试的代码和内容的搜集。测试计划应该定义构造的频率（每天、每周等）以及期望的质量等级。
- 测试发布文档（TRD）。程序员发布的文档。对每一个构造都声明新特性、不同特性、修复问题和准备测试的内容。
- alpha 版。意在对少数主要客户和市场进行数量有限的分发，用于演示目的的早期构造。其无意在实际环境中使用。使用 alpha 版的所有人员必须了解确切内容和质量等级。

- beta 版。意在向潜在客户广泛分发的正式构造。回顾第 16 章"缺陷轰炸和 beta 测试"所述,进行 beta 测试的原因需要定义。
- 说明书完成。说明书预计完成并且不再更改的日程安排。干过几个项目之后,就会知道这个期限只能在虚幻小说中实现,但是它确实应该设定,以后只能进行控制范围内的小改动。
- 特性完成。程序员不再向代码增加新特性,并集中修复缺陷的日期安排。
- 软件缺陷会议。由测试经理、项目经理、开发经理和产品支持经理组成的团队,每周召开会议审查软件缺陷,并确定哪些需要修复,应该如何修复。软件缺陷会议是在测试计划中建立质量和可靠性目标的主要措施之一。

17.2.4　团队之间的责任

团队之间的责任是明确指出可能影响测试工作的任务和交付内容。测试小组的工作由许多其他功能团队驱动——程序员、项目经理、技术文档作者等。如果责任未明确,整个项目尤其是测试就会出现戏剧化情景——"我拿了,不,你拿了,你还没有处理,不,我想你已经处理过了",从而导致重要的任务被忘记。

需要定义的任务类型不像测试员的测试、程序员的程序那样容易分清。麻烦的任务可能有多个负责者,有时没有责任者,或者由多人共同负责。计划这些任务和交流计划最容易的方法是使用如图 17-1 所示的简表。

表中任务列于左边,可能的责任者横列在顶部。"×"号表示任务的责任者,短线(-)表示任务的参加者,空白表示团队不负责该任务。

确定表格列出哪些任务取决于经验。理想情况下,小组中有资深成员可以先过一遍清单,但是每一个项目是不同的,有其独特的团队之间的责任和依赖关系。良好的开端是找人询问过去项目的情况,以及能记得的曾被疏忽的任务。

任务	程序管理	程序员	测试	技术文档作者	营销人员	产品支持
撰写产品版本声明	---				X	
创建产品组成部分清单	X					
创建合同	X					---
产品设计 / 功能划分	X			---		---
项目总体进度	X					---
制作和维护产品说明书	X					
审查产品说明书	---	---	---	---		---
内部产品的体系结构	---	X				
设计和编写代码		X				
测试计划			X			
审查测试计划		---	X			---
单元测试		X				
总体测试			X			
创建配置清单			---	X		
配置测试			X			
定义性能基准	X		---			
运行基准测试			X			
内容测试				---	X	
来自其他团队的测试代码						
自动化 / 维护构建过程		X				
磁盘构建 / 复制		X				
磁盘质量保证			X			
创建 beta 测试清单					X	---
管理 beta 程序	---				X	---
审查印刷的资料	---			X		---
定义演示版本	---				X	
生成演示版本	---				X	
测试演示版本			X			
缺陷会议	X	---	---			---

图 17-1　借助表格的帮助来组织团队之间的责任

17.2.5　哪些要测试，哪些不要测试

有时会惊奇地发现软件产品中包含的某些内容不必测试。这些内容可能是以前发布过或者测试过的软件部分。来自其他软件公司并已经测试过的内容可以直接接受。外包公司会提供预先测试过的产品部分。

计划过程需要验明软件的每一部分，确定它是否要测试。如果没有测试，需要说明这样做的理由。如果由于误解而使部分代码在整个开发周期漏掉，未做任何测试，就可能导致一场灾难。

17.2.6　测试的阶段

要计划测试的阶段，测试小组就会查看预定的开发模式，并决定在项目期间是采用一个测试阶段还是分阶段测试。在边写边改模式中，可能只有一个测试阶段——不断测试，直到某个成员宣布测试停止。在瀑布和螺旋模式中，从检查产品说明书到验收测试可能有几个阶段，测试计划也属于其中一个测试阶段。

测试的计划过程应该明确每一个预定的测试阶段，并告知项目小组。该过程一般有助于整个小组形成和了解全部开发模式。

> **注意**
> 与测试阶段相关联的两个重要概念是进入和退出规则。测试小组不能只是周一来上班，看看日历就知道该进入下一个阶段了。每一个阶段都必须有客观定义的规则，明确地声明本阶段结束，下一阶段开始。
> 例如，说明书审查阶段可能在正式说明书审查公布时结束。beta测试阶段可能在测试员完成验收测试，从预定beta测试构造中没有发现新的软件缺陷时开始。
> 假如没有明显的进入和退出规则，测试工作就会变成单一的，且毫无头绪的工作——很像边写边改开发模式。

17.2.7　测试策略

与定义测试阶段相关联的练习是定义测试策略。测试策略描述测试小组用于测试整体和每个阶段的方法。回顾到目前为止所学的软件测试知识。如果你面对需要测试的产品，就需要决定使用黑盒测试好，还是白盒测试好。如果决定综合使用这两种技术，那么在软件的哪些部分，什么时候运用它们呢？

某些代码用手工测试，而其他代码用工具和自动化测试也许是个不错的想法。如果要使用工具，那么是否需要开发，或者能够买到已有的商用解决方案？如果是，选择哪一种情况？也许更有效的方法是把整个测试工作外包到专业测试公司，只要形同虚设的测试员监督他们的工作即可。

做决策是一项复杂的工作——需要由经验相当丰富的测试员来做，因为这将决定测试

工作的成败。使项目小组全体成员都了解并同意预定计划是极其重要的。

17.2.8　资源需求

计划资源需求是确定实现测试策略必备条件的过程。在项目期间测试可能用到的任何资源都要考虑到。例如：

- 人员。人员数量、经验和专长？他们是全职、兼职、合同还是学生？
- 设备。计算机、测试硬件、打印机、工具。
- 办公室和实验室空间。在哪里？有多大？如何布局？
- 软件。文字处理程序、数据库程序和自定义工具。要购买哪些东西？要写什么材料？
- 外包测试公司。用它们吗？选择它们有什么原则？它们的费用如何？
- 其他配备。磁盘、电话、参考书、培训资料。在项目期间还需要别的吗？

特定资源需求取决于项目、小组和公司，因此测试计划工作要仔细估算测试软件的要求。开始不做好预算，到项目后期获取资源通常很困难，甚至无法做到，因此创建完整清单是必要的。

17.2.9　测试员的任务分配

一旦定义了测试阶段、测试策略和资源要求，这些信息加上产品说明书就可以分配每个测试员的任务。前面讨论的团队之间的责任是指哪些功能性团体（管理、测试和程序员等）负责哪些高级任务。计划测试员任务分配是指，明确测试员负责软件的哪些部分、哪些可测试特性。表 17-1 给出了一个极为简化的 Windows 写字板程序的测试员任务分配表。

表 17-1　写字板程序的高级任务分配

测　试　员	测试任务分配
Al	字符格式：字体、大小、颜色、样式
Sarah	布局：项目符号、段落、制表位、换行
Luis	配置和兼容性
Jolie	用户界面：易用性、外观、辅助特性
Valerie	文档：在线帮助、滚动帮助
Ron	压力和负载

实际责任表更加详细，确保软件的每一部分都分配有人测试。每一个测试员都会清楚地知道自己负责什么，而且有足够的信息开始设计测试用例。

17.2.10　测试进度

测试进度需要以上所述的全部信息，并将其映射到整个项目进度中。该阶段一般在测试计划工作中至关重要，因为原以为很容易设计和编码的一些必要特性可能后来证实测试非常耗时。一个例子是某程序在不明显的有限区域之外不执行打印。没有人意识到打印对测试的影响，而在产品中保留该特性，结果导致打印机配置测试要花几周时间。作为测试计划的一部分，完成测试进度安排可以为产品小组和项目经理提供信息，以便更好地安排整个项目的进度。他们甚至会根据测试进度决定砍掉产品的一些特性，或者将其推迟到下一个版本中推出。

关于测试计划的一个重要问题是测试工作通常不能平均分布在整个产品开发周期中。有些测试以说明书和代码审查、工具开发等形式在早期进行，但是测试任务的数量、人员的数量和测试花费的时间随着项目的进展不断增长，在产品发布之前会形成短期的高峰。图 17-2 显示了典型的测试资源图表。

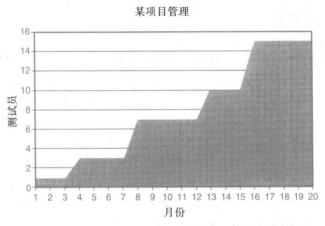

图 17-2　项目中的测试资源数目随着开发的进度而增长

持续增长的结果是测试进度受到项目中先前事件的影响越来越大。如果项目中某一部分交给测试组时晚了两周，而按照进度只有 3 周测试时间，结果会怎样？把 3 周的测试在 1 周内进行，还是把项目推迟 2 周？这个问题称为*进度破坏*（schedule crunch）。

使测试任务摆脱进度破坏的一个方法是测试进度避免定死启动和停止任务的日期。表 17-2 是肯定会使小组陷入进度破坏的测试进度。

表 17-2　固定日期的测试进度

测试任务	日　　期
测试计划完成	3/5/2001
测试用例完成	6/1/2001
通过第 1 轮测试	6/15/2001-8/1/2001
通过第 2 轮测试	8/15/2001-10/1/2001
通过第 3 轮测试	10/15/2001-11/15/2001

相反，如果测试进度根据测试阶段定义的进入和退出规则采用相对日期，那么显然测试任务依赖于其他先完成的可交付内容。单个任务需要多少时间也很明显。表 17-3 给出了一个例子。

表 17-3　采用相对日期的测试进度

测试任务	开始日期	使用时间
测试计划完成	说明书完成后 7 天	4 个星期
测试用例完成	测试计划完成	12 个星期
# 1 测试通过	代码完成构建	6 个星期
# 2 测试通过	Beta 版构建	6 个星期
# 3 测试通过	发行版构建	4 个星期

许多软件进度安排产品会使该过程容易管理。项目经理或者测试经理最终负责进度安排，可能会使用此类软件，但是要求测试员参与安排自己的具体任务。

17.2.11 测试用例

本书前面已经讲过什么是测试用例了。第 18 章"编写和跟踪测试用例"将进一步讲述细节。测试计划过程将决定用什么方法编写测试用例，在哪里保存测试用例，如何使用和维护测试用例。

17.2.12 软件缺陷报告

第 19 章"报告发现的问题"将讲述用于记录和跟踪所发现的软件缺陷的技术。报告的各种可能的方式包括：隔着墙壁呼喊，使用黏性便签，使用复杂的缺陷跟踪数据库。使用哪些过程需要计划，以便每个软件缺陷从发现到修复的过程中都被跟踪——这样就绝不会被忘掉。

17.2.13 度量和统计

度量和统计是跟踪项目发展、成效和测试的手段。详情见第 20 章"成效评价"。测试的计划过程应该明确收集哪些信息，要做什么决定，谁来负责收集。

实用的测试度量的例子如下：
- 在项目期间每天发现的软件缺陷总数。
- 仍然需要修复的软件缺陷清单。
- 根据严重程度对当前软件缺陷评级。
- 每个测试员找出的软件缺陷总数。
- 从每个特性或者区域发现的软件缺陷数目。

17.2.14 风险和问题

测试计划中常用而且非常实用的部分是明确指出项目的潜在问题或者风险区域——这是对测试工作有影响的地方。

假设有十几个测试新手，全部软件测试经验来自于阅读本书，受命测试新建核电站的软件，这就是风险。也许某个新软件要对 1500 个调制解调器进行测试，在项目进度中的时间只能对其中 500 个进行测试，这又是一个风险。

软件测试员要负责明确指出计划过程中的风险，并与测试经理和项目经理交换意见。这些风险应该在测试计划中明确指出，在进度中给予说明。有些是真正的风险，而有些最终证实是无关紧要的。重要的是尽早明确指出，以免在项目晚期发现时感到惊慌。

小 结

即使对于小型项目，开发测试计划也是不可轻视的大任务。不错，填写模板的空白项很容易，几个小时就可以打印出测试计划的副本，但是这样没有抓住要点。测试计划是一项全体测试员和整个产品小组中的主要人员参与的工作。做好测试计划要花费几周甚至几个月的时间。但是在产品开发早期，对为什么要测试，怎样去测试形成全面的理解和一致的同意，就会使测试工作更加顺利地展开，而不是赶进度。注意，重要的是创建测试计划的过程而不是结果文档。

如果你是测试新手——也许在读本书的时候是——你也许不会负责开发整个软件测试计划。然而，你应该准备着向测试负责人或者经理为本章所列的所有论题提供输入内容。你要负责测试软件的某些方面和特性；你制定的进度、所需的资源和承担的风险最终全部要融入整个测试计划中。

小测验

以下是帮助读者加深理解的小测验。答案参见附录 A——但是不要偷看！

1. 测试计划的目的是什么？

2. 为什么创建计划的过程是关键，而不是计划本身？

3. 为什么定义软件的质量和可靠性目标是测试计划的重要部分？

4. 什么是进入和退出规则？

5. 列出在测试计划时应该考虑的一些常用测试资源。

6. **判断是非**：制定进度要符合固定日期，以使测试任务或者测试阶段何时开始，何时结束没有异议。

第18章

编写和跟踪测试用例

第17章"计划测试工作"讲述了测试计划的过程和项目测试计划的创建。测试计划提供的细节和交流的信息对于保障项目成功必不可少,但是就单个测试员每天的测试活动而言,会显得有一点抽象和高级。

测试计划过程的下一步,编写和跟踪测试用例对软件测试员的常规任务有更直接的影响。开始只能执行别人写好的测试用例,很快就能自己编写并让其他测试员使用了。本章讲述如何有效地开发和管理这些测试用例,使测试尽量成效显著。

本章重点包括:

- 编写和跟踪测试用例为什么重要
- 测试设计说明书是什么
- 测试用例说明书是什么
- 应该如何编写测试程序
- 应该如何组织测试用例

18.1　测试用例计划的目标

本书前面章节已经讨论了各种软件开发模式,以及根据开发模式选择进行有效测试的各种测试技术。在大爆炸或者边写边改模式中,测试员要听凭项目的摆布,常常要猜测进行何种测试,找出的问题是不是真正的软件缺陷。在组织性更强的开发模式中,测试变得更容易一些,因为有正式的文档,例如产品说明书和设计说明书。软件的创建——设计、构造和编程——成为真正的过程,而不是把软件发布出去的混乱和匆忙。在这种环境下测试效率更高、更有预见性。

有一句老话:"对鹅是好东西,对鸭也是好东西"。意思是说对某个人或者团队有益的事情对其他人或者团队也有益。但愿读者依据目前所学可以得出:程序员拿到产品说明书就立即开始编制代码,而不必开发更详细的计划并分发出去审查是错误的。测试员拿到测试计划马上坐下来想出测试用例并开始测试，也应该视为错误的做法。如果软件测试员指望项目经理和程序员更加规范，向他们灌输一些方法，按照规则来使开发过程更加顺利进行，这种想法也是错误的。

有条不紊地仔细计划测试用例，是达成目标的必由之路。这样做的重要性有如下4条原因：

- 组织。即使在小型软件项目上，也可能有数千个测试用例。测试用例的建立可能需要一些测试员经过几个月甚至几年时间。正确的计划会组织好用例，以便全体测试员和其他项目小组成员有效地审查和使用。
- 重复性。我们已经知道，在项目期间有必要多次执行同样的测试，以寻找新的软件缺陷，保证老的软件缺陷得以修复。假如没有正确的计划，就不可能知道最后执行哪个测试用例及其执行情况，以便重复原有的测试。
- 跟踪。同样，在整个项目期间需要回答一下这些重要的问题。计划执行多少个测试用例？在软件最终发行版本上执行多少个测试用例？多少个通过，多少个失败？有被忽略的测试用例吗？等等。如果测试用例没有计划，就不能回答这些问题。
- 测试（或者不测试）证实。在少数高风险行业中，软件测试小组必须证明确实执行了计划执行的测试。发布忽略某些测试用例的软件实际上是不合法和危险的。正确的测试用例计划和跟踪提供了一种证明测试内容的手段。

> 注意　不要把测试用例计划和第二部分"测试基础"中所讲的测试用例确认混为一谈。后者的各章讲述如何测试，如何选择测试用例，与教会程序员如何使用某种语言编程有些类似。测试用例计划是其下一步，类似于程序员学习如何进行高级的设计，如何正确对工作进行书面总结。

特别测试

　　有一种软件测试称为特别测试（ad hoc testing），描述在没有实际计划下执行测试——没有测试用例计划，有时甚至没有高级测试计划。特别测试就是测试员坐在软件面前开始乱敲键盘。有些人天生长于此道，很快就会找出软件缺陷。它会给人留下深刻印象，作为有计划测试的补充，具有一定价值——例如，在缺陷轰炸中——但这是无组织的不可重复、无法跟踪，而且完成以后不能证明曾做的事情。作为测试员，不希望代码以特别方式编写，客户也不希望软件仅仅只用特别方式测试过。

18.2　测试用例计划综述

那么测试用例计划在众多测试方案中究竟处在什么位置？图18-1显示了各种测试计划之间的关系。

我们已经熟悉了顶级或者项目级的测试计划，并了解了创建测试计划过程比结果文档更重要。测试设计说明（test design specification）、测试用例说明（test case specification）

和测试过程说明（test procedure specification）这三个等级将在后面各节详细描述。

如图 18-1 所示，离最高级测试计划越远，侧重点就越倾向于产生的书面文档，而不是创建过程。其原因是这些计划在测试员每天或者每小时实施测试的基础上更实用。后面将讲到，最低级计划变为执行测试的一步步指示，使清晰、简洁和有组织成为关键问题——怎样实现目标几乎不重要。

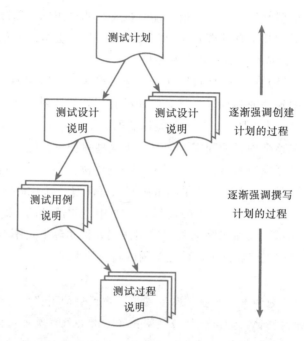

图 18-1　测试文档的不同等级相互影响，根据计划本身重要还是创建计划的过程重要而发生变化

本章所述的信息来自软件测试文档的 IEEE 829—1998 标准（由 http://standards.ieee.org 得到）。该标准被许多测试小组采用，有意无意地作为自己的测试计划文档——因为它代表测试计划的有逻辑性和通常意义上的方法。重要的是认识到除非因为测试的软件类型或者集团、行业的规定必定遵守该标准条例的一字一句，否则应该把该标准用作指南而不是标准。其包含的信息和推荐的方法在今天和 1983 年编制时一样适用。但是，曾经最适合于书面文档记录的内容今天通常在电子表格或者数据库中显得更好、更有效。本章后面将给出一个这样的例子。

最低要求是测试小组应该创建包含 IEEE 829 大纲中所述信息的测试计划。如果书面文档完全适用（难以置信），那么全力使用它好了。然而，如果认为中心数据库更有效，而且测试小组有时间和预算开支来开发或者购买，就应该使用该方法。这根本无关紧要。要紧的是完成工作后满足了测试用例计划的 4 个目标：组织、重复性、跟踪和测试证实。

在 Web 上可以找到很多好的基于 IEEE 829 的测试计划模板。只要搜索"测试计划技巧 模板"就可以找到。

18.2.1　测试设计

整体项目计划在非常高的等级上编制。它把软件拆分为具体特性和可测试项，并将其分派到每个测试员头上，但是不指明这些特性如何测试。测试计划可能会提到使用自动化测试或者使用黑盒测试，或者使用白盒测试，但是不会涉及它们在哪里和如何使用的具体细节。

为单个软件特性定义测试方法的下一级细节是测试设计说明。

IEEE 829 称测试设计说明为"提炼测试方法 [在测试计划中定义]，明确指出设计包含的特性及其相关测试。如果要求完成测试还明确指出测试用例和测试的程序，指定特性通过 / 失败的规则。"

测试设计说明的目的是组织和描述针对具体特性需要进行的测试。然而，它不给出具体的用例或者执行测试的步骤。以下主题来自于 IEEE 829 标准，说明了该目的，应该作为测试设计说明的部分内容：

- 标识符。用于引用和标记测试设计说明的唯一标识符。该说明还应该引用整个测试计划，包含引用任何其他计划或者说明的指示。
- 要测试的特性。测试设计说明所包含的软件特性描述——例如，"计算器程序的加法功能"、"写字板程序中的字体大小选择和显示"和"QuickTime 软件的视频卡配置测试"。

  该部分还将明确指出作为主要特性的辅助特性需要间接测试的特性。例如，"文件打开对话框的用户界面虽然不是本计划的目标，但是在测试读写功能的过程中要间接测试加载和保存功能"。

  还要列出不被测试的特性，即计划中由于错误分析包含进来的特性。例如，"因为测试计算器程序的加法功能通过自动化方式发送击键信息到程序来运行，所以没有屏幕用户界面的间接测试。用户界面测试在单独测试设计计划中说明——CalcUI12345 中。"
- 方法。描述测试软件特性的通用方法。如果在测试计划中列出方法，就应该进行展开，描述要使用的技术，解释结果如何验证。

  例如，"要开发测试工具顺序读写预先建好的各种大小的数据文件。通过黑盒技术加上程序员提供的白盒示例确定数据文件的数目、大小和包含的数据。通过文件比较工具逐位比较保存的文件和源文件来确定测试通过还是失败。"
- 测试用例确认。对用于检查特性的具体测试用例的高级描述和引用。它应该列出所选的等价划分，并提供测试用例的引用信息以及用于执行测试用例的程序。例如：

  检查最大可能数值　　　　　测试用例 ID#15326

  检查最小可能数值　　　　　测试用例 ID#15327

  检查几个 2 的乘方间隔值　　测试用例 ID#15328

  重要的是该部分不定义实际测试用例值。对于审查测试设计说明中测试范围的人来说，等价划分的描述远比具体数值有用。
- 通过 / 失败规则。描述测试特性的通过和失败由什么构成。哪些可以接受，哪些不能接受。这可能是非常简单和明确的——通过是指当执行全部测试用例时没有发现软件缺陷；也可能是令人困惑的——失败是指 10% 以上测试用例没有通过。然而，无疑总应该有什么构成特性的通过和失败。

崩溃就是失败

笔者曾经参加了一个项目，该项目用外包测试公司对多媒体程序进行配置测试。这并非最好的选择，但当时除此之外没有更好的选择。为了保证测试工作顺利进行，详细的测试设计说明、测试用例说明和测试的程序都提交给了外包公司，以免哪些要测试、哪些不要测试出现异议。

几周过去了，测试似乎进展顺利——太顺利了——某一天项目的测试负责人打电话来了。他报告他的小组几周来的发现不是很多，刚才出现了系统挂起现象，询问是否应该报告在文档清单之外的软件缺陷。当问及原因时，他说由于他的小组第 1 天开始测试时偶然发现这些大白色框显示某种"通用保护错误"。他们想忽略这些提示信息，但是最后 PC 屏幕上变成一片蓝色，显示另一个看不懂的严重失败错误提示信息，他们被迫重新启动机器。由于这个具体错误没有作为失败准则列出，因此他不能确定这是否重要，是否应该检查。

这个事情的意义说明不能假定另外一个测试员也会按照你自己的方式来看待产品。有时你可能要在测试用例中明确定义——崩溃是不能接受的。

18.2.2 测试用例

第 4~7 章讲述了软件测试的基础——分解说明书、代码和软件以获得用最少测试用例来有效测试软件的目的。这些章节中没有讨论的是如何记录和编写创建的用例。如果你已经开始进行一些软件测试了，就可能实验过各种想法和格式。本节将讲述编写测试用例的有关内容，指出将要考虑的更多选择。

IEEE 829 标准称测试用例说明为"编写用于输入的实际数值和预期输出结果数值。测试用例还明确指出使用具体测试用例产生的测试程序的任何限制。"

测试用例细节基本上应该清楚地解释要向软件发送什么值或者条件，以及预期结果。它可以由一个或多个测试用例说明来引用，也可以引用多个测试程序。IEEE 829 标准还列出了其他应该包含在内的重要信息：

- 标识符。由测试设计过程说明和测试程序说明引用的唯一标识符。
- 测试项。描述被测试的详细特性、代码模块等，应该比测试设计说明中所列的特性更加具体。如果测试设计说明说"计算器程序的加法功能"，那么测试用例说明会说"加法运算的上限溢出处理"。它还要提供产品说明书的引用信息或者测试用例所依据的其他设计文档。
- 输入说明。该说明列举送到软件执行测试用例的所有输入内容或者条件。如果测试计算器程序，输入说明可能简单到 1+1；如果测试移动电话交换软件，输入说明可能是成百上千种输入条件；如果测试基于文件的产品，输入说明可能是文件名和内容的描述。
- 输出说明。描述进行测试用例预期的结果。1+1 等于 2 吗？在移动电话软件中上千个输出变量设置正确吗？加载文件的全部内容和预想的一样吗？

- **环境要求**。环境要求是指执行测试用例必要的硬件、软件、测试工具、实用工具、人员等。
- **特殊过程要求**。描述执行测试必须做到的特殊要求。测试写字板程序也许不需要任何特殊条件，但是测试核电站软件就有特殊要求。
- **用例之间的依赖性**。第1章"软件测试的背景"中讲述了一个导致美国航天局火星极地登陆者号探测器在火星上撞毁的软件缺陷。这是一个用例之间依赖性未形成文档的好例子。如果一个测试用例依赖于其他用例，或者受其他用例的影响，就应该在此说明。

慌了吧？如果按照这种推荐的文档格式，对于每一个标明的测试用例至少都要写上一页描述文字。数千个测试用例可能要形成几千页文档。编写完成该文档，整个项目可能就耽误了。

这是要把IEEE 829标准当作指南而不是要必须逐字遵循的另一个原因——除非必须这样做。许多政府项目和某些行业要求按照此规格编写测试用例，但是在大多数情况下可以采用简便方法。

采用简便方法并不是说放弃或者忽视重要的信息——而是指意在找出一个更有效的交流方法把这些信息进行精简压缩。例如，限制用书面段落形式表述测试用例没有什么道理。图18-2给出了一个打印机兼容性无线表的例子。

测试用例 编号	打印机生 产厂家	型号	模式	选项
WP0001	Canon	BJC-7000	黑白	文本
WP0002	Canon	BJC-7000	黑白	超级图片
WP0003	Canon	BJC-7000	黑白	自动
WP0004	Canon	BJC-7000	黑白	草稿
WP0005	Canon	BJC-7000	彩色	文本
WP0006	Canon	BJC-7000	彩色	超级图片
WP0007	Canon	BJC-7000	彩色	自动
WP0008	Canon	BJC-7000	彩色	草稿
WP0009	HP	LaserJet IV	高质量	
WP0010	HP	LaserJet IV	中等质量	
WP0011	HP	LaserJet IV	低质量	

图 18-2 测试用例可以用无线表或者有线表的形式表达

无线表的每一行是一个测试用例，有自己的标识符。伴随测试用例的所有其他信息——测试项、输入说明、输出说明、环境要求、特殊要求和依赖性——似乎对所有这些用例都通用，可以编写一次，附加到表格中。审查测试用例的人可以快速看完该信息，然后审查表格检查其覆盖范围。

表述测试用例的其他选择有简单列表、大纲甚至诸如状态表或数据流程图之类的图表。请记住，测试员在设法与他人交流测试用例时，应该使用最有效的方法。发挥创造性，但是要讲求实际，不要偏离编写测试用例的目的。

18.2.3 测试程序

编写完测试设计和测试用例文档之后，余下的是要执行测试用例的程序。IEEE 829标准称*测试程序*（test procedure）说明为"明确指出为实现相关测试设计而操作软件系统和试验具体测试用例的全部步骤"。

测试程序或者*测试脚本*（test script）说明详细定义了执行测试用例的每一步操作。以下是需要定义的内容：

- 标识符。把测试程序与相关测试用例和测试设计捆绑在一起的唯一标识符。
- 目的。程序的目的以及将要执行的测试用例的引用信息。
- 特殊要求。执行程序所需的其他程序、特殊测试技术或者特殊设备。
- 程序步骤。执行测试的详细描述：
  - 日志。指出用什么方式、方法记录结果和现象。
  - 设置。说明如何准备测试。
  - 启动。说明用于启动测试的步骤。
  - 程序。描述用于运行测试的步骤。
  - 度量。描述如何判断结果——例如用秒表或者肉眼判断。
  - 关闭。说明由于意外原因挂起测试的步骤。
  - 重启。告诉测试人员如果出现故障或关者关闭以后如何在恰当的时候重启测试。
  - 终止。描述测试正常停止的步骤。
  - 重置。说明如何把环境恢复到测试前的状态。
  - 偶然事件。说明如何处理计划之外的情况。

对于测试程序只说"尝试执行所有测试用例并报告发现的问题……"是不够的。这虽然简单、容易，但是无法告诉新来的测试员如何进行测试。这也不能重复而且无法证明哪些步骤执行了。使用详细的程序说明，要测试什么、如何测试都一目了然。图 18-3 给出了一个 Windows 计算器程序测试程序说明的虚构例子片段。

图 18-3   测试程序的虚构例子说明可以包含多少细节

细节和真实

有一句老话"做什么都要适可而止"特别适用于测试用例计划。不要忘了它的4个目标：组织、重复性、跟踪和测试证实。开发测试用例的软件测试员要力争达到这些目标——但是达到的程度取决于行业、公司、项目和小组的具体情况。通常不太可能需要按照最细致的程度编写测试用例，但愿不要参加让人无喘息之机的随意的项目，这些项目中根本不需要编写任何文档。最可能的情况是编写工作介于这两者之间。

诀窍是找出最合适的详细程度。参见图18-3所示的测试程序，它要求在PC上安装Windows 98来执行测试。程序在其设置部分声明需要Windows 98——但是未声明Windows 98的哪个版本。用Windows 98 SE或不同服务更新包的Windows 98会有什么不同？测试程序需要进行更新来反映Windows 98的不同吗？为了避免这个问题，版本可能被省略，取而代之的是"可用的最新版本"，但是假如在产品开发周期中出现新版本会怎样？测试员要在项目中期更换操作系统版本吗？

另一个问题是程序告诉测试员只能安装Windows 98的"干净副本"，干净副本是指什么？程序列出了设置期间要用到的一些工具WipeDisk和Clone，并提供给测试员如何使用这些工具的参考文档的出处。这些过程步骤是否应该更详细一些，解释清楚从哪里得到该文档和那些工具？如果以前安装过操作系统，就会知道那是一个复杂的过程，要求安装者回答许多问题，做许多选择。该程序或者相关程序是否应该详细到这一级？如果不是，如何得知测试运行于何种配置？如果是，当安装过程变化时，就可能有上百个测试程序要更新。太麻烦了。

遗憾的是，没有一个单一的、正确的答案。极其详细的测试用例说明减少了随意性，使测试能很好地重复，使得无经验的测试员能按照预定的设想执行测试。另外，编写如此细致的测试用例说明要花费相当多的时间和精力，增加了更新的难度。并且由于细节繁多，阻滞了测试工作，造成执行测试时间变长。

开始编写测试用例时，最好的做法是采用当前项目的标准。如果测试新型医疗设备，测试程序似乎应该比测试视频游戏详细得多。如果为新项目专门建立测试程序，或者介绍如何编写测试计划、测试用例和测试程序，参考IEEE 829标准定义的格式，尝试一些例子，看什么最符合自己、小组和项目的要求。

18.3 测试用例组织和跟踪

在建立测试用例文档时应该考虑的一个问题是如何组织和跟踪信息。想一想测试员或者测试小组应该能够回答的下列问题：

- 计划执行哪些测试用例？
- 计划执行多少个测试用例？执行需要多少时间？
- 能否挑选出测试集（test suite，相关测试用例组）测试某些特性或者软件部分？
- 在执行测试用例时，能否记录哪一个通过、哪一个失败？

- 在失败的测试用例中，哪些在最近的一次执行时也失败了？
- 最近一次执行测试用例时通过的百分比是多少？

这些重要问题的例子在多数项目的过程中要反复地问。第20章"成效评价"将详细讨论数据收集和统计。眼前先考虑管理测试用例和跟踪执行结果所需的一些过程。管理和跟踪系统基本上有以下4种：

- 凭脑子记。绝对不要考虑这一种，即使对于最简单的项目也不例外，除非测试的软件仅限于个人使用，没有理由跟踪测试。不能这样做。

- 书面文档。对于非常小的项目可以用纸笔来管理测试用例。检查清单的表格和框图得到了有效利用。这显然是管理和搜索数据的低劣方法，但是它提供了一个非常重要的物证——包含测试员亲笔签字注明执行测试的书面检查清单，在法律上是证明测试执行过的极佳证据。

- 电子表格。使用电子表格是跟踪测试用例非常奏效的流行方法。图18-4给出了一个这样的例子。电子表格在一个地方保存测试用例的全部细节，从而可以提供测试状态的一目了然的查看方式。这种方法容易使用，比较容易建立，可以为测试提供很好的跟踪和证明。

- 自定义数据库。跟踪测试用例的理想方法是使用测试用例管理工具（Test Case Management Tool），一种为处理测试用例而专门编程设计的数据库。已经有许多完成这项任务的商业应用程序。访问第22章"软件测试员的职业"中所列的一些Web链接，可以得到详细信息和其他测试员的推荐。如果有兴趣建立自己的跟踪系统，诸如Claris FileMaker Pro、Microsoft Access之类的数据库软件提供几乎完全拖放式的数据库建立方法，仅用几个小时就可以建立反映IEEE 829标准的数据库。在此基础上可以建立能够回答任何有关测试用例问题的报表和查询。

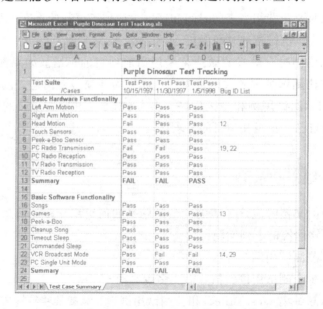

图18-4 电子表格可以用于有效跟踪和管理测试集和测试用例

重要的是记住，测试用例的数目很容易有数千之多，如果没有措施来管理，测试员很快就会被淹没在文档的海洋中。真正需要的是一眼看出如下基本问题的答案："明天我要测试什么？需要执行多少个测试用例？"

⑨ 小 结

又该提醒仔细计划测试用例的 4 个原因了：组织、重复性、跟踪和测试证实。这样强调得还不够，因为人很容易犯懒，忽视非常重要的测试员工作——记录下所做的事。

用酒桌餐巾纸背面潦草地进行工作的工程小组，他们设计和检测的汽车没有人愿意开；由特别测试人员组成的小组来测试核电站控制软件，该核电站附近没有人愿意住。希望见到的是建造和检测这些系统的工程师们应用良好的工作实践经验，用文档记录下他们的工作，并且保证按原定计划工作。

测试新手也许不能控制项目所用的计划和文档的等级，但是应该努力使自己的工作尽可能富有成效。找出什么必要，什么不必要，调查研究运用技术的方式以改进进程，但是不要投机取巧。这是专业和蛮干的区别。

本章和 17 章讲述计划和编写要测试的内容。以下两章将讲述如何记下测试结果，如何宣布发现的软件缺陷。

⑨ 小测验

以下是帮助读者加深理解的小测验。答案参见附录 A——但是不要偷看！

1. 测试用例计划的 4 个理由是什么？
2. 什么是特别测试？
3. 测试设计说明的目的是什么？
4. 什么是测试用例说明？
5. 除了传统的文档，可以用什么方式表述测试用例？
6. 测试程序说明的目的是什么？
7. 编写测试程序应该达到何种详细程度？

第19章

报告发现的问题

如果回头审视软件测试的全貌，就会发现它有 3 个主要任务：测试计划、实际测试，以及本章的标题——报告发现的问题。

从表面上看，似乎报告发现的问题是三者之中最简单的。与计划测试包含的工作和有效寻找软件缺陷必备的技巧相比，宣布发现某些错误肯定是省事省力的工作。实际上，这也许是软件测试员要完成的最重要——有时也是最困难——的任务。

本章将讲述为什么报告发现的问题是这么艰巨的任务，如何利用各种技术和工具确保找出的软件缺陷被清楚地表达，并且得到应有的最佳修复机会。

本章重点包括：

- 为什么所有软件缺陷不一定都能修复
- 如何使找出的软件缺陷尽量得以恢复
- 可以用哪些技术分离和再现软件缺陷
- 软件缺陷的生命从出现到消失像什么
- 如何手工或者使用数据库跟踪软件缺陷

四眼天鸡报告问题

四眼天鸡住在树林里，一天突然有一个橡树果掉在它头上。这可把它吓坏了，以致浑身发抖。它抖得太厉害，身上的毛都掉了一半。

"救命！救命！天塌了！我一定要去告诉国王！"四眼天鸡说。

因此，它满怀恐惧去告诉国王。路上碰到了公鸡 Penny。

"你要去哪儿，四眼天鸡？"公鸡 Penny 问。

"啊，救命！天塌了！"四眼天鸡说。

"你怎么知道？"公鸡 Penny 问。

"我亲眼所见、亲耳所闻，有一块天调到我头上了！"四眼天鸡说。

"可怕，真是太可怕了！我们得赶紧。"公鸡 Penny 说。因此，它们用最快的速度跑开了。

在这个儿童故事片段中，四眼天鸡在意外发生时大吃一惊，然后就疯一般地逃跑，向全世界大声宣布想象的事情正在发生。想象一下四眼天鸡要是发现了一个严重的软件缺陷会怎样。想想假如项目经理或者程序员看到四眼天鸡和公鸡 Penny 这样逃跑会怎样做？这个简单的寓言故事和软件测试存在许多有趣的类似之处。在阅读本章以下内容时请记住这一点。

19.1　设法修复软件缺陷

早在第 3 章"软件测试的实质"中讲过，不管计划和执行测试多么努力，并非所有软件缺陷发现了都能修复。有些可能完全忽略，还有一些可能被推迟（deferred or postponed）到软件后续版本中修复。此时，想到这个原则的可能性可能会令人泄气甚至惊恐。但愿现在对软件测试有了更多了解之后，能够明白为什么不修复所有的软件缺陷是一个事实。

第 3 章列举了不修复软件缺陷的原因如下：

- **没有足够的时间**。在任何一个项目中，通常是软件功能太多，而代码编写人员和软件测试人员太少，而且进度中没有留出足够的空间来完成项目。假如你正在制作税务处理程序，4 月 15 日（赶在应付税务检查之前——译者注）是不可更改的交付期限——必须按时完成软件。
- **不算真正的软件缺陷**。也许有人会说："这不算软件缺陷，而是一项功能。"很多情况下，理解错误、测试错误或者说明书变更会把可能的软件缺陷当作功能来对待。
- **修复的风险太大**。遗憾的是，这些情形很常见。软件本身是脆弱的、难以理清头绪，有点像一团乱麻，修复一个软件缺陷可能导致其他软件缺陷出现。在紧迫的产品发布进度压力下，修改软件将冒很大的风险。不去理睬已知的软件缺陷，以避免造成新的、未知的缺陷的做法也许是安全之道。
- **不值得修复**。虽然有些不中听，但是事实。不常出现的软件缺陷和在不常用功能中出现的软件缺陷是可以放过的，可以躲过（workaround）和用户有办法预防或避免的软件缺陷通常不用修复。这些都要归结为商业风险决策。

另外应该加入到该清单中的一项是通常可以理解为上述几项的成因：

- **无效的软件缺陷修复报告**。测试员没有建立足够强大的用例来使特定软件缺陷得以修复。其结果是软件缺陷被误认为不是软件缺陷，认为软件缺陷不够重要到要推迟软件产品发布，认为修复风险太大，或者仅仅简单地以为不值得修复。

与四眼天鸡案例一样，四处乱喊天塌了通常不是交流问题的方法（当然，除非天确实真的要塌了，显然这就是有效的方法）。软件测试中发现的大多数软件缺陷都不会这么夸张。要求软件测试员简洁、清晰地把发现的问题告诉决定修复 / 不修复的小组，使其得到所需的全部信息来决定采取何种措施。

> 因为所有的软件开发模式不同和小组的不固定性，所以说出究竟怎样的修复 / 不修复决定过程适用于具体小组或者项目是不可能的。在许多情况下，决定权在项目经理手上；还有一些情况，决定权在程序员手上；还有的留在会议上决定。
> 一般地，有一些人或者团队来审查报告的软件缺陷，判断是否修复。软件测试提供描述软件缺陷的信息用于做出是否修复的决定。

　　软件测试员不必像律师或者调解争端的组长那样，想方设法说服所有人需要修复已发现的软件缺陷。以平常的心态以及基本交流的技巧就可以应付很多情况了。本章后面将介绍用于软件缺陷记录和跟踪的各种系统，但是眼前先看一下报告软件缺陷的基本原则：

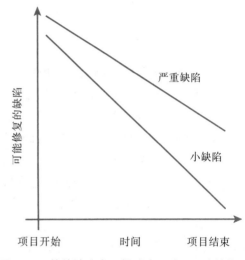

- 尽快报告软件缺陷。这虽然在前面多次讨论，但是如何强调都不够。软件缺陷发现得越早，在进度中留下的修复时间就越多。假定在软件发布之前几个月从帮助文件中找出一个令人汗颜的拼写错误，该软件缺陷修复的可能性极高。如果在软件发布之前几个小时发现同样的缺陷，不修复的可能性更大。图 19-1 在图形上显示了时间和缺陷修复之间的关系。

　　这似乎很奇怪——不管今天发现还是 3 个月之后发现，软件缺陷就是缺陷。理想情况下，何时发现不应该有什么关系，仅仅与软件缺陷的内容有关系。然而，实际上修复缺陷的风险随着时间的推移大大增加，而且在做决定过程中的分量不断加重。

图 19-1　软件缺陷发现得越晚，越不可能被修复，特别是小缺陷

- 有效描述软件缺陷。假定你是程序员，接到测试员的下述报告："无论何时在登录对话框中输入一串随机字符，软件都开始进行一些奇怪的动作"。在不知道随机字符是什么，一串字符有多长，产生什么奇怪现象的前提下，从何着手修复这个软件缺陷呢？

有效软件缺陷的描述

有效缺陷的描述如下所示：

- 短小。只解释事实和演示、描述软件缺陷必需的细节。说"一串随机字符"不是短小。给出说明问题的一系列明确步骤。如果不止一组输入或者操作导致软件缺陷，就引用一些例子，特别是能够帮助程序员找到原因的方式和线索。要简短，并抓住要点。

- 单一。每一个报告只针对一个软件缺陷。这似乎是显而易见的，但是有时难以区分类似的软件缺陷，在忙于拿出产品时很容易把它们混在一起。在一个报告中报告多个软件缺陷的问题是一般只有第 1 个软件缺陷受到注意和修复——而其他软件缺陷被忘记或者忽视。分别跟踪在同一个报告中列出的多个软件缺陷也是不可能的（后面将详述）。

　　软件缺陷应该分别报告，而不是堆在一起，这说起来容易，但是做起来就不那么简单。请看如下缺陷报告："联机帮助文档中下述不同的 15 页中的单词拼写错误：……"显然，应该报告 15 个单独的软件缺陷。但是怎样理解"登录对话框不接受大写字母输入的口令或者登录 ID 号"？这是 1 个还是 2 个软件缺陷？从用户的角度看，像是两个，一个针对口令，另一个针对登录 ID。但是在

代码级，这也许是一个问题，程序员没有正确处理大写字母。

技巧 当出现疑问时，单个地报告软件缺陷。我们找的是症状而不是病因。虽然几个软件缺陷可能最终查明是同一个原因，但是在修复之前是不知道的。单独报告即使有错，也比延误或者更糟糕地因为和其他缺陷混在一起而忘记修复软件缺陷要好。

- **明显并通用**。用许多复杂、迂回的步骤描述的软件缺陷的一个特例，得到修复的机会较小，而用使用者容易看懂的、简单易行步骤描述的软件缺陷的一个特例，得到修复的机会较大。

  报告用测试工具或者自动化工具发现的软件缺陷是这样的好例子。自动化工具也许运行6个小时才发现一个软件缺陷。决定软件缺陷是否修复的项目经理可能会犹豫，要不要修复连续乱敲键盘6个小时才出现的软件缺陷。如果花一点时间分析工具的结果，就会发现不用花6个小时——只要10个常用的和类似的按键操作即可。这个过程称为**分离**软件缺陷。自动化工具只是碰巧在运行时按了那些键。要想使这个软件缺陷引起特别注意，软件报告就应该列出这10个神奇的按键，而不是自动化工具运行得到的数千个按键。

- **可再现**。要想得到重视，软件缺陷报告必须展示其**可再现性**——按照预定步骤可以使软件达到缺陷再次出现的相同状况。更困难但是更有趣的一个软件测试领域是设法分离和再现看起来像是软件随机的行为——偶然冲突、意外数据崩溃等。本章后面将讲述实现该目标的一些技术。一旦用明显和通用的步骤再现了软件缺陷，就可以报告了。

- **在报告软件缺陷时不要做评价**。测试员和程序员之间很容易形成对立关系。如果忘了原因，可参见第3章。从程序员或者开发小组其他人员的角度看，软件缺陷报告是软件测试员对他们的工作的"成绩报告单"，因此需要不带倾向性、个人观点和煽动性。声称"你控制打印机的代码很糟糕，根本无法工作。我甚至无法相信你在送来测试之前做过一点检查。"的报告是无法让人接受的。软件缺陷报告应该针对产品，而不是具体的人，只陈述事实。避免幸灾乐祸、哗众取宠、个人倾向、自负、责怪。得体和委婉是关键。

- **对软件缺陷报告跟踪到底**。比没有找到重要软件缺陷更糟糕的是，发现了一个重要的软件缺陷，做了报告，然后把它忘掉了或者跟丢了。大家知道，测试软件是一个艰苦的工作，因此不要让劳动成果，即找出的软件缺陷被忽视掉。从发现软件缺陷的那一刻起，测试员的责任就是保证它被正确地报告，并且得到应有的重视。一个好的测试员发现并记录许多软件缺陷。一个优秀的测试员发现并记录了大量软件缺陷之后，继续监视其修复的全过程。本章后面将更详细地讲述这一点。

这些原则——尽快报告软件缺陷、有效描述它们、在报告中不掺杂评论以及对报告跟踪到底——都应该成为常事。这些原则几乎可以运用到任何交流活动中。尽管这有时难以做到，但是在匆忙制作产品时，要记得把它们运用到测试中。然而，如果希望卓有成效地报告软件缺陷，并使其得以修复，这些就是要遵循的基本原则。

19.2 分离和再现软件缺陷

要想有效报告软件缺陷，就需要以明显、通用和可再现的形式描述它。在许多情况下这很容易。假定有一个画图程序的简单测试用例，检查绘画可以使用的所有颜色。如果每次选择红色，程序都用绿色绘画，这就是明显的、通用的和可再现的软件缺陷。

但是如果这个颜色错误的软件缺陷仅在执行一些其他测试用例之后出现，而在重新启动机器之后直接执行专门的错误用例时不出现这些缺陷，该怎么办？假如它随机出现或者只是每月月圆之时出现，该怎么办？最好有一条警犬。

分离和再现软件缺陷是充分发挥侦探才干的地方，设法找出收缩问题的具体步骤。好消息是，不存在随机软件缺陷这样的事——如果建立完全相同的输入和完全相同的环境条件，软件缺陷就会再次出现。坏消息是，验明和建立完全相同的输入和完全相同的环境条件要求技巧性非常高，而且非常耗时。一旦知道了答案，就显得很容易。当不知道答案时，就显得很难。

> 某些测试员天生擅长分离和再现软件缺陷。他们可以找到软件缺陷，非常迅速地找出收缩问题的具体步骤和条件。对于其他人而言，这种技巧要经过寻找和报告各种类型的软件缺陷的实践后才能得到。要想成为卓有成效的软件测试员，这些是必须掌握的技巧，因此要抓住每一个可能的机会去分离和再现软件缺陷。

如果找到的软件缺陷似乎要采用繁杂步骤才能再现，或者根本无法再现，如下一些提示和技巧会打开局面。如果碰到这种情况，尝试用如下清单中的建议作为分离软件的第一步：

- 不要想当然地接受任何假设。记下所做的每一件事——每一个步骤、每一次停顿、每一件工作。无意间丢掉一个步骤或者增加一个多余步骤会很容易出现的。请一个合作者看着你运行测试用例。利用按键和鼠标记录程序准确记录和回放执行步骤。如果必要，使用录像机记录下测试会话。所有这些的目的是确保导致软件缺陷所需的全部细节可见，并且可以从另一个角度分析。
- 查找时间依赖和竞争条件的问题。软件缺陷仅在特定时刻出现吗？也许它取决于输入数据的速度，或者正使用慢速软盘代替快速硬盘保存数据。看到软件缺陷时网络忙吗？在更慢或更快的硬件上运行测试用例。要考虑时序。
- 边界条件软件缺陷、内存泄漏和数据溢出等白盒问题可能会慢慢自己显露出来。执行某个测试可能导致数据覆盖但是也只有在试图使用这些数据时才会发现——也许在后面的测试中才有可能。重新启动计算后消失，而仅在执行其他测试之后出现的软件缺陷常常属于这一类。如果发生这种现象，就要查看前面执行的测试，也许要利用一些动态白盒技术，看软件缺陷是否在无意间发生了。
- 状态缺陷仅在特定软件状态中显露出来。状态缺陷的例子是软件缺陷仅在软件第一次运行时出现或者在第一次运行之后出现。软件缺陷也许仅在保存数据之后，或者按任何键之前发生。状态缺陷看起来很像时间依赖和竞争条件的问题，但是你会发现时间并不重要——重要的是事件发生的次序，而不是发生的时间。

- 考虑资源依赖性和内存、网络、硬件共享的相互作用。软件缺陷是否仅在运行其他软件并与其他硬件通信的"繁忙"系统上出现？虽然软件缺陷可能最终会被证实是由于软件的依赖性或者对资源的相互作用进一步恶化的竞争条件、内存泄漏或者状态缺陷问题，但是查一查这些影响有利于分离软件缺陷。

- 不要忽视硬件。与软件不同，硬件可能降级，不按预定方式工作。板卡松动、内存条损坏或者 CPU 过热都可能导致像是软件缺陷的失败，但是实际上不是。设法在不同硬件上再现软件缺陷。这在执行配置和兼容性测试中尤其重要。需要知道的是缺陷是在一个系统上还是在多个系统上出现。

如果尽最大努力分离软件缺陷，也无法用简明的步骤再现，那么仍然需要记录软件缺陷，以免跟丢了。也许测试员仅用从程序员那里了解到的信息就能够找出问题所在。由于程序员熟悉代码，因此看到症状、测试用例步骤，特别是努力分离问题的过程时，可能得到查找软件缺陷的线索。当然，程序员并不愿意，也没有必要对发现的每一个软件缺陷都这样做，但是有时这些难以分离的问题需要小组的共同努力。

19.3 并非所有软件缺陷生来就是平等的

应该承认毁坏用户数据的缺陷比简单的拼写错误缺陷严重。但是假如数据毁坏仅在用户几乎看不到的罕见特例中出现，而拼写错误会导致所有用户安装软件产生问题呢？修复哪一个缺陷更重要？决定变得更加困难了。

当然，如果每一个项目都有无限时间，两个问题都要修复，但是这是永远办不到的。如本章前面所述，在每一个软件项目中都必须进行取舍，必须承担一定的风险，以决定哪些软件缺陷需修复，哪些不修复，哪些推迟到软件的以后版本中解决。

在报告软件缺陷时，一般要讲明它们将产生什么后果。测试员要对软件缺陷分类，以简明扼要的方式指出其影响。常用方法是给软件缺陷划分 严重性（severity）和优先级（priority）。当然，具体方法各公司不尽相同，但是通用原则是一样的：

- 严重性表示软件缺陷的恶劣程度，当用户碰到该缺陷时影响的可能性和程度。
- 优先级表示修复缺陷的重要程度和紧迫程度。

下列严重性和优先级的常用划分方法清单有助于更好地理解两者之间的差别。请记住，这只是示例。有些公司最多使用 10 个等级，而另一些公司只使用 3 个等级。然而，不论使用多少个等级，目标都是一致的。

严重性：

1）系统崩溃、数据丢失、数据毁坏，安全性被破坏。

2）操作性错误、结果错误、功能遗漏。

3）小问题、拼写错误、UI 布局、罕见故障。

4）建议。

优先级：

1）立即修复，阻止了进一步测试，立竿见影。

2）在产品发布之前必须修复。

3）如果时间允许应该修复。

4）可能会修复，但是即使有产品也能发布。

极少发生的数据毁坏缺陷应该划分为严重性 1、优先级 3。导致用户电话求助的安装指示错别字应该划分为严重性 3、优先级 2。

只要一启动就崩溃的测试软件版本属于什么等级？可能是严重性 1，优先级 1。如果认为某按钮应该向页面下方再移动一点，那么它属于严重性 4、优先级 4。

从第 13 章 "软件安全性测试" 讨论的恐怖公式中可以看到，安全问题的级别难以确定。一个特定的缺陷可能很难被发现，但是，如果被发现了，黑客就可能会获得百万的个人账户。这种缺陷最有可能被划分为严重性 1、优先级 1。

严重性和优先级对于审查缺陷报告并决定哪些软件缺陷应该修复，以何种顺序修复的人员或者小组极其重要。如果一个程序员受命修复 25 个软件缺陷，他就应该从严重性 1 的软件缺陷开始，而不是只修复最容易的。同样，两个项目经理——一个管理游戏软件，另一个管理心脏监视仪——虽然使用同样的信息，但是根据它却会做出不同的决定。其中一个会选择使软件更美观、执行速度更快的做法；另一个会选择使软件尽量可靠的做法。严重性和优先级信息是他们用于做这些决定的依据。本章后面将讲述这些领域如何用在实际软件缺陷和系统中。

> 注意　软件缺陷的优先级在项目期间会发生变化。原来标记为优先级 2 的软件缺陷随着时间即将用尽，以及软件发布日期临近，可能变为优先级 4。作为发现该软件缺陷的测试员，需要继续监视缺陷的状态，确保自己能够同意对其所做的变动，并进一步提供测试数据或说服别人修复缺陷。

19.4　软件缺陷的生命周期

在昆虫学中（真正研究活昆虫的学科），生命周期（life cycle）这个术语是指昆虫有生之年的不同阶段。如果回顾高中所学的生物课，就会记得大多数昆虫的生命周期阶段是卵、幼虫、蛹和成虫。把软件问题也称作臭虫（bug，缺陷）似乎挺合适，用类似的生命周期系统来标示生存的各个阶段。软件缺陷的阶段与真虫子的阶段不完全一样，但是原理是一样的。图 19-2 给出了一个最优化、最简单的软件缺陷生命周期的例子。

本例显示了当软件缺陷首先被软件测试员发现时，被记录报告并指定给程序员修复。该状态称为打开状态（open state）。一旦程序员修复了代码，报告又指定回到测试员手中，软件缺陷进入解决状态（resolved state）。然后测试员执行验证测试，确认软件缺陷确实得以修复。如果是，就把它关掉，软件测试进入最后的关闭状态（closed state）。

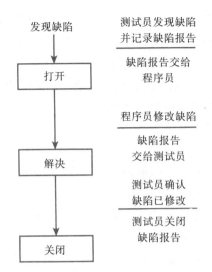

图 19-2 显示软件缺陷的生命周期类似昆虫生命周期的状态图

在许多情况下,软件缺陷生命周期的复杂程度仅为:软件缺陷被打开,解决和关闭。然而在有些情况下,生命周期变得更复杂一些,如图 19-3 所示。

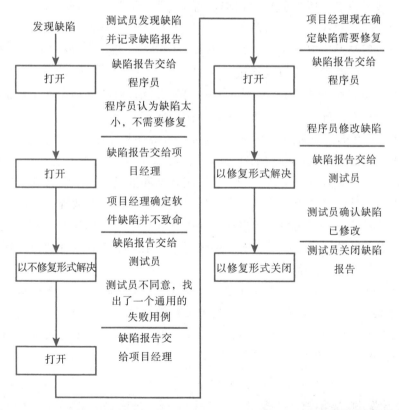

图 19-3 如果缺陷修复的过程并不像预期一样顺利,软件缺陷的生命周期就很容易变得很复杂

在这种情况下,生命周期同样以测试员打开软件缺陷并交给程序员开始,但是程序员不修复它。它认为软件缺陷没有达到非修复不可的地步,交给项目经理来决定。项目经理

同意程序员的看法，把软件缺陷以"不修复"的形式放到解决状态。测试员不同意，查找并找出更明显、更通用的测试用例演示软件缺陷，重新打开它，交给项目经理。项目经理看到新的信息时表示同意，并指定程序员修复。于是，程序员修复软件缺陷，完成后进入解决状态，并将报告交给测试员。测试员确认修复结果，关闭缺陷报告。

可以看到，软件缺陷可能在生命中经历数次改动和重申，有时候循环回去并重新开始生命周期。图 19-4 是图 19-2 的简化模型，增加了大多数项目中可能出现的决定、证实和循环。当然，每一个软件公司和项目都有自己的系统，但是本图相当通用，能够覆盖常见的几乎所有软件缺陷生命周期。

这个通用的生命周期有两个附加状态和一些辅助连线。审查状态（review state）是指项目经理或者委员会（有时称为变动控制委员会（Change Control Board））决定软件缺陷是否应该修复。在某些项目中，所有的缺陷在指定给程序员修改前要经过审查。在其他项目中，这个过程直到项目行将结束时才发生，甚至根本不发生。注意，从审查状态可以直接进入关闭

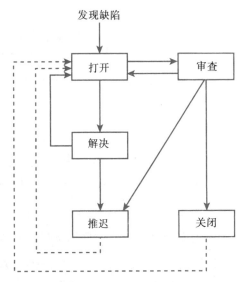

图 19-4　这个通用的缺陷生命周期状态图覆盖了常见的几乎所有可能发生的情形

状态。如果审查决定软件缺陷不应该修复——可能是软件缺陷太小，不是真正的问题或者属于测试错误——就会进入关闭状态。另一个附加状态是推迟（deferred）。审查可能认定软件缺陷应该在将来的某一时间考虑修复，但是在软件该版本中不修复。

从解决状态回到打开状态的附加线涉及软件测试员发现软件缺陷没有被修复的情况。软件缺陷重新打开，重复新的生命周期。从关闭状态和推迟状态绕回打开状态的两条虚线虽然很少发生，但是一定要引起重视。由于软件测试员永远不会放弃，因此原来认为已经修复、测试和关闭的缺陷可能会再次出现。此类软件缺陷一般称为回归缺陷。推迟修复的软件缺陷以后也可能被证实很严重，要立即修复。如果发生任意一种情况，软件缺陷就要重新打开，再次启动整个过程。

大多数项目小组都制定规则规定由谁来改变软件缺陷的状态，或者交给其他人来处理软件缺陷。例如，只有项目经理可以决定推迟软件缺陷修复，或者只有测试员允许关闭软件缺陷。重要的是一旦记录了软件缺陷，就要跟踪其生命周期，不要跟丢了，并且提供必要的信息驱使其得到修复和关闭。

19.5　软件缺陷跟踪系统

至此，我们清楚了软件缺陷报告的过程是很复杂的，需要大量的信息、详尽的细节和相当数量的组织纪律才能有所成效。本章到目前为止所讲述的一切表面上看起来很好，但

是运用到实践中还需要某种系统，以便记录发现的软件缺陷，并在其整个生命周期中进行监视。软件缺陷跟踪系统可以胜任此项工作。

本章以下内容将讨论软件缺陷跟踪系统，并给出使用纸笔方法和使用成熟的数据库跟踪的示例。当然，使用什么工具可以针对公司或者项目的具体情况定制，但是原则通常在软件行业中是一致的，因此应该可以在要求使用的任何系统中运用这些技巧。

19.5.1　标准：测试事件报告

我们的好朋友，软件测试文档的 IEEE 829 标准（由 standard.iee.org 提供）定义了一个称为测试事件报告（Test Incident Report）的文档，其目的是"记录在需要调查的测试过程期间发生的任何事件"。简而言之，就是记录软件缺陷。

回顾标准对于提炼到目前为止所学的缺陷报告过程，并从总体来看待它是个好的办法。下表列出了标准中定义、采纳和更新了的区域，以反映新近的术语

- 标识符。定义软件缺陷报告的唯一 ID，用于定位和引用。
- 总结。用简明扼要的事实陈述总结软件缺陷。要测试的软件及其版本的引用信息，相关的测试过程、测试用例和测试说明也应该包含在内。
- 事件描述。提供下列软件缺陷的详细的描述信息：

  日期和时间

  测试员的姓名

  使用的硬件和软件配置

  输入

  过程步骤

  预期结果

  实际结果

  试图再现以及尝试的描述

  有助于程序员定位软件缺陷和其他现象或者信息
- 影响。严重性和优先级，以及测试计划、测试说明、测试程序和测试用例的影响指示。

19.5.2　手工软件缺陷报告和跟踪

IEEE 829 标准虽然没有定义软件缺陷报告应该采用的格式，但是给出了一个简单文档的例子。图 19-5 显示了此类书面软件报告的模样。

注意这个只有一页的表单，可以容纳标识和描述软件缺陷的必要信息。它还包括用于在生命周期中跟踪软件缺陷的域。表单一旦由测试员填好，缺陷就可以交给程序员进行修复了。程序员有填写关于修复的信息的域，包括可能的解决方案的选择。还有一个区域，一旦解决了软件缺陷，软件测试员可以在此提供重新测试和关掉软件缺陷所做工作的信息。表单底端是签名区——在许多行业中，当在这一行签上软件测试员的名字，就表明缺陷被

满意地解决了。

WIDGETS软件公司	缺陷报告	缺陷编号：_____

软件：_____ 发布：_____ 版本：_____

测试员：_____ 日期：_____ 提交给：_____

严重程度：1　2　3　4　　　　优先级：1　2　3　4　　　　可重现性：Y　　　N

题目：_____

描述：_____

_____

_____

_____

_____

_____

_____

解决：修复　复制　不可重现　不可修复　延期　不修复

解决日期：_____ 解决人：_____ 版本：_____

解决评价：_____

_____

_____

_____

重新测试人：_____ 测试版本：_____ 测试日期：_____

重新测试评价：_____

_____

_____

_____

签名：

编写人：_____ 测试员：_____

程序员：_____ 项目经理：_____

市场部：_____ 产品支持：_____

图 19-5　软件缺陷报告表格样例，说明软件缺陷的细节如何可以浓缩到一页纸中

　　对于非常小的项目，书面表单足以胜任。20 世纪 90 年代，即使对于任务严格的大型项目，也使用书面表单对成千上万个软件缺陷进行报告和跟踪。今天仍然存在这样的袖珍本。

　　书面表单的问题是，它是纸。如果走进一家靠书面文件运转的公司，想找点东西，就知道此类系统是多么低效了。想一下可能出现的复杂软件缺陷生命周期（例如图 19-3 所示的例子），就会怀疑纸张系统怎么行。假如有人想知道软件缺陷 # 6329 的状态或者还有多少个优先级 1 软件缺陷要修复，情形会如何？这时应该考虑电子表格和数据库带来的好处。

19.5.3 自动化软件缺陷报告和跟踪

正如第 18 章"编写和跟踪测试用例"中所述的测试用例和测试程序文档一样，没有道理不利用现代化的系统把 IEEE 829 标准更新并应用到工作中来。毕竟，跟踪软件缺陷的信息，即图 19-5 所示的表单上的数据只是文字和数字——这是个完美的数据库应用程序。图 19-6 给出了这样的一个自动化软件缺陷报告和跟踪系统，代表工作中可能碰到的类型。

图 19-6 显示了包含 3263 个软件缺陷的数据库的最上层视图。在屏幕上方占三分之一部分的简单列表中显示了各个软件缺陷，缺陷的 ID 号、标题、状态、优先级、严重性和解决方案。关于所选软件缺陷项的详细信息显示在屏幕下面。一眼就能看出是谁打开了软件缺陷，谁来解决它，谁来关闭它。还可以滚动查看软件缺陷在其生命周期中的细节。

图 19-6 说明可以提供何种自动化系统的典型软件缺陷报告数据库主窗口（Mantis 软件

缺陷数据图像取材于 Dave Ball and HBS International 公司）

注意，在屏幕顶端有一系列按钮，通过单击它们可以创建（打开）新软件缺陷或者编辑、解决、关闭、重新激活（重新打开）已有的软件缺陷。以下将显示在选择每一个选项时出现的窗口。

图 19-7 显示了新缺陷（New Bug）对话框，在其中输入信息，可以将新软件缺陷记录在系统中。软件缺陷的顶层描述包括其标题、严重性、优先级和软件版本等。备注域是输入发现软件缺陷的详细过程的。该数据库为了提供便利，在备注域中预先填入指导用户提供必要信息的标题头。如果要输入一个新软件缺陷所要做是按照提示来做——输入测试目标、设置步骤、再现步骤、预期结果、实际结果，看到软件缺陷时正在使用的硬件和软件配置。

顶层缺陷信息

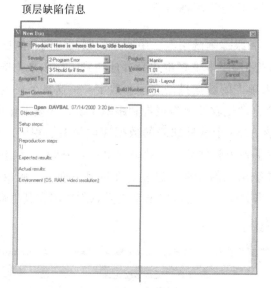

详细的输入和过程步骤

图 19-7 一个新的软件缺陷的生命周期开始于新缺陷对话框

　　一旦输入了软件缺陷，实际就开始了缺陷的生命周期，在缺陷生命周期中的任何时候，可能需要增加新信息以明确细节内容，更改优先级或者严重性，对数据做小的变动。图 19-8 给出了提供更改功能的窗口。

额外的编辑区域

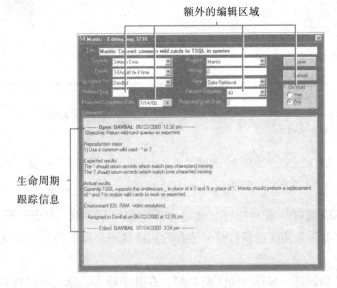

生命周期
跟踪信息

图 19-8 允许对已存在的软件缺陷项添加新信息的编辑（Edit）窗口

　　注意该对话框比新缺陷窗口提供了额外的数据域。编辑软件缺陷时允许将其与认为类似的另一个软件缺陷关联起来。程序员可以增加在修复软件缺陷中有多少进展的信息，以及修复要花多少时间的信息。甚至还有一个可以把软件缺陷"控制住"的域，即一种把软件缺陷冻结在其生命周期中当前状态的方式。

图 19-8 的一个重要特性在备注域中。每当软件缺陷被修改，即打开、编辑、解决或者关闭时，这些信息就记录在备注域中。一眼就可以看见软件缺陷已经通过其生命的哪些状态。

图 19-9 给出了程序员或者项目经理解决软件缺陷时常用的对话框。下拉列表提供了各种解决的选择，从解决了（Fixed）到不能解决（Can't Fix）到重复（Duplicate）。如果软件缺陷被修复，其构造——或者包含修复信息的版本号——就要输入，并且在备注域要加入修改的内容、修改的方法的信息。然后软件缺陷被交给测试员来关闭。

许多软件缺陷数据库不仅跟踪修复的备注，而且跟踪程序员修复软件缺陷时做了什么。代码行、模块、甚至错误类型也会记录，所以这常常为白盒测试员提供有用的信息。

软件缺陷被解决之后，通常指定回到测试员手中进行关闭。图 19-10 给出了软件缺陷的关闭（Closing）对话框。因为数据库跟踪软件缺陷报告自打开以来的每一次修改，所以可以看到用这种方式所做的决定，以及修复的具体内容。软件缺陷可能没有按预期方式修复，也许类似的软件缺陷被发现并由其他测试员添加进来，也许程序员在备注中注明修复有风险。所有这些信息有助于在重新测试软件缺陷时确认其修复情况。如果证实软件缺陷没有修复，只需要重新打开缺陷，再一次启动生命周期。

图 19-9　解决（Resolving）对话框通常由程序员用来记录软件缺陷修复的信息

图 19-10　准备关闭的软件缺陷报告拥有完整的历史资料可供审查

一旦使用了真正的软件缺陷跟踪数据库，就会感觉到奇怪软件项目的缺陷怎么会用纸笔来管理。软件缺陷跟踪数据库不仅仅是软件测试员的，而是为整个项目小组提供了一个中心点，它可以用来交流项目的状态，说明谁被指定完成什么任务，更重要的是保证没有软件缺陷造成崩溃的后果。这是本章所述关于如何报告发现问题的精髓。

小　结

本章开始讲述了儿童故事"四眼天鸡"的一个片段，描述了它被橡树果意外砸在头上时的反应。它认为自己发现了严重问题——严重性 1、优先级 1 的缺陷——立即开始到处嚷嚷天要塌了。

作为软件测试员，当发现正在测试的程序中某个部分没有按预期方式工作时，有时容易被吸引住。本章讲述了应该遵循正规过程正确地分离、分类、记录和跟踪发现的问题，以保证它们最终得到解决，最好被修复。

"四眼天鸡"没有看过第 19 章，因此它不知道怎么办，除了告诉所有人它认为的事情发生了。当然，它错了，天没有塌下来。假如它至少停下来分离和再现问题，就会发现其实那根本不是问题——果子从树上掉下来是故意的。最后，它的恐慌和本能使自己陷了进去（如果没有听过这个故事，现在接着讲下去。四眼天鸡和它在仓前空场玩耍的朋友后来碰到一只饥饿的狐狸，狐狸请它们到自己的洞穴里听它们讲故事）。

所有这些的寓意是，要想成为卓有成效的测试员，不仅需要计划测试和寻找软件缺陷，而且要运用有组织的、系统的方法去报告它们。夸大其词、粗劣报告的或者误报的软件缺陷根本算不上软件缺陷——肯定得不到修复。

◎ 小测验

以下是帮助读者加深理解的小测验。答案参见附录 A——但是不要偷看！

1. 说出软件缺陷可能不修复的几个原因。
2. 哪些基本原则可能应用于软件缺陷报告，使软件缺陷获得最大的修复机会？
3. 描述分离和再现软件的一些技术。
4. 假设正在 Windows 计算器上执行测试，发现 1+1=2，2+2=5，3+3=6，4+4=9，5+5=10，6+6=13。写一个软件缺陷标题和有效描述该问题的软件缺陷描述。
5. 在软件启动画面上公司徽标中的错别字应该有什么样的严重性和优先级？
6. 什么是软件缺陷生命周期的 3 个基本状态和 2 个附加状态？
7. 列举数据库软件缺陷跟踪系统比纸张系统有用得多的一些原因。

第 20 章

成 效 评 价

第 19 章 "报告发现的问题" 讲述了报告发现的软件缺陷的基本方法，以及如何使用专业化软件缺陷数据库跟踪软件缺陷。尽管多数情况下软件测试员都是使用数据库来输入软件缺陷，但是使用它的间接好处是能够提取各种实用和关心的数据，可以评价测试工作的成败和项目的进展情况。

通过使用软件缺陷跟踪数据库中的信息，可以进行查询，指出发现的软件缺陷类型，发现软件缺陷的速度，以及多少软件缺陷已经得到了修复。测试经理或者项目经理可以看出数据中是否有趋势显示需要增加测试的区域，或者项目是否脱离计划发布日期的轨道。数据摆在那里，问题就是建立能够显示所需信息的报表。

本章将介绍一些适合软件测试员使用的流行查询和报表，并给出其用于典型软件项目中的例子。

本章重点包括：

- 度量和统计有什么作用
- 为什么在数据收集和报告中要多加小心
- 如何使用简单软件缺陷数据库进行查询和生成报表
- 一些常用的项目级的度量

20.1 使用软件缺陷跟踪数据库中的信息

考虑以下问题：

- 正在测试的软件什么区域缺陷最多，哪里最少？
- 当前交给某个测试员多少个已经解决的软件缺陷？
- 某个测试员很快要外出度假。他发现的软件缺陷临走前能够全部修复吗？
- 本周找出了多少个软件缺陷？本月呢？整个项目期间呢？
- 愿意带一份全是打开的优先级 1 软件缺陷的清单到项目审查会议上吗？
- 估计软件在符合预定发布日期的正常轨道上吗？

这些基本问题在软件项目进行期间会定期讨论。它们不是火箭研究，而是直观的简单问题，测试小组和项目小组成员最终需要知道答案。

令人惊奇的是，软件缺陷跟踪数据库可以变成评价项目状态和回答这些重要问题的基本方式。如果找不到更好的方式，那么最好考虑将其作为主要进度，或者项目计划，或者项目管理处理的事务。实际上，这些文档反映出项目的最初意图——缺陷跟踪数据库反映项目的实质。如果想选择一个高品质的饭店，就会根据厨师简历或者店主的历史作为选择依据。但是，要想保证找到一家好饭店，就得看一下最新的食物评论或者健康检查报告的记录。项目的软件缺陷数据库工作原理与此相同。它告诉你过去发生了什么，现在发现了什么，让你可以通过数据的分析，对趋势进行科学的推测。

> 注意　用于描述软件项目特定属性评价的术语是软件度量。每天每个测试员发现缺陷的平均数是一个度量。从软件的每个区域发现的缺陷数目是一个度量。严重性 1 的缺陷和严重性 4 的缺陷的比率也是一个度量。

因为软件缺陷数据库不断更新新的软件缺陷、软件缺陷登记项和修复日期、项目成员姓名、软件缺陷的指派等，所以把描述项目状态——以及各测试员或者程序员的状态的各种度量放在一起是很自然的。

利用软件缺陷数据库进行度量有一个潜在问题。同一个数据库可以告诉所有人，有多少优先级 1 软件缺陷仍然需要修复；也能告诉管理部门，某一个程序员制造了多少个软件缺陷。它还能告诉老板，与小组中其他测试员相比，某位测试员记录了多少个软件缺陷。公布这些信息是好事吗？也许是，如果测试员和程序员都真正擅长测试工作。但是如果测试优秀程序员的代码呢？没有多少软件缺陷能找出来，软件缺陷发现的度量值突然间降低了，与测试满是软件缺陷的代码的测试员无法相比。

本章的目的不是深入探讨使用软件缺陷数据库的方式引起的道义和人际关系问题。然而，这通常应该视为跟踪项目级的度量，而不是个人的行为——除非度量是专用的、含义清楚明确的。如果项目中使用软件缺陷跟踪数据库，就要和测试经理和项目经理讨论要收集什么信息，如何使用它们，以免出现意外。

规则放在一边，使用软件缺陷数据库作为度量的依据是评测项目状态和软件测试员自身进展极其有效的方式。所有信息摆在那里，问题是要把它们从数据库中提取出来，组织成有用的格式。本章的"提示"部分将讨论一些可以在软件项目中常用的度量，说明它们是如何生成和如何解释的。当然项目是千变万化的，因此不要认为这些是唯一可用的度量。正当你以为看到了可能最奇怪的饼图时，别人可能又会想出另一种新的表示项目数据的实用视图。

20.2   在日常测试中使用的度量

软件缺陷跟踪数据库最常用的特性（除了输入软件缺陷之外）可能就是执行查询，获得感兴趣的软件缺陷清单。不要忘了，软件缺陷数据库存可能存放了成千上万的软件缺陷。

在如此大型的清单中手工选择是不可能的。在数据库中选择软件缺陷的美妙之处是让执行查询成为了简单的任务。图 20-1 显示了一个典型的查询构造窗口，有一个查询示例准备输入。

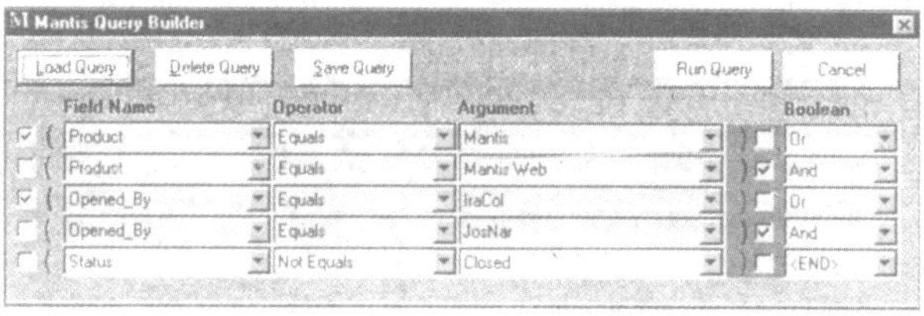

图 20-1　大多数缺陷跟踪数据库都有一个构建查询的方式以返回需要查找的特定信息
（图片来自 Dave Ball 和 HBS 国际公司的 Mantis 缺陷数据库）

这个软件缺陷数据库的查询构造器和其他大多数数据库一样，利用逻辑与、逻辑或和括号构建特定的查询请求。在本例中，测试员正在查找完全符合下列规则的全部缺陷清单：

- 软件产品的名称为 Mantis 或 Mantis Web
- 软件缺陷由 IraCol 和 JosNar 打开
- 软件缺陷的当前状态是关闭的

单击 Run Query 按钮，数据库开始搜索所有符合这些规则的软件缺陷，然后返回其 ID 号和缺陷的标题用于查看。

构造的查询类型仅受到数据库字段、可容纳的字段值的约束。它可以回答关于测试情况及其与项目的关系的全部问题，例如，以下是通过查询可以轻易回答的问题：

- 提交上来进行关闭的已解决的软件缺陷的 ID 号是什么？
- 在该项目中输入了多少软件缺陷？在前一周内呢？在上一个月呢？在 4 月 1 日到 7 月 31 日期间呢？
- 输入的针对用户界面的软件缺陷哪些是以不修复的形式解决的？
- 发现的软件缺陷中有多少是严重性 1 或者严重性 2 的？
- 在输入的全部软件缺陷中，修复了多少？推迟了多少？重复了多少？

查询结果是如图 20-2 所示的软件缺陷跟踪数据库窗口中显示的软件缺陷清单。查询中所有符合规则的软件缺陷按照数字顺序返回。在数字之间看到的间隔——例如 3 238 和 3 247 之间的间隔——是数据库中与查询不匹配的软件缺陷。

执行查询是软件缺陷跟踪数据库的强大特性，对提供完成任务所需的信息和评价成效时非常有用。然而，除了这些能力之外，还可以采取其他步骤，使信息更加有用，即得到一个或者多个查询结果之后，转化为打印报表和图形化表单。图 20-3 显示了使用数据库输出查询结果的方法。

从图 20-2 可以看到 ID 号、标题、状态、优先级、严重性、解决方案和产品名称的查询结果。在大多数情况下，这些就是所需的全部信息，但是在另外一些情况下，可能希望细节再多一些或者少一些。通过使用如图 20-3 所示的导出窗口导出数据，可以挑选希望存入文件的字段。如果只关心分配给自己的软件缺陷，就可以导出软件缺陷 ID 号以及标题的简易清单。如果要参加讨论打开软件缺陷的会议，就应该保存软件缺陷的 ID 号、标题、优先级、严重性以及指定的人员。此类清单如表 20-1 所示。

缺陷 ID 号　　符合查询条件
　　　　　　　　的缺陷数目

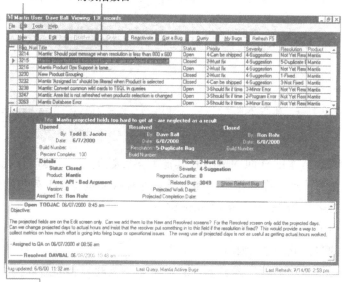

满足查询条件的缺陷清单

图 20-2　查询结果在数据库主窗口中以软件缺陷清单形式返回

图 20-3　该缺陷数据库可以把所有字段导出到一个普通的以制表符定界的原始数据文件或文字处理文件

表 20-1　缺陷委员会会议使用的打开缺陷清单

缺陷编号	缺陷标题	优先级	严重程度	提交给
005	偶数相加不正确	1	2	Waltp
023	0 除以 0 引起崩溃	1	1	EIP
024	帮助文件 calc.hlp 中有无效链接	3	3	BobH
025	帮助文件 wcalc.hlp 中有无效链接	3	3	BobH
030	颜色模式下的颜色错误	3	2	MarthaH

与其以适合打印的文字处理格式保存查询结果，不如以制表符定界的原始形式保存数据，这样，结果容易由其他数据库、电子表格或者图表程序读取。例如，如果数据库支持 SQL，可以建立如下通用查询：

Product EQUALS Calc-U-Lot AND

Version EQUALS 2.0 AND

Opened By EQUALS Pat

这样将针对名为 Calc-U-Lot v2.0 的软件产品（虚构的）列出由叫作 Pat 的人打开的所有软件缺陷。如果接着导出带有软件缺陷严重性数据字段的查询结果，就可以生成如图 20-4 所示的图表。

这个饼图没有软件缺陷标题或者描述信息、没有日期、没有解决方案，甚至没有软件缺陷 ID 号。只有 Pat 针对 Calc-U-Lot v2.0 软件项目记录的全部软件缺陷的简单概貌，按严重性分开。在 Pat 打开的软件缺陷中，45％是严重性 1 的、32％是严重性 2 的、16％是严重性 3 的、7％是严重性 4 的。尽管这些数字

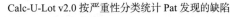

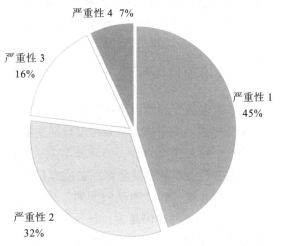

图 20-4　软件缺陷跟踪数据库可以用来创建显示测试细节的独立图表

背后有大量细节，但从表面上可以说 Pat 发现的大多数缺陷是相当严重的。

同样，图 20-5 给出了另一种由不同查询生成的图表，用解决方案来分开显示 Pat 发现的软件缺陷。生成该数据的查询为：

Product EQUALS Calc-U-Lot AND

Version EQUALS 2.0 AND

Opened By EQUALS Pat AND

Status EQUALS Resolved OR Status EQUALS Closed

把解决方案字段导出到图表程序中，可以生成如图 20-5 所示的图表，显示 Pat 发现的软件缺陷大多数最终得以修复（对测试员的友好表示），只有小部分以不可再现、重复、推迟或者由于某种原因不算问题等方式解决。

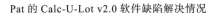

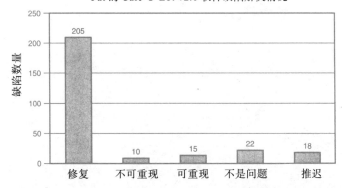

图 20-5　不同的查询可以生成不同的软件缺陷数据视图。在本例中，可以看到某个测试员发现的软件缺陷是如何解决的

一旦开始测试，就会找到个人或者小组乐于使用的某种度量来衡量测试过程的进行情况。可以统计自己每天发现了多少个软件缺陷，或者像前面的例子那样，统计"修复率"。重要的是通过从软件缺陷数据库中提取信息，可以构造任何想要的度量。这引出了本章的下一部分，它描述评价整个项目情况的一些常用高级度量。

20.3 常用项目级度量

从"大老板"的角度考虑经理明天早晨喝咖啡时考虑的问题：软件项目进展正常吗？能够准备好如期发布吗？假如超过日期期限有什么风险？整体可靠性如何？

从整个项目角度来看，管理基本上关注的问题是——质量和可靠性等级是多少？是否按照进度在进行？软件缺陷跟踪数据库是提供该信息的最佳工具。

回顾第3章"软件测试的实质"中所述测试基本规则之一——发现的软件缺陷越多，表明未发现的软件缺陷越多。该原则对于检查软件的一小部分或者组合在一起的数千个模块都适用。根据该原则，很容易建立用于查看软件状况的度量和图表，不仅能够确定测试工作的状态，而且能够确定整个项目的状态。

> 🔘 绝大多数情况下由测试经理或者项目经理来构造这些度量。然而，软件测试员也有必
> 注意 要熟悉它们，以便了解测试工作对整个项目产生何种影响以及测试小组进展是否顺利。

图20-6是一个显示针对 Calc-U-Lot v2.0 项目中已发现软件缺陷分类的基本饼图。在该图中，软件缺陷按照被发现的主要功能区域进行划分。

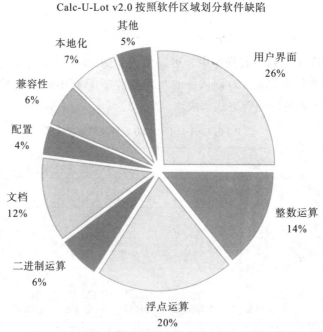

图 20-6　显示在软件每个主要功能区域发现的软件缺陷数目的项目级饼图

假定该图表在产品开发过程的中途生成。按照"软件缺陷一个接一个"的原则，试想哪些区域可能仍然有很多软件缺陷，可能需要增加测试？

其中3个区域——用户界面、整数运算和浮点运算——占据已开发软件的缺陷总数的60%。如果针对整个产品的测试工作是一致的，那么这些区域就极有可能充满软件缺陷，仍然可以找出更多的缺陷。

> 注意 在形成这个结论时，重要的是看针对整个产品的测试工作是否一致。其他区域也许还没有完全测试，或者代码很少，或者很简单。这可能是这些区域不相称的低缺陷统计数的根本原因。在生成和解释软件缺陷数据时一定要小心，确保其背后的全部事实都被了解。

该数据告诉测试员和管理部门关于项目的大量信息，是关于如何提炼软件缺陷信息使其变得简单而容易理解的好例子。许多小组通常利用该图表了解软件缺陷来自何处，项目中有哪些区域需要增加或者减少注意。该图表不显示时间信息。例如，在用户界面区域的软件缺陷的发现速度是稳定的，而本地化区域的发现速度是不断增长的。这方面不能从该图表中看出。因此，通常使用另一组基本图表显示发现的软件缺陷随时间推移的情况。图20-7是此类图表的一个例子。

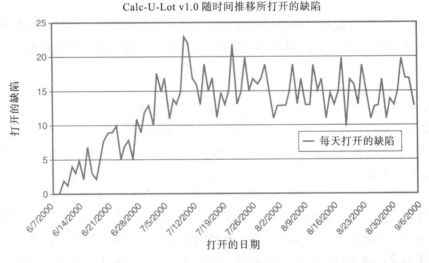

图 20-7　显示随时间推移所打开的软件缺陷的图表揭示出关于软件项目的大量信息

在该图表中，从6月7日到9月6日的每周日期显示在x轴上，而在此期间每天发现的软件缺陷数目显示在y轴上。可以看到，在项目开始时，发现软件缺陷的速度很慢，然后稳步上升，直至达到相当稳定的状态，每天发现大约15个软件缺陷。假定项目进度目标定于9月15日发布。看看图表，你认为软件准备就绪了吗？

大多数有理性的人都会认为没有准备好。图表清晰地显示软件缺陷发现速度随着时间推移保持不变，没有下降的趋势。当然，最后3天的下滑有可能继续，但是这只是一厢情愿的想法。在软件缺陷数目下降的明朗趋势出现之前，不能认为软件已经准备就绪。

图 20-8 中的图表显示了指示进展的明朗趋势。该项目开始状况与图 20-7 中相同，但是经过 6 月中旬软件缺陷发现高峰之后开始减小，最终突然变为每天只发现一两个软件缺陷——表示软件中的缺陷变得极少并且越来越难以发现。

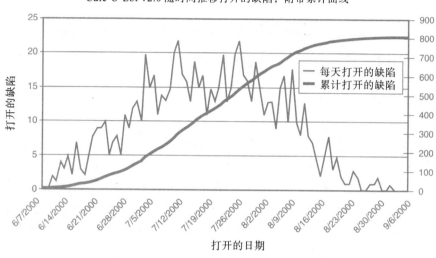

图 20-8　该图表显示项目能够按照预定发布日期 9 月 15 日发布

该图表还有一条曲线显示随着时间推移累计发现的软件缺陷。可以看到缓和地上升然后趋于平坦的曲线，表示软件缺陷发现速度不断下降。一般情况下项目到此点处于发布的好位置。

> **注意**　在解释数据时要小心。看一下如图 20-8 所示的图表。它显示了软件缺陷发现速度随着时间推移在降低。这可以理解为由于软件缺陷被找到并修复而使产品变得更加稳定。但是原因也可能是许多测试员因为生病没来上班。如果测试员不在测试，就不会发现任何软件缺陷，软件缺陷数据图表看起来就像是一切都好了。

这些例子中显示的简单图表在 x 轴上只有日历日期。在实际项目中，不仅要标明日期，而且要标明项目的进度和重大事件，例如软件的主要版本、各个测试阶段等都很重要。这样做有助于澄清一些原因，例如趋势曲线过早持平（也许测试阶段已决定结束，测试员等待需要测试的代码）或者趋势曲线直线上升（提供大量以前未测试的新代码来测试）。再强调一下，图表只是数据。为成功使用图表，需要对其澄清和完全理解。

一个反映项目状态的更有效的软件缺陷图表如图 20-9 所示。该图表与图 20-8 类似，只是增加了两条线，一条显示累计解决的软件缺陷，另一条显示累计关闭的软件缺陷，其下方的阴影显示两者之间的空间。

最顶端的线与图 20-8 中相同，代表随时间推移打开的软件缺陷。此处没有变化；用法也相同。其下方的线代表随时间推移解决的软件缺陷——程序员已经修复或者审查委员会决定不必解决的软件缺陷。随着软件缺陷被解决，这条线开始上扬，逼近打开的软件缺陷的那条线。两条线之间存在间隙（黑色填充区域所示），因为程序员和审查者一般不会在测试员输入软件缺陷时立即解决。于是软件缺陷开始堆积，软件缺陷的生命周期的两个状态间隙变宽。最后程序员和项目经理跟上来，两条线重合——已解决软件缺陷的数目最终与打开软件缺陷的数目相等。

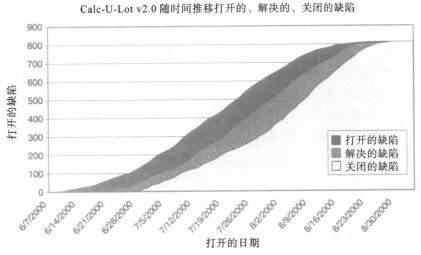

图 20-9　这是软件测试状态图的所有内容吗？可能是，也可能不是。但是该图在表达项目的状态上确实很有效

　　第 3 条线显示随时间推移关闭的软件缺陷。不要忘了，一旦软件缺陷被解决，就会交回到测试员手中进行回归测试，以保证其得以修复。如果查明软件缺陷被修复，就将其关闭。与解决线落后于打开线的原因一样，这条线落后于解决线——测试员通常不能像解决软件缺陷那么快将其关闭，因为他们还在忙于测试软件的其他部分。最终，关闭的软件缺陷将赶上解决的软件缺陷和打开的软件缺陷，随着越来越少的软件缺陷被发现、解决和关闭，曲线逐渐趋于平坦。

　　该图表说明了什么？简而言之，填充区域显示了程序员和测试员还要做多少工作。黑色区域变宽，意味着程序员在修复软件缺陷上落得越来越远。深灰色区域变宽意味着测试员难以跟上程序员修复的进度。如果几条曲线变得平坦并重合，项目经理就可以睡得更好了。

> 注意　该图表一般采用彩色显示。红色代表打开的软件缺陷，黄色代表解决的软件缺陷，而绿色代表关闭的软件缺陷。只要看上一眼就可以说出项目的状态：红色多意味着程序员的工作繁重；黄色多意味着测试员的工作繁重；绿色多意味着项目即将关闭，准备发布了。

　　在打开数据线基础上增加解决数据线和关闭数据线，并全部放在同一个图表中，为整个项目提供了全面视图，有助于消除数据的误解。上一个"注意"指出，软件缺陷打开速度趋于稳定，可能意味着测试员要么找不出软件缺陷，要么生病了没有工作。数据没有说出是哪一种原因。另一种可能是他们决定暂时把软件缺陷关闭几天，准备新一轮测试。在一个图表中包含全部信息，可以搞清楚发生了什么事情。考虑一下这点，看看本章小测验的一个问题。

小 结

本章提到的个人和项目级度量绝不是一成不变的清单。它们只是用于跟踪和评估软件项目的常见的度量示例。每一个项目小组、测试经理和测试员都会使用一些方法得到与他们正在开发的软件相关的信息。对于某些人，跟踪软件缺陷的平均严重性可能最重要。对于另一些人，最关心的是软件缺陷修复的速度有多快。测试员可能想知道自己每天找出多少软件缺陷或者缺陷打开与修复的比例大小。使用度量的目的是评估测试员和项目的成效，获知一切是否按预定计划进行，如果不是，应该怎样修正。

第 21 章 "软件质量保证" 将介绍革命性的下一步，超越了软件测试，其中评估不仅仅用于评估和修正某一个项目，而是用于提高整个开发过程。

小测验

以下是帮助读者加深理解的小测验。答案参见附录 A——但是不要偷看！

1. 如果使用源自软件缺陷跟踪数据库数据的度量来评估进展或者测试成效，为什么只计算每天发现的软件缺陷数目或者平均发现速度是不充分的？

2. 根据问题 1 的答案，列举可以更精确、更准确评估个人测试进展或者测试成效的一些其他软件度量。

3. 从 Calc-U-Lot v3.0 项目中，提取出提交给 Terry 的所有已解决软件缺陷，其数据库查询是什么样的（任何需要的格式）？

4. 如果某项目中软件缺陷发现速度如图 20-8 所示那样下降，全体人员都对项目即将关闭准备发布感到兴奋，请问可能有哪两个原因会导致这种受数据欺骗的假象？

PART 6

第六部分

软件测试的未来

　　一开始编程，就会令人惊奇地发现，使程序正确无误不是想象中那么容易。我清楚地意识到，从此在自己的程序中寻找错误将花费我生命的大部分时间。

　　　　　　　　——莫里斯·威尔克斯（Maurice Wilkes），
　　　　　　　　　　　　　　　　　　　　计算机先驱

　　没有任何事是十分安全的。蠢人都是太过聪明。

　　　　　　　　　　　　　　　　　　　　——匿名

第 21 章

软件质量保证

本书的焦点在此之前一直在书名《软件测试》上。前面已经讲述了如何计划测试、从哪里查找软件缺陷、如何找到并报告软件缺陷。因为你新接触软件测试领域，所以应该首先在这些领域中运用所学技巧。

重要的是培养好的大局观，以理解还有多少需要完成，以及离专业测试员还有多少差距。本章以及第六部分"软件测试的未来"的目标是从总体上对软件测试改进发展的步伐进行概述，指出前进的方向、面临的挑战，激励软件测试员把提高软件质量作为最终目标。

本章重点包括：

- 制作高质量软件的费用
- 软件测试和软件质量保证有何不同
- 软件测试或者质量团队采用何种方式来适应项目小组
- 如何使用软件能力成熟度模型
- ISO 9000 标准

21.1 质量是免费的

免费的？不可能吧？是的，这是真的。1979 年，Philip Crosby ⊖ 在《 Quality is Free :The Art of Making Quality Certain 》一书中写道，制造高质量的产品比制造低质量产品实际上不需要额外开销（其实开销更小）。根据目前我们掌握的关于软件测试和发现、修复软件缺陷的工作来看，这似乎是不可能的，但是这确实是真的。

回想第 1 章"软件测试的背景"（在此以图 21-1 的形式重复出现），显示了发现和修复费用随时间推移而发生巨变的图表。软件缺陷发现得越晚，其处理费用就越高——不是线性增长，而是按指数级数激增。

⊖ Philip Crosby、Joesph Juran、W. Edwards Deming 被称为"质量之父"。他们撰写了大量书籍，他们的实践结论也在世界范围内广泛使用。虽然他们的著作不是专门针对软件的，但是他们提出的概念常常是直接通用的，适用于所有领域。建议阅读他们的书。

现在，把质量的费用分为两类：一致性费用（cost of conformance）和非一致性费用（cost of nonconformance）。一致性费用是指与一次性计划和执行测试相关的全部费用，用于保证软件按照预期方式运行。如果发现了软件缺陷，必须花时间分离、报告和回归测试以保证其得以修复，那么非一致性费用就会上涨。因为这些软件缺陷在发布之前发现，所以这些费用归属于内部失败（internal failure），主要处于图 21-1 的左边。

如果软件缺陷被遗漏并落到客户手里，结果就是代价昂贵的产品支持电话，可能还需要修复、重新测试和发布软件——更糟糕的情况下——产品要召回或者卷入官司。这些外部失败（external failure）的费用属于非一致性费用，处于图 21-1 的右边。

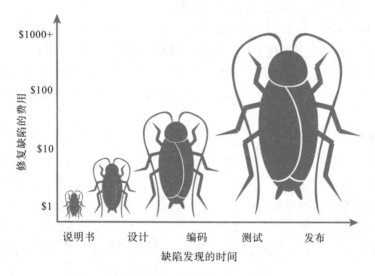

图 21-1　如果软件缺陷在早期发现，代价就很小

Crosby 在他的书中演示了由内部失败引起的一致性费用加上非一致性费用小于由外部失败引起的非一致性费用。尽早踢出软件缺陷，或者在理想的情况下一开始就没有，产品的开销就会比可能的情况要小。质量是免费的，这是普遍常识。

遗憾的是，一部分软件行业已经在采纳这个简单的基本思想方面迟了一步，项目在开始时想法很好，然后随着问题的增多和时间进度的越来越近，规则和理由都被抛之脑后。要相信今天的工作不要拖到明天，这样才能消除未来更大的费用，整个局势就会扭转。现在的公司都认识到自己产品质量的费用太高，而且可以不必这样。客户开始提出这方面的要求，竞争对手也开始制作质量更好的软件。Crosby 在 25 年前为制造行业所写的话在今天得以在软件中得到实现。

21.2　工作现场的测试和质量保证

根据供职的公司和项目，测试员描述团队职能可能使用如下常用名称：软件测试、软件质量保证、软件质量控制、软件验证和合法性检查、软件集成和测试等。这些名称通常可以互换使用，或者从中挑选一个而不是另外一个是因其比较"正式"——例如，软件质量保证工程师与软件测试员相对应。然而，重要的是要意识到这些名称有其深义，相互不得替代。一方面有"只是一个名字"的基本思想，最终的工作要有依据。另一方面，任务名称或者是团队名称是给小组中其他人看的。这个标签向他们表明如何合作，可以期望得到什么，可以交付什么，应该提供什么。下一节定义了一些常用的软件测试团队的名称，也许有助于澄清相互之间的差别。

21.2.1 软件测试

也许仍然强调得不够，因此，在此再次声明：

软件测试员的目标是尽可能早地找出软件缺陷，并确保其得以修复。

到目前为止，本书已经讲述了如何实现该目标，以及实现该目标的实质和局限性。也许读者现在已经认识到（如果没有，也没关系）软件测试可以简单描述为评价、报告和按步执行。找出软件缺陷，有效地描述它们，通知相应的人，并跟踪软件缺陷直至解决。

> **注意** 本书中使用的软件测试员工作定义实际上比评价、报告和按步执行更进一步，加上了"并确保软件缺陷得以修复"这句话。尽管某些测试团队用更简单的"并报告它们"来代替最后一句，但是作为一个实际的测试员，要对找出的软件缺陷负起责任，在整个生命周期中跟踪缺陷，说服相关人员使其得以修复。简洁的解决方式是把它们放在软件缺陷数据库中，期待最终有人引起注意并进行相应的处理，但是假如要做的仅仅是测试，就会让人抱怨为什么要把不厌其烦地找出软件缺陷放在第一位。

按照这些原则和规章进行工作的软件测试员具有一个非常独特和重要的特征：软件测试员不负责软件的质量！这似乎很奇怪，但确实是这样。你未曾把软件缺陷加到软件中，你让项目经理和程序员审查通过了测试计划，你不折不扣执行了计划，然而虽然尽了力，软件仍然有缺陷。这就不是你的错了！

好好想一想吧。医生量体温不能退烧；气象专家测风速不能阻止风暴；软件测试员寻找缺陷并不能使质量低劣的产品变好。软件测试员只是报告事实。即使测试员竭尽全力使发现的软件缺陷都得以修复，也不能使质量本身低劣的产品变好，质量不是靠测试来解决的。

> **注意** 某些公司笃信，质量可以依靠测试来解决。他们不是改善软件开发的过程，而是相信多加几个测试员就可以解决质量问题的。他们认为，多加测试员可会多发现软件缺陷，从而使产品变得更好。有趣的是，同样是这些人，他们却不认为多用几个体温计会退烧。

如果在称为"软件测试"的团队中工作，就要由测试经理负责使项目小组了解软件测试员的角色定义。赶不上进度和遗漏软件缺陷通常是大家争论的焦点，这一点最好在项目的测试计划中提前进行澄清。

21.2.2　质量保证

对于寻找软件缺陷的团队而言，另一个常用的名称是"软件质量保证（QA）"。第3章"软件测试的实质"使用了质量保证人员的定义，如下：

软件质量保证人员的主要职责是检查和评价当前软件开发的过程，找出改进过程的方法，以达到防止软件缺陷出现的目标。

现在我们对软件测试已经有了很多了解，上述定义似乎与比在第3章头一次看到时更令人心惊胆寒。软件QA团队比软件测试团队的责任更大——至少根据其名称描述应该如此。

保证（assurance）的定义是"一种担保、确保"或"毫无疑问、没有问题"，所以QA团队的角色是毫无疑问地保证产品具有高质量。如果你们是软件测试团队，就可以看到为什么不愿被冠以这个认为更著名的头衔，让用户发现了任何缺陷就是工作的失败。

既然单靠软件测试无法保证产品的质量，那么软件QA团队如何实现目标呢？答案是对项目进行近似完全的控制，建立标准和方法论，有条理地仔细监视和评估软件开发过程，对发现的过程问题反馈解决建议，执行测试（或者检查），拥有决定产品何时准备发布的授权。让项目经理以实现"无缺陷"为首要目标，而不是使软件如期发布或低于预算，虽然是过于简单的说法，但这是一个相当不错的描述。

本章以下内容将进一步说明从软件测试到软件质量保证是一个渐进的过程，一种逐渐提高成熟度的方法。这不是一蹴而就的——不可能昨天还是软件测试员，今天就是QA人员。

实际上，如果从某个分界线恰当界定软件缺陷的防范、内部失败和外部失败，本书所讲的某些技能就可以当作软件QA技能。如果软件QA的目标是防范软件缺陷，在产品说明书、设计文档和代码上执行静态测试（第4章"检查产品说明书"和第6章"检查代码"）就算得上是一种软件QA，因为这样防止了软件缺陷的出现。以这种方式发现的软件缺陷根本不会留到软件测试员测试最终软件时发现。

全面质量管理

大家可能听说过称为全面质量管理（TQM）或者全面质量控制（TQC）的质量控制方法。该方法的基本思想是，用集中的质量保证团队来负责质量是不实际的，因为从事工作的人员——编写代码或者制作小工具——并不负责质量，所以他们不会设法实现质量保证的目的。要想制造高质量的产品，需要创立从管理开始自上而下的质量文化，使全体人员共同承担质量责任。

尽管TQM/TQC与现有的质量保证团队的工作有很大的关联，但是并不排除对软件测试的需要。完全相反，软件测试的作用在此环境中被更清晰地定义。无论过程中付出多么大的努力，软件终究是由人建立的，是人就会犯错误。所以仍然需要一个团队专心寻找软件缺陷。他们也许找不到多少软件缺陷，但是勿以善小而不为。

21.2.3　软件测试团队的其他名称

测试团队根据其工作性质可能使用多个名称来标识。软件质量控制 (SQC) 是最常用的名称。该名称来源于制造行业，其中 QC 检验员对生产线上的产品进行采样、检测，如果检测失败，他有权停掉生产线或者整个工厂。软件测试团队却很少有这种授权——即使那些被称为软件 QC 的团队也不例外。

软件确认和验证也常用于描述软件测试组织。该名称实际上是最合适的名称之一。尽管字数多了一些，但是它准确地说出了测试团队的职责和工作。请回顾第 3 章中关于确认和验证的定义。如果可以有两个团队，那么一个负责确认，另一个负责验证。

集成和测试、构造和测试、配置管理和测试、测试和实验室管理以及其他不相干名称的组合常常是存在问题的表示。软件测试团队多次自愿或者不自愿地扮演了测试无关内容的角色。例如，软件测试团队进行配置管理或者构造软件是不正常的。这样做的问题有两个方面：

- 占用了应该用于测试产品的资源。
- 测试团队的最终目标是破坏而不是建立，承担软件的构造过程形成利益的冲突。

最好让程序员或者独立小组构造软件。测试应该专注于寻找软件缺陷。

21.3　测试的管理和组织结构

除了测试团队的名称及其预定职责之外，还有一个属性对测试团队做什么和如何与项目小组合作产生极大影响。该属性是，测试团队如何适应公司的整个管理结构。可用的组织结构很多，分别有其优势和不足。虽然有些组织结构宣称比其他组织结构都强，但是对一个好，不一定对另一个好。如果在软件测试中工作时间不确定，就可能面临很多组织结构。以下是一些常见的例子。

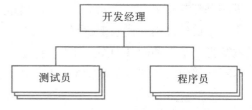

图 21-2 显示了小型（小于 10 人）开发小组常用的结构。在该结构中，由测试团队向管理程序员工作的开发经理报告。假定读者已经了

图 21-2　小型项目的组织结构通常让
测试小组向开发经理报告

解了软件测试，就会发现这样会引起一个红色的警告——编写代码的人和在代码中寻找软件缺陷的人向同一个人报告，这有可能引起潜在的大问题。

利益冲突在所难免。开发经理的目标是推进其小组开发软件。测试员报告软件缺陷只会妨碍该过程。测试员这边工作得好就会使程序员那边情况不妙，如果经理为测试员提供更多资源和经费，他们会找出更多软件缺陷，但是他们找出的软件缺陷越多，就越妨碍经理开发软件的目标。

抛开这些负面影响，假如开发经理经验丰富，认识到其目标不仅是开发软件，而且要开发高质量的软件，该结构也可以工作得很好。这样的经理会把测试员和程序员一视同仁。这也是有利于相互交流的较好组织结构，其管理员层次最少，测试员和程序员可以非常高效地协作。

图 21-3 显示了另一种常用组织结构，测试团队和开发团队都向项目经理报告。在该组

织方式下，测试团队一般有自己的负责人或者经理，其利益和注意力集中在测试小组及其工作上。这种独立性在对软件质量做重大决定时极有好处。测试小组的意见和程序员以及其他参与产品制作者的意见是同等重要的。

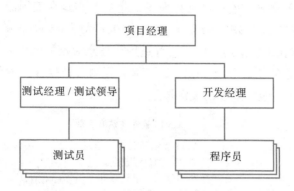

图 21-3　在测试小组向项目经理报告的组织方式中，测试员对程序员相对独立

　　然而，该组织结构的缺点是项目经理对质量进行最终决定。这也许没问题，在不少类型的软件行业中很容易接受。但是在高风险或者任务要求严格的系统开发中，关于质量的意见有更高层的声音是有利的。如图 21-4 所示的组织方式代表此类结构。

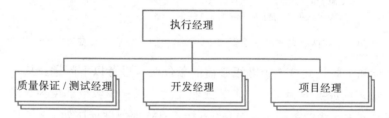

图 21-4　向执行经理报告的质量保证团队或者测试团队独立性最强、权限最大、职责最大

　　在该组织方式中，负责软件质量的小组直接向高级经理报告，相对独立，拥有与各项目同等的项目等级。授权等级一般是质量保证级，而不仅仅是测试级。该团队持有的独立性允许他们建立标准和规范，评价结果，采取跨越多个项目的处理措施。关于质量优劣的信息可以直达最高层。

　　当然，伴随着授权而来的是相应的责任和限制。仅仅因为团队相对于项目独立，并不意味着他们可以在软件项目和用户未要求的前提下，建立不合理和难以实现的质量目标。在数据库软件中工作良好的公司质量标准可能在应用于计算机游戏时无法正常工作。为了获得成效，这个独立质量组织必须设法与他们面对的所有项目协作，利用发布软件的现实调和盲目追求质量的热情。

　　请记住这 3 个组织结构只是众多可用类型的简化示例，对每一种组织结构的正反两个方面讨论可能千差万别。在软件开发和测试中，一种规格不一定适应所有情况，对一个小组适用，对另一个小组就可能不适用。然而，有一些常用的可以用来评价结果的度量以及有一些可以遵循的规则已经由各种项目和小组在提高质量等级的工作中得到证明。在以下两节中，将讲述关于它们的一些内容，以及使用的方法。

21.4 能力成熟度模型

软件的能力成熟度模型（CMM）是一个行业标准模型，用于定义和评价软件公司开发过程的成熟度，提供怎样做才能提高软件质量的指导。它是在美国国防部的指导下，由软件开发团体和软件工程学院（SEI）及 Carnegie Mellon 大学共同开发的。

CMM 的特别之处在于它是通用的，同等适用于任意规模的软件公司——从世界上最大的公司到个人顾问。它的 5 个等级（见图 21-5）为评测公司软件开发的成熟度提供了简单的手段，确定了步入下一级成熟度的关键措施。

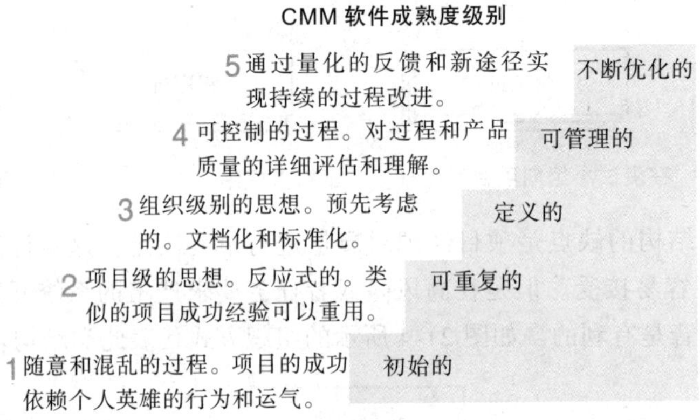

CMM 软件成熟度级别

5 通过量化的反馈和新途径实现持续的过程改进。　不断优化的

4 可控制的过程。对过程和产品质量的详细评估和理解。　可管理的

3 组织级别的思想。预先考虑的。文档化和标准化。　定义的

2 项目级的思想。反应式的。类似的项目成功经验可以重用。　可重复的

1 随意和混乱的过程。项目的成功依赖个人英雄的行为和运气。　初始的

图 21-5　软件能力成熟度模型用于评测软件公司在软件开发方面的成熟度

在往下阅读和了解达到这 5 个等级必需的条件时，思考以下问题：从当今整个软件公司现状来看，最多的成熟度为 1 级，多数成熟度为 2 级，少数成熟度为 3 级，极少数成熟度为 4 级，成熟度为 5 级的更是凤毛麟角。5 级 CMM 成熟度描述如下：

- 1 级：初始的。该等级的软件开发过程是随意的，常常很混乱。项目成功依靠个人英雄的行为和运气。过程没有通用的计划、监视和过程控制。开发软件的时间和费用无法预知。测试过程与其他过程混杂在一起。

- 2 级：可重复的。该等级成熟度的最好描述是项目级的思想。使用基本项目管理过程来跟踪项目费用、进度、功能和质量。以前类似的项目经验可以应用到当前项目中。该等级有一定的组织性，使用了基本软件测试行为，例如测试计划和测试用例。

- 3 级：定义的。该等级具备了组织化思想，而不仅仅是针对具体项目。通用管理和工程活动被标准化和文档化。这些标准在不同的项目中采用并得到证实。当压力增加时，不会放弃规则。在测试开始之前，要审查和批准测试文档和计划。测试团队与开发人员独立。测试结果用于确定软件完成的时间。

- 4 级：可管理的。在该成熟度等级中，组织过程处于统计的控制之下。产品质量事先以量化的方式指定（例如，产品直到每 1000 行代码只有 0.5 个以下毛病才能发布），软件在未达到目标之前不得发布。在整个项目开发过程中，收集开发过程和软件质量的详细情况，经过调整校正偏差，使项目按计划进行。

- 5 级：不断优化的。该等级称为不断优化（不是"已经优化"）是因为它从 4 级不断提高。尝试新的技术和处理过程，评价结果，采用提高和创新的变动以期达到质量更佳的等级。正当所有人认为已经达到最佳时，新的想法又出现了，再次提高到下一个等级。

这些等级中有哪一个与我们知道的某家软件开发公司所采用的过程相似？想到大量软件是在1级开发的，真是令人害怕——但是在使用这些软件之后就不会惊奇了。你想走走用1级开发的大桥吗？乘电梯，或者坐飞机呢？也许不会。最后——但愿——客户对软件质量提出更高的要求，于是各公司开始提高自己的软件开发成熟度。

> 注意　一定要认识到倡导公司提高软件开发成熟度不是软件测试员的事。这需要在企业级别上自上而下实行。当你开始新的测试工作时，应该确定公司和新的小组处于哪一级的成熟度。了解了所处的等级或者追求的等级，有助于定出期望值，而且更好地理解他们对你的期望。

关于能力成熟度模型的更多信息，请访问软件工程学院的网址：www.sei.cmu.edu/cmmi。

21.5　ISO 9000

与软件质量有关的另外一套标准是国际标准化组织（ISO）9000。ISO是一个国际化标准组织，为小到螺栓、螺母，大到质量管理和质量保证（即ISO 9000）建立标准。

你可能听说过ISO 9000，或者在公司产品、服务广告中注意到它。它通常是公司名称旁边的小徽标或者标记。要想获得ISO 9000认证决非轻而易举的事，因此获得它的公司希望客户知道这一事实——尤其是竞争对手的产品没有该认证时。

ISO 9000是关于质量管理和质量保证的一系列标准，定义了一套基本达标的实践，帮助公司不断地交付符合客户质量要求的产品（或者服务）。无论公司是一家修理铺，还是拥有数十亿资金的集团公司，是制作软件、鱼饵还是配送快餐，ISO 9000都适用。好的管理实践对它们同等适用。

ISO 9000用得很好的原因有两个：

- 它的目标在于开发过程，而不是产品。它关心的是进行工作的组织方式，而不是工作成果。它不是设法规定生产线上的小产品或者光盘中软件的质量等级。我们已经知道，质量是相对的、主观的。公司的目标应该是达到满足客户要求的质量等级。利用满足质量的开发过程有助于实现该目标。
- ISO 9000只决定过程的要求是什么，而不管如何达到。例如，标准声明软件小组应该计划和实施产品设计审查（见第4章和第6章），但是没有说如何才能达到这个要求。实施设计审查是负责任的设计小组应该做的（这是ISO 9000中为什么有这一条的原因），但是如何组织和执行设计审查完全取决于制造产品的各个小组。ISO 9000指出要做什么，但是不指出怎么做。

一家公司得到了 ISO 9000 认证，表示它在开发过程中达到某种质量控制等级。这不意味着其产品达到了某种质量等级——尽管可以说其产品可能比未获得 ISO 9000 认证的公司产品质量要更好一些。

基于此原因，特别是在欧盟，但是现在在美国更常见的现象是，客户期望产品供货方获得 ISO 9000 认证。如果两个供货商争夺同一份订货合同，那么拥有 ISO 9000 认证者具有优势的竞争地位。

ISO 9000 标准中针对软件的部分是 ISO 9001 和 ISO 9000-3。ISO 9001 负责设计、开发、生产、安装和服务产品方面的事务。ISO 9000-3 负责开发、供应、安装和维护计算机软件方面的事务。

本章不可能详述关于软件的所有 ISO 9000 要求，但是下列清单会大略介绍标准包含哪几类原则。但愿它令人感到欣慰地知道有一个国际化的倡导活动，帮助公司建立更好的软件开发过程，并开发质量更好的软件。

ISO 9000-3 中的一些要求包括：

- 开发详细的质量计划和程序控制配置管理、产品确认和验证（测试）、不一致行为（软件缺陷）和纠正操作（修复）。
- 准备和接受对软件开发计划的正式批准，计划包括项目定义、产品目标清单、项目进度、产品说明书、如何组织项目的描述、风险和假设的讨论，以及控制策略。
- 使用客户容易理解，测试时容易验证的术语来表述说明书。
- 计划、开发、编制和实施软件设计审查程序。
- 开发控制软件设计随着产品的生命周期而变动的程序。
- 开发和编制软件测试计划。
- 开发检测软件是否满足客户要求的方法。
- 实施软件验证和接受性测试。
- 维护测试结果的记录。
- 控制软件缺陷的查找和解决。
- 证明产品在发布之前就已经就绪。
- 开发控制产品发布过程的程序。
- 明确指出和规定应该收集何种质量信息。
- 使用统计技术分析软件开发过程。
- 使用统计技术评估产品质量。

这些要求目前对于读者来说，应该显得相当基本和普通了。你甚至会想，软件公司不经过这些过程怎么能开发出软件呢，令人惊奇的是，这太可能了。但是它的确说明了市场上为什么有不少软件会有那么多缺陷。但愿经过一段时间，竞争对手和客户要求会迫使软件行业的各家公司采用 ISO 9000 作为经营方式。

如果个人有兴趣了解 ISO 9000 标准的详情，或者所在公司还在进行 ISO 9000 认证，可查看如下网址：

- 国际标准化组织（ISO），www.iso.ch
- 美国质量协会（ASQ），www.asq.org
- 美国国家标准学会（ANSI），www.ansi.org

小 结

Murphy 法则之一称，永远不会有足够的时间把事做好——但是总有时间返工——就像 CMM1 级公司，对吧？忘掉 Murphy，想想 Philip Crosby。他声称质量其实是免费的说法是正确的。关键是软件开发小组遵循一个过程，多花费一些时间，有条理，一开始就设法做对。

当然，无论所有人多么努力，错误总会犯，软件缺陷总会出现。软件质量保证的目标是确信它们属于真正的错误，并且不是由开发过程中的基本问题引起的。即使在执行再好的组织中软件测试也是必不可少的，但是如果一切得到很好的执行，就会减少这样的说法："我今天没有发现任何软件缺陷，但愿明天不会如此。"

本书接近尾声，关于软件测试基本介绍完了，还有一章讲述如何在软件测试中获得经验，到哪里寻找更多信息。

小测验

以下是帮助读者加强理解的小测验。答案参见附录 A——但是不要偷看！

1. 测试费用为什么与一致性的费用相关？
2. 判断是非：测试小组负责质量。
3. 为什么要获得 QA 工程师的称号是难以做到的？
4. 为什么测试小组或者质量保证小组独立向高级管理员报告好？
5. 如果某公司在软件中编入 ISO 9000-3 标准，那么它的 CMM 级是多少？为什么？

第22章

软件测试员的职业

现在到了软件测试的最后一章。这也许是本书的最后一章，但是绝对不是最后的工作。在这个领域的工作才刚刚开始。

你可能在不怎么了解软件测试为何物的前提下开始阅读本书。你在家里或者工作中使用的计算机上使用软件时肯定经历过小小的困扰和偶然的软件崩溃现象。你看过、听说过严重软件缺陷的新闻故事，知道黑客为什么和怎样侵入你的计算机。

但愿你已经清楚地理解了为什么无论人们在软件背后多么努力，这些软件缺陷仍会出现。你已经了解了测试计划过程，从哪里寻找软件缺陷，如何报告它们。你现在明白了围绕着确定哪些软件缺陷要修复、哪些要推迟的艰难决定过程，见过了显示产品准备发布和距发布相差甚远的图表。

除上述内容之外，现在你应该明白，软件测试是一项复杂而艰巨的任务。要想获得成功，需要组织、训练和实践。只是坐下来乱敲键盘，当发现某些偶然现象时向程序员隔墙大喊，是不能解决问题的。软件太重要了，因为软件缺陷会造成生意失败、职业被毁甚至致人性命。软件测试员的任务是在它们传播出去之前，高效而专业地找出这些软件缺陷。

最后一章将提供关于软件测试详情的指南，介绍一些现实可行的职业选择，并留下关于软件质量的一条重要信息。

本章重点包括：

- 软件测试员的职业道路选择
- 到哪里寻求测试工作
- 如何获得更多的寻找软件缺陷的亲身体验
- 从哪里学习软件测试的更多知识
- 计算机用户的权利法案

22.1　软件测试员的工作

对软件测试更大的误解是，将其当作软件行业中入门级的位置。这个错误的想法仍然有人坚持,是因为软件测试的实质和内容被忽视——主要原因是为数不少的公司仍然在没有任何实际过程的情况下开发软件。他们还不知道需要各种级别的软件测试员来制作优秀软件。但是,随着越来越强调开发的软件的质量,软件测试职业的价值逐步得到认可。

由于认识不断加强,机会也随之而来。只有几年工作经验的软件测试员就会成为炙手可热的人物。能够编程和执行白盒测试或者开发自动化测试的测试员更是人才难求。另外,如果一个人经历过一些产品开发周期,而且能够领导测试小组,那么他的地位就会非常高。对于软件测试员实实在在有一个猎头市场。

以下分别介绍各种软件测试职位。不要忘了,如第21章"软件质量保证"所述,名称不是一定的,也不会明确代表实际工作内容,但是大多数软件测试工作是属于这些类型的。

- **软件测试技术人员**。这一般是真正的入门级测试职位。工作性质是负责建立测试硬件和软件配置,执行简单的测试脚本或者自动化测试,可能还要利用 beta 站点分离和再现软件缺陷。虽然某些工作可能变得简单和重复,但是成为测试技术人员是步入软件测试殿堂的好方法。经过对基础的学习后可以对软件测试是否适合自己做出决定。

- **软件测试员或者软件测试工程师**。大多数公司基于经验和专长的不同拥有不同级别的软件测试员。入门级测试员可以履行技术员的职责,进而向执行更高级和复杂的测试努力。在取得进步后,可以编写自己的测试用例和测试程序,并参与设计和说明书审查。入门级测试员要进行测试、分离、再现和报告发现的软件缺陷。如果有基本的编程能力,可以编写简单的测试自动化或者测试工具,在执行白盒测试时与程序员密切合作。

- **软件测试工具开发师或软件测试开发工程师**。如果一个人编程很优秀但又很喜爱测试,那么把精力投入到开发测试工具或者执行白盒测试也许最适合。作为工具开发师要开发在第15章"自动化测试和测试工具"中提到的很多定制工具,接下来当然还有从程序员那里得到的开发需求。作为软件测试开发工程师,需要花费大量的时间执行白盒测试,并且要比测试工程师更加与程序员紧密合作。

- **软件测试负责人**。测试负责人负责软件项目主要部分的测试,有时负责整个小型项目的测试。他们通常为负责范围制定测试计划,监督其他测试员执行测试。他们常常重点收集产品的度量信息并向管理部门呈报。他们也履行软件测试员的职责。

- **软件测试经理**。测试经理监督整个项目甚至多个项目的测试。测试负责人要向他们报告。他们和项目经理、开发经理一起制定进度、优先级和目标。他们负责为项目提供合适的测试资源——人员、设备、场地等。他们为小组测试制定基调和策略。

22.2 寻求软件测试职位

那么,到哪里寻求软件测试工作呢?答案是在寻求程序员工作的同一地方——任何开发软件的商业机构或者公司。

- 使用因特网。在本书付诸印刷之前，利用几个工作搜索引擎进行快速搜索，可以在美国各家公司找到成百个空缺的软件测试职位。大多数工作适合入门级测试员，有包含测试音乐软件、交互电视、网络、医疗设备和网站等的工作。反正说得出名字的就有。
- 查阅报纸和杂志。与因特网一样，大多数大城市的报纸每周末在高科技或者计算机招聘广告中列出不少软件测试工作。计算机和编程杂志也是寻找求职广告的好资源。
- 打电话咨询。喜欢某项技术或者专用软件应用程序，或者对某个计算领域感兴趣吗？找到编写该软件的公司，打个电话并寄出个人简历。那里一般有未发表在招聘广告上的空缺软件测试职位。机智的测试员能够在别人明白过来之前捕捉到这些机会。
- 在实习和协作中寻找机会。如果在大学就读，就可以在一家软件公司作为软件测试员参加暑假或者学期实习。大多数实习机会提供了很好的位置，随着从该领域获得经验，可望为实际产品的成功献上一份力。如果工作努力，毕业之后还可以得到全职工作。
- 职业网络。很大比例的工作机会来自个人的推荐或介绍，而不是招聘广告。问问同事、朋友、亲戚等。常常你认识的人和在招聘的公司都有一些关系。
- 从事临时工作。不少软件公司在产品即将完成时，聘请临时软件测试员来协助执行测试脚本。虽然这份工作只有几个月，但是从中可以获得有价值的经验，每次都会面对更困难的任务，边干边学。有些软件测试员喜欢这种工作方式，因为这是在不同公司工作的良机，可以在差别很大的软件中一试身手。

22.3 获得亲身体验

软件测试与大多数其他计算机课题没什么两样——虽然整天可以读到，但是除非按照读的东西实际做一些事情，否则难以领会。因此，学习软件测试最好的方式是亲手在自己的计算机上用自己的软件来试。

选择一个熟悉的程序，并体验使用的乐趣，或者选择一个从未用过的程序。把用户手册和帮助文件当作产品说明书来阅读。整理一份测试计划，设计测试用例，寻找软件缺陷。使用电子表格或者文字处理程序登记软件缺陷，向编写应用程序的软件公司报告发现的问题（几乎所有的软件公司都有报告问题的方式，一般通过他们的网站）。你可能对所发现的问题感到吃惊，软件公司可能也会吃惊。

有了一点此类测试经验之后，就可以注册申请成为新产品的 beta 测试员了。如第 16 章"缺陷轰炸和 beta 测试"所述，beta 测试员在公开发布之前接到软件的副本，有机会观察和使用没有最终完成的软件，找到软件公司内部测试员漏掉的软件缺陷，而且根据所发现的问题，可能会给产品的设计产生影响。每一个软件公司都有自己管理 beta 测试的系统。找到他们的网站申请成为"beta 测试员"，或者给他们打电话谈一下成为 beta 测试员的事情。从 beta 测试中获得不了职位，但是可以学到更多。

注意 在自己家里或者办公室的计算机上使用 beta 软件一定小心，beta 软件从根本上讲不是准备公开发布的，到处是软件缺陷。某些软件缺陷可能导致系统和原有软件产生严重问题，包括频繁的崩溃和数据丢失。在运行 beta 软件之前要对重要文件进行备份。

成为易用性测试参与者（见第 11 章"易用性测试"）是另一种获得软件测试亲身体验的方式。大多数开发个人计算机软件的大型软件公司拥有自己的易用性实验室，或者与独立的易用性实验室签约进行其领域的测试。如果你有兴趣测试用户界面，就可以打电话咨询成为软件易用性测试参与人员。这时你会被要求填写一张表格以评估你对特定软件的熟悉程度。由于项目到了易用性测试阶段，你的申请人个人简介会被审查，看是不是他们要找的人；根据测试的产品情况，他们可能需要从纯粹新手到专家的各色人等。符合条件的人就会被召集起来试用新产品甚至新产品原型的特征。管理测试的人会观察测试者所做的事情，记录操作过程，观察测试者对软件的反应。他们可能再次邀请测试者试用根据测试者发现的问题修改之后的版本，对于测试者花费时间的补偿通常是一份免费软件。

也可以成为一个赏金缺陷捕捉员，通过查找缺陷来赚取现金奖励。作为 Mozilla 开放源码项目的支持机构的火狐基金会（Mozilla Foundation）有一个安全缺陷的赏金项目。如果有人发现一个在 Mozilla 软件包、火狐浏览器或雷鸟 E-mail 客户端有效的致命安全缺陷，他就能得到 500 美元的现金奖励外加一件 Mozilla 衬衫。这可能是磨炼测试技能，使自己在软件测试界出名的绝好机会。在 www.mozilla.org/security/bug-bounty.html 上有关于 Mozilla 程序的更详细信息。

学习了解开源代码测试（open source testing）以及测试工具的一个好的入门站点是 www.opensourcetesting.org。在这里可以找到大量的关于开源代码测试的工具、新闻、文章以及与其他开源测试站点的链接。这里虽然没有奖赏，但是通过同行对工具的使用，以及与其他人共同使用这些工具而获得的亲身体验是无价的。

22.4 正规培训机会

随着对软件测试是一个重要的研究领域的认识，许多大学和学院开始开设该科目的课程。假如你正在攻读软件工程或者计算机的学位，那么花一些时间参加这些课程其中一门的学习是很值得的。即使计划成为程序员或者工程师，更好地了解软件测试也有助于更好地进行工作。

许多团体和技术院校现在开设了软件测试和流行软件测试工具使用的日夜和夜班。某些甚至授予软件测试的相关学位和认证。

另一个培训选择是出席专业软件测试会议。美国甚至世界各地全年都召开此类会议，这些会议提供了聆听来自测试行业的讲演的机会。各类资料从最基础的到技术性极高的无所不包。这些会议最重要的部分是有机会与同类软件测试员见面和交谈，交流想法、争论解决方案和解决之道。下列清单代表了比较有名的会议，但不是全部。出席和缺席都不表示认可或个人意见。

- 国际软件测试会议（ISTC），由美国质量保证学会（www.qaiusa.com）主办。ISTC为期一周时间，由来自软件测试和质量保证行业的专家进行讲演。讲演话题从基本软件测试到测试的自动化再到测试新技术。
- 软件测试分析和评审（STAR），由软件质量工程学会（www.sqe.com）主办。STAR会议的焦点集中在软件测试和软件工程方面。他们提供软件测试专家的讲课、指导和讨论，并举办提供测试工具、技术和服务的公司的产品演示。
- 软件质量国际会议（ICSQ），由美国质量协会软件分会（www.icsq.org）主办。与其他会议一样，ICSQ提供与其他软件测试和质量保证专业人士交流思想和方法的机会。
- 软件测试国际会议（ICSTEST），由软件质量系统（www.icstest.com）主办。ICSTEST是在德国举办的国际测试会议，这是关于软件测试方面演示、指导、讨论和经验交流的论坛。
- 软件质量世界会议（WCSQ），由国际软件质量协会（ISQI）（www.isqi.org）主办。来自学术和产业领域的顶尖专家聚在一起，共享在软件质量、软件过程改进以及软件开发方法方面的思想、见解、经验和发展进步。

22.5　网站

因特网上拥有关于软件测试的丰富信息。虽然搜索"software testing"或者"software test"总可以找到一些资料，但是下列专注于软件测试和软件缺陷的知名网站可以作为入门向导：

- Bug Net（www.bugnet.com）公布在商业软件中发现的软件缺陷，并指出相应的修复措施。
- Software Testing Hotlist（www.io.com/~wazmo/qa）列出了许多与软件测试相关的网站和文章的链接。
- Software Testing Online Resources（www.mtsu.edu/~storm）自称"一系列软件测试联机资源……旨在成为软件测试研究者和从业者的门户网站"。
- QA Forums(www.qaforums.com) 提供软件测试、自动化测试、测试管理、测试工具等主题的即时讨论。
- Sticky Minds（www.stickyminds.com）是《Better Software》杂志的在线电子版本。其口号是"构建更好软件的精神食粮"。
- Security Focus（www.securityfocus.com）自诩为"互联网上最全面和可靠的安全信息资源站点。Security Focus 是中立的站点，向安全界的所有同仁，从最终用户、安全爱好者、网络管理员到安全咨询员、IT经理、CIO和CSO，提供客观、及时和全面的安全信息"。
- comp.software.testing 新闻组及其在 www.faqs.org/faqs/software-eng/testing-faq 上的 FAQ（常见问题）文档，提供测试员和测试管理员关于工具、技术和项目的即时讨论。

- comp.risks 新闻组描述和分析近期的软件失败。

22.6 专注于软件和软件质量的专业组织

专注于软件、软件测试和软件质量保证的一些非营利性专业组织也许令人感兴趣。他们的网站提供了其专业范围的详细信息。

- 美国软件测试协会（AST）在 www.associationforsoftwaretesting.org，是个非营利性专业服务组织，专注于软件测试的理解和实践的推动。他们的文档提供了软件测试的丰富信息——强调实践而不是理论。
- 美国质量委员会（ASQ）在 www.asq.org 发表质量方面的刊物和文章，并管理认证质量工程师（CQE）和认证软件质量工程师（CSQE）的任命。
- 美国计算机协会（ACM）在 www.acm.org 及其软件工程特别兴趣小组（SIGSOFT）在 www.acm.org/sigsoft 拥有教育和科学计算方面的 80 000 多个会员。
- 软件质量委员会（SSQ）在 www.ssq.org 目标定在"成为那些志在把提高'质量'作业软件通用目标的人们的协会"。

22.7 进一步阅读

以软件测试和软件质量保证为题目的书难以数计。每一本书都有自己针对的对象和独到之处，但有一些是针对测试新手的。到目前为止读者已经学习了软件测试的基础，要更深入一步，可以阅读以下列出的书籍：

- 《Lessons Learned in Software Testing》，作者是 Kaner、Bach 和 Pettichord，由 Wiley 出版。这本书包含了作者在其职业生涯中获得的 293 个艰难的教训。这本书中许多关于软件测试的实质是通过现实世界的实际示例来展示的。
- 《Surviving the Top Ten Challenges of Software Testing：A People-Oriented Approach》，作者是 Perry 和 Rice，由 Dorset House 出版。这本书以诸如"测试扔出去的内容"以及"击中移动的目标"为话题，讲解软件测试员如何处理棘手的，但是每天都会遇到的情形。
- 《A Practitioner's Guide to Software Test Design》，作者是 Lee Copeland，由 Artech House 出版。从书名看这本书是软件测试培训向下一步进阶的最好书籍。书中详细讲述了黑盒测试、白盒测试、边界值测试以及等价类测试。书中许多实际的例子参考价值很高。
- 《How to Break Software Security》，作者是 Whittaker 和 Thompson，由 Addison Wesley 出版。如果软件测试员在测试软件时突然分配了查找软件缺陷的工作，需要好好读一读此书。Whittaker 博士是 Florida Tech 的教授，也是自动化测试方面的专家。也可以读读他早期的书籍《How to Break Software:A Practical Guide to Testing》。

Sams 出版的下述书目可以作为加强理解计算机和编程的范本。这些书籍是专门为加快入门步伐挑选的，非常适合软件测试新手阅读。

- 《Sams Teach Yourself Beginning Programming in 24 Hours》是编程基础的优秀入门书。虽然仅仅读了本书尚不能成为白盒测试员，但是从中可以洞悉软件是如何编写的—有助于更好地设计测试用例。
- 《Sams Teach Yourself HTML in 24 Hours》《Sams Teach Yourself Visual Basic in 24 Hours》《Sams Teach Yourself Java in 24 Hours》和《Sams Teach Yourself C++ in 24 Hours》是掌握编程基础之后很好的下一步。
- 如果目标是成为严肃的白盒测试员，《Sams Teach Yourself Visual Basic in 21 Bays》《Sams Teach Yourself Java in 21 Bays》《Sams Teach Yourself C in 21 Bays》《Sams Teach Yourself C++ in 21 Bays》将讲授用具体语言进行编程的细节。
- 《Sams Teach Yourself Upgrading and Fixing PCs in 24 Hours》将讲授为 PC 添加新硬件和外设的基础——对于软件测试员是一个很重要的话题，特别是对配置测试感兴趣时。
- 《Internationalization with Visual Basic》将讲述如何创建国际市场都接受的 VB 应用程序。

> 为了跟上最新的编程书目，可定期查看 Sams 出版社的网站 www.samspublishing .com。
> 注意

小 结

到此为止，本书应该结束了。这里我们以总结作为软件测试员在工作中期望达到的目标作为本书的结束语。本书通篇使用诸如"根据公司和项目小组"和"根据行业情况"之类的限定词来描述开发过程、测试技术和质量等级。使用此类限定词不可能对软件质量的通用目标做一个普遍的定义。然而，这些限定词是必要的，至少到目前是这样，软件质量定义是"根据"某些条件而定的。

1998 年，IBM 公司在纽约 Hawthorne 的 Thomas J. Watson 研究中心的心理学家和用户界面设计员 Clare-Marie Karat 博士提出计算机用户的权利议案，该议案设立了最低质量界限、计算机用户应该从他们使用的软件中得到的最低期望界限。要达到该质量等级，计算机行业还有很长的路要走，但是软件测试员的工作有助于该目标的实现。

计算机用户的权利议案（在 Karat 博士的许可下复制）如下：

1）观点。用户总是对的。如果使用系统出现问题，就是系统的毛病，而不是用户的。

2）安装。用户有权轻易安装 / 卸载软件和硬件系统，而不产生负面后果。

3）服从。用户有权要求系统按照承诺的方式运行。

4）指示。用户有权得到显而易见的指示（用户指南、联机的或者上下文相关的帮助、错误提示信息），以理解和利用系统实现预定目标，有效而从容地从问题状态中恢复正常。

5）控制。用户有权控制系统，而且能够使系统对请求进行响应。

6）**反馈**。用户有权得到提供关于系统执行和进展情况的清晰、明白和准确信息的系统。

7）**依赖**。用户有权被清楚告知成功使用软件或者硬件的所有系统需求。

8）**范围**。用户有权知道系统能力的限制。

9）**协助**。用户有权与技术提供者交流，在提出问题时有权得到深思熟虑且有帮助的响应。

10）**易用性**。用户应该成为软件和硬件技术的主人，而不是奴隶。产品使用起来应该自然、直观。

⚲ 小测验

以下是帮助读者加深理解的小测验。答案参见附录 A——但是不要偷看!

1. 在因特网上搜索软件测试职位时，应该使用什么样的搜索关键字?

2. 说出在软件公开发布之前参加测试的三条途径。

3. 软件测试员的目标是什么?

附录 A

小测验问题解答

第1章

1. 在千年虫例子中，Dave 有错误吗？

如果 Dave 是个好的程序员，他应该对这个"显然的"疏忽产生疑问而不是仅仅将程序设计到只能有效工作到 1999 年。由于他没有这样做，软件测试员就应该测试并发现该缺陷，然后由开发小组确定是否修正。

2. 判断是非：公司或者开发小组用来称呼软件问题的术语很重要。

错。这虽然不重要，但是使用什么术语常常反映了小组的个性及其寻找、报告和确定问题的方法。

3. 仅仅测试程序是否按预期方式运行有何问题？

这最多只能算测试问题的一半。用户不一定遵守规则，软件测试员需要证实不按操作有何后果。此外，如果测试员进行测试没有打破砂锅问到底的态度就会遗漏某些软件缺陷。

4. 产品发行后修复软件缺陷比项目开发早期这样做的费用要高出多少？

10~100 倍，甚至更高。

5. 软件测试员的目标是什么？

软件测试员的目标是尽可能早地找出软件缺陷，并确保其得以修复。

6. 判断是非：好的测试员坚持不懈地追求完美。

错。好的测试员知道何时完美无法企及，何时达到"够好"。

7. 给出几个理由说明产品说明书为什么通常是软件产品中制造缺陷的最大来源。

产品说明书常常没写——不要忘了，说不出来就做不出来。其他原因是产品说明书虽然有，但是不完整，不停更改，或者产品说明书内容没有同开发小组其他成员沟通过。

第2章

1. 说出在程序员开始编写代码之前要完成哪些任务。

开发小组需要了解客户的要求，在产品说明书中定义功能特性。应该建立详细的进度，使小组成员知道哪些工作已经完成,哪些工作还要做。软件应该形成体系,经过设计,测试小组应该开始计划工作。

2. 正式并被锁定不能修改的产品说明书有何缺点?

如果软件开发过程中市场转移到不同的方向上或者客户要求改变,就没有调整软件的灵活性。

3. 软件开发大爆炸模式的最大优点是什么?

简单。仅此而已。

4. 采用边写边改模式时,如何得知软件发布的时间?

边写边改模式没有真正的退出标准,除非某人或者进度决定该结束了。

5. 瀑布模式为什么不好用?

像大马哈鱼一样,很难向上游。每一步都是跟着上一步的独立、离散的过程。如果走到头发现有些事情应该早些做时,想退回来就来不及了。

6. 软件测试员为什么最喜欢螺旋模式?

他们很早就参与开发过程,有机会尽早发现问题,为项目节省时间和金钱。

第3章

1. 假定无法完全测试某一程序,在决定是否应该停止测试时要考虑哪些问题?

终止测试没有一定的时间,每一个项目都会有所不同。决定时要考虑的因素有:仍然会发现大量软件缺陷?项目小组对已执行的测试满意吗?报告的软件缺陷是否经过评估定下来哪些修复,哪些不修复?产品按照客户的要求验证了吗?

2. 启动 Windows 计算器程序,输入 5,000–5=(逗号不能少),观察结果。这是软件缺陷吗?为什么?

答案是 0,而不是预期的 4995。其原因是逗号(,)被自动转换为小数点(.)。于是算式变为了 5.000–5=0,而不是 5,000–5=4995。要确定这是否为软件缺陷,就需要根据产品说明书进行合法性检查,也许在产品说明书上声明逗号会被转换为小数点。还要对照用户需求进行验证,看大多数用户是接受这点还是产生迷惑。

3. 假如测试模拟飞行或模拟城市之类的模拟游戏,精确度和准确度哪一个更值得测试?

模拟游戏的目的是使游戏者置身于与现实情形接近的虚构环境中。在模拟器中飞行应该感觉像在真飞机上一样。城市模拟就应该反映真实城市的各种情况。最重要的是如何准确地模拟实际情形。飞机是像波音 757 一样还是像一只小鸟一样飞行?城市航线与实际路线相仿吗?软件有了准确性,才能谈到精确。这是关心建筑物中的窗户位置是否准确以及飞机的移动是否与游戏杆操作完全协调的第一点。

4. 有没有质量很高但可靠性很差的产品?请举例说明。

有可能,但是它取决于客户对质量的期望。不少人购买高性能跑车,认为提速、时速、式样、舒适度和装饰好就是高质量。此类汽车一般可靠性较差,经常抛锚,修理费用昂贵,而车主不把可靠性差当作严重的质量问题。

5. 为什么不可能完全测试程序？

除了极短小的简单程序，完全测试需要太多输入、输出和分支组合。此外，软件说明书也许不客观，可以用多种方式解释。

6. 假如周一测试软件的某一功能，每小时发现一个新的软件缺陷，你认为周二将会以什么样的频率发现软件缺陷？

这里有两个基本要素。首先——余下的软件缺陷与发现的软件缺陷成比例——意味着周二不会比周一的情况好多少。其次，杀虫剂现象表明，除非增加新的测试，否则反复执行同样的测试，不会发现不同的新软件缺陷。综合这两个软件要素，可能发现软件缺陷的速度继续保持原有的频率，甚至更低。

第 4 章

1. 软件测试员可以根据产品说明书进行白盒测试吗？

是的，白盒测试就是使用如何设计影响如何测试的概念进行的。测试员可以参加焦点人群、易用性研究和市场会议，了解用于定义功能特性和整个产品的过程。但是这存在一定的风险，因为这些信息诱使测试员倾向于假定说明书是正确的。

2. 试举一些 Mac 或 Windows 标准规范的例子。

在 Mac 机上，删除的文件放在废纸箱；在 Windows 中，删除的文件放在回收站。

在 Windows 中，按 F1 总是显示软件的帮助，在 Mac 机上则是 Command-？。

在 Windows 中，File 菜单总是最左边的菜单选项。

在 Windows 中，选择 Help 菜单中 About 显示软件的版权、许可权和版本信息。

在 Mac 机上，Command-X 执行剪切操作，Command-C 执行复制操作，Command-V 执行粘贴操作。

还有很多例子。

3. 指出下述产品说明中的错误：当用户选择 Compact Memory 选项时，程序将使用 Huffman 解析矩阵方法尽可能压缩邮件列表数据。

错误在于使用了"尽可能"的说法。这一点无法测试，因为该说法没有量化、不精确。说明书应该说明压缩究竟达到何种程度才行。

4. 解释软件测试员应该担心下述产品说明的哪些内容：尽管通常连接不超过 100 万个，但是该软件允许多达 1 亿个并发的连接。

可测试性。典型应用只有 100 万个倒无关紧要。如果产品说明书声明有 1 亿种可能性，那么，1 亿个连接都要测试。测试员需要设法测试这么多可能性，或者让说明书作者把最大可能性降低到接近典型应用的数目。

第 5 章

1. 判断是非：在没有产品说明书和需求文档的条件下可以进行动态黑盒测试。

对。该技术称为探索测试，基本上把软件用作产品说明书。这不是理想的过程，但是急了也能用。最大的风险是不知道特性是否被遗漏。

2. 如果测试程序向打印机输送打印内容，应该选用哪些通用的失效性测试用例？

可以尝试打印时不加纸，或者使其卡纸。可以脱机打印，拔掉电源，断开打印机电缆。可以尝试在墨粉不足的条件下打印，甚至不加墨盒。为了明确所有的可能性，可以查看打印机的操作手册，找出支持的错误处理，设法建立使用的错误情况。

3. 启动 Windows 写字板程序，并从 File 菜单中选取 Print 命令，打开如图 5-12 所示的对话框。左下角显示的 Print range（打印区域）特性存在什么样的边界条件？

如果选择 Page 选项，From 和 To 文本域就变为可用状态。明显的边界条件是 0 到 99 999，即文本域的最小值和最大值。增加测试 254、255、256、1023、1024 和 1025 等内部边界是明智的做法。此外，还有其他的内部边界。试着从只有 6 页的文档打印第 1~8 页。注意在本例中，软件必须在打印完第 6 页之后停止，是因为数据没有了，而不是接到停止命令。这是一个不同的内部边界。看看是否还能想出别的。

4. 假设有一个文本框要求输入 10 个字符的邮政编码，如图 5-13 所示。对于该文本框应该进行怎样的等价划分？

至少应该有以下的等价划分，但是还可以想出更多：

- 合法的 5 位数字邮政编码。合法是指所有字符都是数值，不是指投入使用的现有邮政编码——但这可以构成另一个区间。
- 合法的 9 位数字（带连线的 9 位数字）邮政编码。
- 5 位以下数字。例如只有 4 位数字。
- 9 位以下数字。例如只有 8 位数字。
- 5 位以上数字。例如不带连线的 8 位数字。这是否与 9 位以下数字区间相同呢？
- 9 位以上数字，尽管不可能输入 9 位以上带连线的数字，但是测试员应该尝试一下。
- 10 位数字，无连线。与 9 位以上数字区间稍有差别。
- 连线位置不对。
- 连线不只一条。
- 无数字和无连线。

5. 判断是非：访问程序的所有状态也确保了遍历各种状态之间的转换。

错。想想游览遍布美国的 50 个不同城市。可以制定到达每个城市的旅游计划，但是不可能走遍所有城市之间的道路——这将是走遍美国的所有道路。

6. 绘制状态转换图有多种不同的方法，但是它们都具有的三个相同要素是什么？

- 软件可能处于的每一个状态。
- 从一个状态转移到另一个状态所需的输入和条件。
- 当进入和退出状态时产生的条件、变量和输出。

7. Windows 计数器程序的初始状态变量有哪些？

初始显示值和内部中间值置为 0。存储寄存器（MC、MR、MS 和 M+ 按钮）置为 0。剪切板内容（暂存剪切、复制和粘贴数据）保持不变。

另一个初始状态变量是计算器启动时出现在屏幕上的位置。打开计算器程序的多个副本，注意其位置不一定相同（至少在 Windows 95/98 中如此）。作为探索测试的一个练习，看能否找出计算器打开时出现位置的规则。

8. 当设法显露竞争条件软件缺陷时，要对软件进行何种操作？

尝试同时做几件事。它们可以是相关的，例如从一个应用程序同时向两台打印机输出打印；也可以是无关的，例如在计算机计算时按各种键。所做的目的是迫使软件执行某一功能时出现与自己竞争的状况。

9. **判断是非**：在进行压迫测试的同时进行重负测试是不合情理的。

错。任何测试都是合理的。软件测试员的任务是发现软件缺陷。但是，由于软件测试的实质，在这种情况下发现的任何缺陷可能都不会修复。

第6章

1. 说出进行静态白盒测试的几个好处。

静态白盒测试在开发过程早期发现软件缺陷，使修复的时间和费用大幅降低。软件测试员可以得到软件如何运作的信息，存在哪些弱点和危险，而且可以与程序员建立良好的伙伴关系。项目状态可以传达给参与测试的所有小组成员。

2. **判断是非**：静态白盒测试可以找出遗漏之处和问题。

对。遗漏的问题比普通的问题更重要，通过静态白盒测试可以发现。当根据公布的标准和规范检查代码，在正式审查中仔细分析时，遗漏的问题就显而易见了。

3. 正式审查由哪些关键要素组成？

过程。按照过程进行是正式检查和两个程序员之间互查代码的区别。

4. 除了更正式之外，检验与其他审查类型有什么重大差别？

主要区别是，检验时在场的不是代码的原创者。这迫使另一个人完全理解要检查的软件。这比让其他人只是审查软件寻找软件缺陷更有效。

5. 如果要求程序员在命名变量时只能使用8个字符并且首字母必须采用大写的形式，那么这是标准还是规范呢？

这应该算是标准，如果程序员被告知要用超过8个字符命名，那么，这就是规范了。

6. 你会采用本章的代码审查清单作为项目小组验证代码的标准吗？

不会。这只是用作一个通用的示例。其中虽然有一些好的测试用例，应该在测试代码时考虑，但是，应该研读其他公开的标准之后再采用自己的标准。

7. 缓冲区溢出错误作为一个常见的安全问题属于哪一级错误？是由什么原因引起的？

数据引用。它们是由于使用了未正确声明或未进行初始化的变量、常量、数组、字符串或记录。

第7章

1. 为什么了解了软件的工作方法会影响测试的方式和内容？

如果仅从黑盒的角度测试软件，就无法知道测试用例是否足以覆盖软件的各个部分，以及测试用例是否多余。有经验的黑盒测试员能够为程序设计相当有效的测试用例，但是没有白盒测试知识，他就不知道这一套测试的好坏程度。

2. 动态白盒测试和调试有何区别?

这两个过程存在交叉。但是动态白盒测试的目的是发现软件缺陷,而调试的目的是修复软件缺陷。在分离和查找软件缺陷原因时发生交叉。

3. 在大爆炸软件开发模式下几乎不可能进行测试的两个原因是什么?如何解决?

一股脑交付软件,即使能够找出软件出现缺陷的原因,也非常困难——这是大海捞针的问题。第 2 个原因是软件缺陷众多、相互隐藏。顾此失彼,即使发现了缺陷,还是会发现软件仍然不行。

像构建软件时那样有步骤和条理地集成、测试模块,可以在软件缺陷相互重叠、隐藏之前将其找出。

4. 判断是非:如果匆忙开发产品,就可以跳过模块测试而直接进行集成测试。

错。软件测试员可以这样做,但是不应该这样做。这样做的结果是会遗漏应该在早期发现的软件缺陷。跳过或推迟测试一般都会使项目完成时间延长、费用增加。

5. 测试桩和测试驱动有何差别?

测试桩用于自顶向下的测试。它用自己替换低级模块。其对于要测试的高级代码,外表和行为就像低级模块一样。

测试驱动和测试桩相反,用于自底向上的测试。它是代替高级软件,更有效地运行低级模块的测试代码。

6. 判断是非:总是首先设计黑盒测试用例。

对。基于对软件行为操作的认识程度来设计测试用例,然后利用白盒测试技术进行检查使其更加有效。

7. 在本章描述的三种代码覆盖中,哪一种最好?为什么?

条件覆盖是最好的。因为它综合了分支覆盖和语句覆盖,它保证决策逻辑中的所有条件(例如 if-then 语句等),以及来自这些语句的所有分支和代码行都得到验证。

8. 静态和动态白盒测试最大的问题是什么?

很容易形成偏见。看到代码可能会说:"啊,我知道了,不要测试这个案例,代码处理是对的。"实际上这是被表面蒙蔽了,去掉了必要的测试用例,一定要小心。

第 8 章

1. 部件和外设有何区别?

组件一般是指 PC 内部的硬件设备;外设是 PC 外部的。但是,根据硬件的类型,这个界限也可以突破。

2. 如何辨别发现的软件缺陷是普通问题还是特定的配置问题?

在几个不同的配置中重新运行暴露软件缺陷的相同步骤。如果软件缺陷不出现了,就可能是配置缺陷了。如果在不同的配置中都出现,就可能是通用的问题。但是一定要注意。配置问题可以跨越整个等价划分。例如,软件缺陷仅在激光打印机上出现,而在喷墨打印机上表现不出来。

3. 如何保证软件永远不会有配置问题？

这是一种技巧性问题。需要把硬件和软件打成一个包，软件只能在该硬件上运行，硬件必须完全密封，没有连接到外界的单独接口。

4. **判断是非**：选择测试的配置的时候只需考虑一种翻版的声卡。

视情况而定。翻版的硬件设备和原版完全一致，只是名称和包装盒不同。一般这两者功能是100%等价的，但是，有些设备的固件或驱动程序不同，比原版多出一些支持和附加特性。在这种声卡的测试上，需要在确定等价划分前计划的测试中了解这些声卡的不同和相同之处。

5. 除了年头和流行程度，对于配置测试，配置测试中用于等价划分硬件的其他原则是什么？

地区和国家是选择对象，因为某些硬件如DVD播放器只能播放当地使用的DVD。另一种可选对象是客户或者业务。某些硬件针对一些客户或者业务是需要的，而对其他不适用，把其他应用该软件的情况考虑在内。

6. 能够发布具有配置缺陷的软件产品吗？

可以。永远不可能把软件缺陷全部修复。在所有测试中，任何处理都是有风险的。测试员和测试小组需要决定哪些软件缺陷需要修复，哪些不需要修复。决定留下仅在少见的硬件中出现的不太重要的软件缺陷很容易，除此之外就没那么容易了。

第9章

1. **判断是非**：所有软件必须进行某种程度的兼容性测试。

错。有极少数独立使用、专用、不与任何外界打交道的软件不需要进行兼容性测试。但是，除此之外99%的软件都必须进行某种程度的兼容性测试。

2. **判断是非**：兼容性是一种产品特性，可以有不同程度的符合标准。

对。软件的兼容性取决于客户的要求。某个字处理程序与其竞争对手产品的文件格式不兼容或者新操作系统不支持某一游戏软件，都是正常的。软件测试员应该通过确定兼容性检查的工作量大小，为兼容性测试的决定提供依据。

3. 如果受命对产品的数据文件格式进行兼容性测试，应该如何完成任务？

研究接受测试的程序文件是否要求符合已有的标准。如果是这样，要测试程序确实遵循这些标准。对可能读写程序文件的程序进行等价划分。设计测试文档，使其包含程序能够读写的数据类型的典型范例。测试这些文件在接受测试的程序和其他程序之间是否能正确传输。

4. 如何进行向前兼容性测试？

向前兼容性测试不容易——对现在仍然见不到的东西进行测试毕竟难以实现。解决问题的方法是，完整细致地将测试定义在可以作为标准之处，从而使该标准成为判定向前兼容性测试的手段。

第10章

1. 翻译和本地化有何区别？

翻译只考虑语言的方面——翻译词语。本地化要照顾到地区和国家的习惯、风俗和文化。

2. 要了解他国语言才能测试本地化产品吗？

不必，但是，测试小组中要有人熟练掌握该语言。不懂该语言者可以测试与该语言无关的软件部分，但是懂一点外语可以促进测试。

3. 什么是文本扩展，由此可能导致什么样的常见软件缺陷？

当文本被翻译成其他语言时会出现文本扩展。文本字符串长度可能增加 1 倍或更长。原来在屏幕上适应对话框、按钮等的文本不再适应，甚至可能导致软件崩溃，因为变长的文本在为该字符保留的内存空间放不下，会覆盖其他内存空间。

4. 指出扩展字符可能导致问题的一些领域。

经过排序或者按字母排序的字词次序混乱，大小写转换出错，以及常见的显示和打印问题。

5. 使文本字符串与代码脱离为什么重要？

如果进行本地化的人只用修改文字而不必修改程序代码，工作就会简单多了。这样还会简化测试工作，因为已经知道软件的本地化版本中代码不变。

6. 说出在本地化程序之间可能变化的一些数据格式类型。

度量单位，例如磅、英寸和公升。24 小时制或 12 小时制。最近随着欧洲一些国家成立欧盟，货币成为一个重要问题。如此等等。

第 11 章

1. 判断是非：所有软件都有一个用户界面，因此必须测试易用性。

对。即使嵌入再深的软件终将以某种形式显露在用户面前。不要忘记 UI 可以简单到一个开关和一个灯泡，也可以复杂到飞行模拟器，即使软件在代码库中只有一个代码模块，其接口也要以变量和参数的形式显露在可以作为用户的程序员面前。

2. 用户界面设计是一门科学还是一门艺术？

两者兼而有之。许多在实验室经过严格研究、完全测试的用户界面，投入市场却是完全失败的。

3. 既然用户界面没有明确的对与错，怎样测试呢？

软件测试员应当检查其是否符合 7 个重要原则：符合标准和规范、直观、一致、灵活、舒适、正确和实用。

4. 列举熟悉的产品中设计低劣或者不一致的 UI 例子。

虽然答案根据具体使用的软件不能确定，但是考虑一下这个问题：试着调整汽车收音机时钟的时间——不看手册能行吗？

一些对话框 OK 按钮在左边，Cancel 按钮在右边，而另一些对话框 Cancel 按钮在左边，OK 按钮在右边。假如习惯了其中一种布局，在单击时看也不看，就会丢失工作成果！

在按听筒使用呼叫等待或者会议呼叫时，是否意外地挂断某人的电话？

然而，最好的例子始终是亲自找到的。

5. 哪 4 种残疾会影响软件的易用性？

视力、听力、运动和认知障碍。

6. 如果测试将启用辅助选项的软件，哪些领域需要特别注意？

处理键盘、鼠标、声音和显示的部分。如果为支持辅助选项的流行平台编写软件，就比完全从头编制辅助特性的测试工作要容易一些。

第12章

1. 启动 Windows 画图程序（见图 12-4），找出应该测试的文档例子。应该找什么？

以下是几个例子：翻滚帮助——当鼠标停在某个画图程序绘图工具上方看到的弹出式描述。从 Help 菜单选择 About 命令显示版权和许可协议窗口。按 F1 启动联机帮助，阅读手册、按索引选择或者输入关键词搜索。还有功能帮助——例如，从 Color 菜单中选择 Edit Color 命令，在标题栏单击 "?" 按钮，然后单击单其中的一种颜色，就会得到选择和创建颜色的帮助。

2. Windows 画图程序帮助索引包含 200 多个条目，从 airbrush tool 到 zooming in or out。是否要测试每一个条目才能够到达正确的帮助主题？假如有 10 000 个索引条目呢？

任何一个测试都存在风险问题。如果有充足的时间测试所有索引项，就应该这样做。如果无法进行完全测试，就必须对认为有必要检查的对象建立等价划分。可以根据程序员关于索引系统工作方式的介绍来做决定；可以向文档作者请教索引项是如何生成的。可以尝试每一个开头字母，或者第 1 个，第 2 个，第 4 个，第 8 个，第 16 个……甚至可以等到读完第 15 章 "自动测试和测试工具" 之后进行。

3. 判断是非：测试错误提示信息属于文档测试范围。

对。但这不仅仅是文档测试。信息的内容需要作为文档测试；而强制信息显示和保证显示信息准确无误是代码测试的任务。

4. 好的文档以哪 3 种方式确保产品的整体质量？

增强易用性、提高可靠性、降低支持费用。

第13章

1. 在电影《战争游戏》中攻破北美防空联合司令部（NORAD）的计算机系统背后的动机是什么？

使用和征服。可能还有一些挑战和树立威信的动机。

2. 判断是非：威胁模型分析是一个由软件测试员执行的正式过程，用以确定在哪些地方最适合进行针对安全漏洞的测试。

错。这是由整个项目小组执行的正式过程。

3. JPEG 病毒是由一个缓冲区溢出缺陷产生的。回到第 6 章的通用代码审核检查表，哪两类检查最能描述出这个溢出发生的原因？

计算错误——预计结果值只能为正数。当结果值变成负数时，会变成一个巨大的正数。数据引用错误——因为当数据变成一个巨大的正数后，目标缓冲区的大小就没有限制在注明的大小（65 533 字节）范围内。

4. 当尝试在标准的 Windows 应用程序中打开一个文件时出现最近使用过的文件清单，可能是安全漏洞中的哪一类数据的例子？

潜在数据。

5. 哪两类额外和潜在不安全的数据在文件保存到磁盘上时被无意识地写入磁盘？

RAM 损耗和磁盘损耗。

第 14 章

1. 使用黑盒测试技术，网页的哪些基本元素可以轻易地测试到？

与多媒体光盘软件中的元素类似——文本、图像和超级链接。

2. 什么是灰盒测试？

灰盒测试是可以边看着代码、边利用代码的信息帮助测试。它不像白盒测试一样详细地检查代码。代码用来协助测试，但是测试并不完全基于代码。

3. 为什么网站测试可以使用灰盒测试？

因为很多网站主要由易于查看的 HTML 标记语言，而不是可执行程序构成。所以可以既快又轻松地看看网页的构成，然后依据此设计出测试。

4. 为什么不能依赖拼写检查工具来检查网页的拼写？

因为拼写检查器只能检查普通文本，不能检查图形化了的字母和随时间或每次查看时都改变的动态生成的文字。

5. 列出在进行网站兼容性测试和配置测试时需要考虑到的一些方面。

硬件平台、操作系统、Web 浏览器、浏览器插件、浏览器选项和设置，视频分辨率和颜色深度、文字大小和调制解调器速度。

6. Jakob Neilsen 的 10 个常见网站错误中哪几个会导致兼容性和配置缺陷？

盲目使用不成熟的新技术。现有硬件和软件第 1 次应用新技术时都容易出问题。这有一点技巧问题——本章没有讲，但愿在应用本书第三部分"运用测试技术"所学的内容之后能够找到答案。

第 15 章

1. 说出使用软件测试工具和自动化的一些好处。

它们可以加快执行测试用例的时间；能够提高软件测试员的效率，从而留出更多的时间进行测试计划和测试用例开发。它们精确且不会懈怠。

2. 在决定使用软件测试工具和自动化时，要考虑哪些缺点或者注意事项？

因为软件在产品开发过程中会变化，测试工具也要随着变化。测试员可能会陷入陷阱，花费太多时间去设计测试工具和自动化，而忽视了实际测试。容易过分依赖自动化。自己动手测试是无可替代的。

3. 工具和自动化之间有何差别？

测试工具有助于测试，简化手工完全测试任务。自动化也是一种工具，但是它的执行不需要人工干预。想一想在木匠呼呼大睡时电锯和钉锤能盖好房子吗？

4. 查看工具和注入工具有何异同?

这两种类型的工具都可以深入到软件中一般用户在正常情况下无法访问的地方。查看工具是非入侵式,只允许查看发生了什么。注入工具是入侵式的——不仅允许查看发生了什么,还可以操纵。利用这些工具,可以尝试在普通用户级层次难以执行或不可能执行到的测试用例。

5. 判断是非:入侵式工具是最佳类型,因为其操作与测试的软件最贴近。

错。入侵式工具在一些情形下可以提供更好的信息和控制,但是它具有可能影响软件和测试结果的不利一面。最好是仔细评估每种情况,选择最适用的工具,且副作用最小。

6. 最简单但很有效的测试自动化类型是什么?

记录和回放测试用例,只需要手工执行测试一次,这是非常有效的。它把测试员从单调的重复性操作中解放出来,给测试员更多的时间用来寻找难以发现的软件缺陷。

7. 说出可以增加到问题6所述的测试自动化中,使其更有效的一些特性。

简单编写一些步骤,而不只是捕捉步骤。暂停或等待软件对操作响应的能力。使宏知道软件缺陷是否出现的一些简单验证。

8. 聪明猴子比宏和笨拙的猴子有什么优点?

它们几乎都有自知能力,知道软件的状态图表,知道自己在哪里,能做什么。

第 16 章

1. 描述杀虫剂怪现象,如何找到新人查看软件来解决它?

杀虫剂现象(在第3章"软件测试的实质"中描述)是指不停地用同样的测试用例或者同一个人测试软件时出现的情形。最终,软件似乎对测试具有了免疫力,因为找不到新的软件缺陷。如果改变测试或者换新人测试,就会找出新的软件缺陷。软件缺陷在哪没有变,只是采用新的方法使其暴露出来。

2. 对软件进行 beta 测试程序有哪些正面作用?

由更多的人来检查软件。这是发现配置和兼容性问题的好方法。

3. 对于 beta 测试程序有哪些注意事项?

beta 测试不能代替有组织、有计划、有条理的测试方法——在通常意义上的软件缺陷寻找方面没有优势。测试员应该知道 beta 测试者的经验水平、设备,并要确保从测试中得到预期的结果。

4. 如果正在为小型软件公司测试,为什么外包配置测试是个好主意?

配备和管理一个配置测试实验室的开销和负担很重,小公司或者项目几乎无法承受。

第 17 章

1. 测试计划的目的是什么?

为了解释 IEEE 829 的定义,测试计划的目的是定义测试活动的范围、方法、资源和进度,明确要测试的条目,要测试的功能特性,要执行的测试任务,每个任务的负责人,以及与计划相关的风险,简而言之,使项目小组其他成员在测试小组如何测试软件上取得一致。

2. 为什么创建计划的过程是关键，而不是计划本身？

因为测试计划中定义的所有问题和其他项目功能小组或者小组成员相互之间存在影响。让所有人了解和接受计划的内容是关键所在。私自建立书面文档并束之高阁不仅浪费时间，而且对项目形成危害。

3. 为什么定义软件的质量和可靠性目标是测试计划的重要部分？

因为如果顺其自然的话，每个人都会有自己对质量和可靠性的看法。由于看法各不相同，因此全部达到是不可能的。

4. 什么是进入和退出规则？

从一个测试阶段转移到另一个阶段的要求必须满足。一个阶段满足退出规则才会结束，新的阶段满足进入规则才会开始。

5. 列出在测试计划时应该考虑的一些常用测试资源。

人员、设备、办公场所和实验室、软件、外包公司和其他供给。

6. 判断是非：制定进度要符合固定日期，以使测试任务或者测试阶段何时开始，何时结束没有异议。

错。因为测试对项目的其他方面非常依赖（例如，代码编制没有完成就不能测试），所以测试进度最好根据交付日期来制定。

第18章

1. 测试用例计划的4个理由是什么？

组织性、重复性、跟踪和测试证实。

2. 什么是特别测试？

特别测试是没有计划的测试。它很容易，也很有趣，但是没有组织性、无法重复，也无法跟踪，完成后，无法证实曾经执行过。

3. 测试设计说明的目的是什么？

测试设计说明的目的是组织和描述针对某种功能特性要实施的测试。它列举了要测试的功能特性和要用的方法。它明确了测试用例，但是不指明具体是什么，也不说明通过／失败的原则是什么。

4. 什么是测试用例说明？

该文档定义测试的实际输入值和预期输入结果，还指明具体的环境要求、程序要求和测试用例之间的依赖性。

5. 除了传统的文档，可以用什么方式表述测试用例？

表格、真值表、列表和示意图——能最有效地给自己、其他测试员和项目小组其他成员表示测试用例的任何形式。

6. 测试程序说明的目的是什么？

测试程序说明的目的是明确执行测试用例所需的全部步骤，包括如何设置、启动、执行和关闭测试用例。它还解释了测试未按计划进行时应该怎么做。

7. 编写测试程序应该达到何种详细程度?

这个问题没有指定的答案,很大程度上取决于谁来使用程序。细节太少会导致程序不明确以及变化不定。细节太多会拖延测试进度。详细程度应该由行业、公司、项目和测试小组来设定。

第 19 章

1. 说出软件缺陷可能不修复的几个原因。

进度中没有安排足够的时间,或不是软件缺陷,或修复风险太大不值得修复,以及软件缺陷没有正确报告。

2. 哪些基本原则可能应用于软件缺陷报告,使软件缺陷获得最大的修复机会?

尽早记录。有效描述软件缺陷,确保其最小化、单一、明显、全面、可以再现。在进行过程中不掺杂个人看法。在软件缺陷的整个生命周期中跟踪报告。

3. 描述分离和再现软件的一些技术。

记录所做的操作,并仔细审查。利用白盒测试技术寻找竞争条件、边界条件、内存泄漏和其他类似问题。看软件缺陷是否与状态相关,例如依赖初始状态或其后状态。考虑导致软件缺陷的资源依赖性,甚至硬件问题。

4. 假设正在 Windows 计算器上执行测试,发现 1+1=2,2+2=5,3+3=6,4+4=9,5+5=10,6+6=13。写一个软件缺陷标题和有效描述该问题的软件缺陷描述。

标题:偶数之间的加法得到的结果比实际值大 1。

描述:

测试用例:简单加法

设置步骤:启动计算器程序 1.0 版

再现步骤:尝试两个偶数相加,例如 2+2,4+4,6+6

预期结果:所有数字对相加得到正确结果—2+2=4,4+4=8,……

实际结果:两个偶数相加,答案比正确值大 1—2+2=5,4+4=9,6+6=13,依此类推

5. 在软件启动画面上公司徽标中的错别字应该有什么样的严重性和优先级?

可能是严重性 3(小问题),优先级 2(必须在发布之前修复)。

6. 什么是软件缺陷生命周期的 3 个基本状态和 2 个附加状态?

基本状态为打开、解决和关闭。两个附加状态是审查和推迟。

7. 列举数据库软件缺陷跟踪系统比纸张系统有用得多的一些原因。

可以一眼看出处于软件缺陷生命周期的哪个状态——即使对于复杂的软件缺陷也不例外。软件缺陷不会被轻易遗漏或者忽略。项目统计数据可以很快获得。

第 20 章

1. 如果使用源自软件缺陷跟踪数据库数据的度量来评估进展或者测试成效,为什么只计算每天发现的软件缺陷数目或者平均发现速度是不充分的?

这没有说明问题的全部。测试员有可能正在测试软件最复杂的部分。测试区域可能是

由最富有经验的程序员编写的，也可能是由最没有经验的程序员编写的。测试的代码可能已经测试过，也可能是全新的。

2. 根据问题1的答案，列举可以更精确、更准确评估个人测试进展或者测试成效的一些其他软件度量。

每天平均发现的软件缺陷数目。目前发现的软件缺陷总数。修复的缺陷和所有发现的缺陷的比例。严重性1或优先级1的软件缺陷与全部发现的软件缺陷的比例。从解决状态到关闭状态的平均时间。

3. 从 Calc-U-Lot v3.0 项目中，提取出提交给 Terry 的所有已解决软件缺陷，其数据库查询是什么样的（任何需要的格式）？

Product EQUALS Calc-U-Lot AND

Version EQUALS 3.0 AND

Status EQUALS Resolved AND

Assign TO EQUALS Terry

4. 如果某项目中软件缺陷发现速度如图20-8所示那样下降，全体人员都对项目即将关闭准备发布感到兴奋，请问可能有哪两个原因会导致这种受数据欺骗的假象？

可能是软件要进入发布测试阶段，然而软件的所有部分并未全部被测试——仅仅在当前阶段曲线是平坦的。测试员可能忙于回归测试和关闭软件缺陷，而无暇寻找新的软件缺陷。还可能是在温暖的周末，或者测试员出去度假了。

第21章

1. 测试费用为什么与一致性的费用相关？

因为无论开发过程多好，都要进行一次测试，根据产品说明书验证产品，根据用户需求进行合法性检查。如果没有发现软件缺陷，太好了，但是计划、开发和执行测试的费用都要算进一致性费用中。

2. 判断是非：测试小组负责质量。

错。测试的目的是发现软件缺陷。测试员不会在产品中放进软件缺陷，也不保证完成测试时不再有软件缺陷。

3. 为什么要获得 QA 工程师的称号是难以做到的？

因为这意味着你要保证产品质量。准备好承担这个责任了吗？

4. 为什么测试小组或者质量保证小组独立向高级管理员报告好？

如果他们向开发经理或者项目经理报告，就会在寻找软件缺陷和编制软件或者进度会议之间产生利益冲突。

5. 如果某公司在软件中编入 ISO 9000-3 标准，那么它的 CMM 级是多少？为什么？

它们可能处于 CMM3 级，也许达到 CMM4 级的某些要求。它们的 CMM 级不是2级，因为2级只到项目级。3级达到整个组织或者公司级。4级开始运用统计控制。

第 22 章

1. 在因特网上搜索软件测试职位时，应该使用什么样的搜索关键字？

由于软件测试员的工作名称和描述是变化的，因此应该搜索 software test 、software testing、quality assurance 和 QA。

2. 说出在软件公开发布之前参加测试的三条途径。

beta 测试和易用性测试是两个好的方法。另外一个方法是测试开源代码的软件并使用开源的测试工具。甚至可以从找缺陷中获得回报。

3. 软件测试员的目标是什么？

软件测试员的目标是尽可能早一些找出软件缺陷，并确保其得以修复——当然要耐心地掌握本书所讲的软件测试的所有实质。祝大家好运，加油去寻找软件缺陷吧！

推荐阅读

Go程序设计语言（英文版）

作者：Alan A. A. Donovan Brian W. Kernighan
书号：978-7-111-52628-5
定价：79.00元

C++程序设计语言（英文版·第4版）

作者：Bjarne Stroustrup
第1～3部分：ISBN：978-7-111-52386-4，169.00元
第4部分：ISBN：978-7-111-52487-8，89.00元

UNIX环境高级编程（英文版·第3版）

作者：W. Richard Stevens Stephen A. Rago
ISBN：978-7-111-52387-1
定价：159.00元

程序设计导论：Python语言实践（英文版）

作者：Robert Sedgewick Kevin Wayne Robert Dondero
ISBN：978-7-111-52401-4
定价：139.00元

推荐阅读

算法导论（原书第3版）

作者：Thomas H.Cormen 等 ISBN：978-7-111-40701-0 定价：128.00元

算法基础：打开算法之门

作者：Thomas H. Cormen ISBN：978-7-111-52076-4 定价：59.00元

数据结构与算法设计

作者：王晓东 ISBN：978-7-111-37924-9 定价：29.00元

数据结构、算法与应用——C++语言描述（原书第2版）

作者：Sartaj Sahni ISBN：978-7-111-49600-7 定价：79.00元

数据结构与算法分析——C语言描述（原书第2版）

作者：Mark Allen Weiss ISBN：978-7-111-12748-X 定价：35.00元

数据结构与算法：Python语言描述

作者：裴宗燕 ISBN：978-7-111-52118-1 定价：45.00元